河南省中等职业教育规划教材

信息技术教程

（Windows 7 + Office 2010）

河南省职业技术教育教学研究室　编

電子工業出版社
Publishing House of Electronics Industry
北京·BEIJING

内 容 简 介

本书紧密结合中等职业教育的特点，联系信息技术教学实际情况，突出技能训练和动手能力培养，重视提升学科核心素养，内容符合中职学生学习要求。

本书由八章构成，内容安排循序渐进，贯穿信息技术教育的全过程。了解信息技术应用基础知识是深入学习信息技术的前提，掌握网络应用、图文编辑、数据处理、数字媒体应用是适应信息社会生活和工作的基础，而培养学生的计算思维、数字化学习与创新能力，提高信息素养、强化信息社会责任则是编写本书的根本目标。

本书既可作为中等职业学校各类专业的公共课教材，也可作为信息技术应用的培训教材。

图书在版编目（CIP）数据

信息技术教程：Windows 7+Office 2010 / 河南省职业技术教育教学研究室编. —北京：电子工业出版社，2020.8

ISBN 978-7-121-39470-6

Ⅰ. ①信… Ⅱ. ①河… Ⅲ. ①Windows 操作系统—高等学校—教材②办公自动化—应用软件—高等学校—教材
Ⅳ. ①TP316.7 ②TP317.1

中国版本图书馆 CIP 数据核字（2020）第 158644 号

责任编辑：关雅莉　　文字编辑：蔡家伦
印　　刷：保定市中画美凯印刷有限公司
装　　订：保定市中画美凯印刷有限公司
出版发行：电子工业出版社
　　　　　北京市海淀区万寿路 173 信箱　邮编　100036
开　　本：787×1 092　1/16　印张：15.75　字数：403.2 千字
版　　次：2020 年 8 月第 1 版
印　　次：2021 年 8 月第 6 次印刷
定　　价：39.80 元

凡所购买电子工业出版社图书有缺损问题，请向购买书店调换。若书店售缺，请与本社发行部联系，联系及邮购电话：（010）88254888，88258888。

质量投诉请发邮件至 zlts@phei.com.cn，盗版侵权举报请发邮件至 dbqq@phei.com.cn。

本书咨询联系方式：（010）88254598，syx@phei.com.cn。

前　言

本书以国家最新颁布的《中等职业学校信息技术课程标准（2020 年版）》为依据，紧密结合职业教育特点，联系河南中职信息技术教学实际情况，突出技能训练和动手能力培养，符合中等职业学校学生学习要求。本书坚持“以服务为宗旨，以就业为导向”的职业教育办学方针，充分体现以全面素质为基础，以能力为本位，以适应新的教学模式、教学制度为根本，以满足学生需要和社会需求为目标的编写思想。在编写中，力求突出以下特色。

1. 更新教学模式。本书以提高实际操作能力、培养学科核心素养为目标，强调动脑、动手能力和互动教学，更能引起学习者的共鸣。

2. 优化教学内容。本书紧贴信息技术课程标准要求，组织知识和技能内容，摒弃繁杂的理论，帮助学习者在短时间内提升技能水平，同时也适合学时较少的非专业学生使用。

3. 紧跟前沿知识。涉及信息技术的各种问题多与技术关联紧密。本书以最新的信息技术为内容，关注学生未来，符合社会应用要求。

4. 重组单元结构。本书紧密结合职业教育的特点，借鉴近年来职业教育课程改革和教材建设的成功经验，在内容编排上采用了任务引领的设计方式，符合学生心理特征，以及认知和技能养成规律。本书内容安排循序渐进，操作、理论和应用紧密结合，趣味性强，能够提高学生的学习兴趣，培养学生的独立思考、创新和再学习能力。

5. 配备教学资源包。本书配备了包括电子教案、教学指南、教学素材、习题答案、教学视频、课程思政素材库等内容的教学资源包，为教师备课、授课提供全方位的支持。需要者请联系河南省职业技术教育教学研究室和电子工业出版社有限公司。

本书由八章构成，内容安排循序渐进，贯穿信息技术教育的全过程。了解信息技术应用基础知识是深入学习信息技术的前提，掌握网络应用、图文编辑、数据处理、数字媒体应用技术是适应信息社会生活和工作的基础，而培养学生的计算思维、数字化学习与创新能力，提高信息素养、强化信息社会责任则是编写本书的最终目标。

本书由河南省职业技术教育教学研究室编写，河南警察学院谭建伟任主编，河南警察学院刘红、郑州经贸学校蒋惠然、河南警察学院王安涛任副主编。参加本书编写的还有河南警察学院的陈良庚、任锦、彭玮、刘强、王彩玲，河南财经政法大学贾觐。第一章和第二章由谭建伟、蒋惠然、王彩玲编写，第三章由陈良庚编写，第四章由王安涛编写，第五章由刘强编写，第六章由任陈良庚、任锦、彭玮编写。谭建伟、刘红统一规划了全书的课程思政素材库。全部编者参与制作了本书的教学资料包。本书由谭建伟统稿。

由于作者水平所限，书中难免有瑕疵之处，敬请读者批评指正。

编 者

2020 年 6 月

目录

第一章　信息技术应用基础

信息技术特别是云计算、大数据、人工智能等新一代信息技术与人类生产、生活交汇融合，不仅改变了人类社会的生产、生活形态，也催生了现实空间与虚拟空间并存的信息社会。因此，了解信息社会、掌握信息技术、增强信息意识、提升信息素养、树立正确的信息社会价值观和责任感，正成为现代社会对高素质技能型人才的基本要求。

项目 1　认知信息技术与信息社会

信息技术是经济社会发展的主要驱动力，是建设网络强国、智慧社会的基础支撑，是涵盖了信息获取、表示、传输、存储、处理和应用的各种技术。

信息社会也称信息化社会，是人类社会脱离工业化以后，信息起主要作用的社会。信息社会是以电子信息技术为基础，以信息资源为基本发展资源，以信息服务性产业为基本产业，以数字化和网络化为基本社会交往方式的新型社会。

项目目标

- 理解信息技术的概念，了解信息技术的发展和应用。
- 了解信息社会的特征、文化和道德。
- 了解信息社会的发展趋势。

任务 1　深入了解信息技术

了解信息技术不但有助于增强信息意识、发展计算思维、提升创新能力，也能有效提高数字化学习和工作的效率。全面了解信息技术的发展和应用，揭下信息技术的神秘面纱，一定会激起读者学习信息技术的热情，打好学习信息技术的坚实基础。

任务说明

信息技术作为先进生产力的代表，对社会文化和精神文明也产生着深刻的影响。人们或许都听说或知道“信息技术”这一词汇，但是“信息技术”究竟涵盖哪些内容？信息技术有哪些具体应用？未来会向什么方向发展？等一系列问题未必人人明白。本任务将从信息技术的基本概念开始，帮助读者深入了解信息技术。

任务活动

1. 了解信息技术概念

信息技术（Information Technology，IT），是用于管理和处理信息所采用的各种技术的总称。它主要是利用计算机科学和通信技术设计、开发、安装和应用信息系统及各种软件，因此，也常被称为信息和通信技术（Information and Communications Technology，ICT）。信息技术主要包括传感技术、计算机与智能技术、通信技术和控制技术等。

1）信息技术的定义

因信息技术使用的目的、范围、层次不同，人们对信息技术定义的表述也不同。有人认为凡是能扩展人的信息功能的技术，都可以称作信息技术，信息技术是能够扩展人类信息器官功能的一类技术的总称。有人认为信息技术以计算机技术、微电子技术和通信技术为特征，是人类在生产斗争、科学实验、认识自然、改造自然过程中，所积累起来的获取、传递、存储、处理信息的经验、知识、技能和相关资料有目的结合的过程。

与本课程更为接近的信息技术定义是：在计算机和通信技术支持下，用以获取、加工、存储、变换、显示和传输文字、数值、图像以及声音信息，所涉及设备的应用方法、技术和设备的总称。

2）信息技术教育

在现代教育领域谈及的信息技术，一般特指与计算机、网络和通信相关的技术，而信息技术教育不是单纯的技术教育，也不单指以信息技术研究和开发为目标的教育。信息技术教育也是在信息技术作为教育观念、内容、工具、手段的前提下，对教学资源与学习资源的信息化，以及教师教、读者学的教与学的优化过程。

信息技术教育的内涵由信息技术课程，信息技术与其他学科的整合两大部分组成。信息技术教育是素质教育的重要组成部分，主要培养学生的创新精神和信息技术实践能力，达到强化计算思维、提升信息素养、促进全面发展的目的。

2. 了解信息技术发展历程

了解信息技术的发展，不仅是为了知道信息技术的演变过程，更重要的是从信息技术的发展史，了解信息技术对人类社会的促进作用。进一步帮助人们理解信息技术对信息传播的影响力，加深对信息技术融入人类社会的认识。

1）信息技术的发展历程

人们通常根据信息技术对信息传播的影响，将信息技术的发展分成 5 个阶段。

第一个阶段是语言的使用。距今约 35000～50000 年前语言出现，语言成为人类进行思想交流和信息传播不可缺少的工具。

第二个阶段是文字的发明和使用。大约在公元前 3500 年出现了文字，人类对信息的保存和传播取得重大突破，极大地超越了时间和地域的局限。

第三个阶段是印刷术的发明和使用。大约在公元 1040 年，中国开始使用活字印刷技术，欧洲人在 1451 年才开始使用印刷技术。印刷技术使书籍、报刊等成为重要的信息存储和传播媒体。

第四个阶段是电视、电报和电话的发明和使用。1837 年美国人莫尔斯研制了世界上第一台有线电报机，使人类进入利用电磁波传播信息的时代。

第五个阶段是计算机和网络的发明和使用。1946 年第一台数字积分电子计算机问世，标志着新的信息技术出现，计算机与现代通信技术有机结合，催生了新的社会形态。

2）计算机的起源与发展

人类很早就希望借助工具帮助计数和计算，古代中国人发明的算筹是世界上最早的计算工具，后来中国人发明了更为方便的计算工具——算盘，英国数学家巴贝奇也在 19 世纪中期提出通用数字计算机的基本设计思想，因此，现代计算机是从古老的计算工具逐步发展而来的。

真正意义上的第一台通用电子计算机是 1946 年 2 月在美国宾夕法尼亚大学正式运行的 ENIAC。ENIAC 使用了 17 468 个电子管，耗电 174 kW，占地 170 m^2，重达 30 t，这样一个庞然大物开启了人类第三次产业革命，具有划时代的伟大意义。

自第一台计算机问世，计算机经历了 5 次更新换代，计算机的换代标志主要是构成硬件系统的器件变化和计算机系统结构的变化。

第一代计算机（1946 年—1954 年）：硬件由电子管和继电器存储器构成，软件采用机器语言或汇编语言。

第二代计算机（1955 年—1964 年）：硬件由分立式晶体三极管、二极管和铁氧体的磁芯构成，软件采用有编译程序的高级语言、子程序库、批处理监控程序。此阶段我国推出了第一台晶体管计算机——DJS5，此后成功研制了 DJS121、DJS108 等 5 个机种。

第三代计算机（1965 年—1974 年）：硬件由小规模或中规模集成电路构成，软件采用多道程序设计和分时操作系统。此阶段我国成功研制了 DJS130、220 和 180 系列机。

第四代计算机（1975 年—1991 年）：硬件由大规模或超大规模集成电路和半导体存储器构成，软件采用并行多处理操作系统、专用语言和编译器。

第五代计算机（1991 年至今）：超大规模集成电路制造工艺更加完善，使处理器和存储芯片的速度和密度更高，而软件的智能性、功能性也更强。我国的 HY-Ⅲ、HY-Ⅳ和神威，都达到了世界先进水平。

3）微型计算机的发展

微型计算机指个人计算机（PC），简称微机，是采用超大规模集成电路的微处理器（MPU）作为核心部件的计算机。随着微处理器的发展，微型计算机经过了以下几次更新换代。

第一代是 4 位机（1971 年—1973 年）：集成度为 2000 晶体管/片，时钟频率为 1 MHz，典型产品有 Intel 4004。

第二代是 8 位机（1974 年—1977 年）：集成度为 5000 晶体管/片，时钟频率为 2 MHz，指令系统较为完善，典型产品有 Intel 8080、Zilog 公司的 Z80 等。

第三代是 16 位机（1978 年—1984 年）：集成度为 25000 晶体管/片，时钟频率为 5 MHz，各种性能指标达到中低档小型机的水平，典型产品有 Intel 8086/8088/80286 等。

第四代是 32 位机（1985 年—1992 年）：集成度已达 100 万晶体管/片，时钟频率达到 60 MHz，典型产品有 Intel 80386/80486、Power PC 等。

第五代是 64 位机（1993 年至今）：集成度更高、速度更快，内部采用超标量指令流水结构，且向多核处理器发展，典型产品有 Intel 奔腾系列和 AMD 的 K6 系列。

3. 了解信息技术应用

信息技术广泛应用于人类社会各个领域，对社会的发展与进步产生了巨大影响，小到个人的居家生活，大到国家的政治、经济和军事领域，信息技术的融入度越来越高，应用前景也更加广阔。

1）居家生活

计算机网络的普及应用，使人们的日常生活自觉或不自觉地与网络关联，日常生活信息化、便捷化成为必然趋势。出现了居家工作、网上订餐、网上购物、远程医疗、网上交友等新的生活模式，足不出户就能解决日常生活中的各种难题。

2）社会生产

信息技术与社会生产深度融合，加速了自动化、数字化、智能化生产进程，传统生产模式发生了质的变化，批量加工、减材制造正在向着个性化定制、增材制造转变，社会生产效率急速提高，绿色、环保、节约型生产社会正在逐渐形成。

3）教育教学

信息技术与教育教学深度融合，使教育教学手段和方法不断丰富，在线教学、多媒体辅助教学成为常态，教育方式个性化、网络化、远程化，能更好地满足读者的各种需求。

4）商业贸易

信息技术与商业贸易深度融合，全球经济一体化正逐步形成。货物、技术、服务等各种信息在全球范围内流动，任何交易都能轻而易举地利用网络迅速完成。信息技术在商贸领域的应用，降低了交易成本，实现了经济效益最大化。

5）社会管理

信息技术与社会管理融合，有利于提高政府的行政效率，建立办事高效、运转协调、行为规范的行政管理体系。同时，也能为公众提供更有效的服务，凡是公众与政府发生关系的事项，都可以考虑利用计算机网络改进服务、方便公众。此外，政府信息化开启了公众参政议政的便捷窗口。

4. 讨论、思考并回答以下问题

（1）为什么人们对信息技术会有不同的表述？

（2）信息技术对人类社会的影响主要表现在哪些方面？

（3）在信息技术发展历程中的中国智慧有哪些？

说一说：汉字中的智慧。

任务 2　全面了解信息社会

一般认为，信息社会是社会资源信息化后的必然结果，信息化则是起着主导作用的动态过程。随着信息技术和信息产业在经济和社会发展中的作用不断增大，信息产业在国民经济中的比重不断提高，信息技术在传统产业中的应用范围和信息基础设施建设规模也日益扩大，对社会的影响作用也延伸至方方面面。

任务说明

随着以计算机为代表的信息技术不断发展和进步，信息技术正逐渐渗透至人类社会的全部活动领域，大到国家经济小到个人生活都将发生巨大变化，人类社会形态也必将伴随着信息技术的进步而不断改变。本任务将帮助读者了解信息社会特征、看清信息社会存在的负面问题和出现的新挑战、明白信息社会应遵循的道德准则，做信息社会的合格公民。

任务活动

1. 了解信息社会的特征

有人将信息社会表述成基于通信、计算机网络、多媒体技术的生产、生活、办公自动化的社会。特殊的技术基础、新型的社会形态，必然导致不同的社会特征。

1）社会经济领域的表现特征

在信息社会中，信息、知识将成为重要的生产力要素，劳动力结构将会出现根本性变化，与信息相关的从业人数与其他职业的人数相比，会有大幅提升。信息经济所创产值与其他领域的产值相比，将占据绝对优势。

信息社会能源消耗少、污染少的信息产业将迅速发展，人类社会的能耗、污染会得到有效控制，节能减排的目标更容易达成。

信息和物质、能量一起构成社会赖以生存的三大资源，信息资源将成为经济领域的重要资源，数据信息也将成为推动经济发展的重要基础。

信息社会的经济以信息经济、知识经济为主导，有别于农业社会的农业经济和工业社会的工业经济。

2）生产、生活和文化方面的表现特征

知识和技术能力将成为对社会成员的基本要求，科技与人文在信息、知识的作用下结合更加紧密。从技术上讲，社会生产、生活和文化将实现计算机化、自动化，形成覆盖面极广的高速通信网络、数据高度集中的大数据中心。

从模式上讲，出现了多样化、个性化、智能化的生产、生活和文化娱乐新形态。

从空间上讲，个人可支配的时间和活动空间有较大幅度的增加、扩展，“虚拟社区”“地球村”“E 时代”正逐渐形成。

3）社会观念上的表现特征

信息社会平等开放、互联互通的扁平结构，使人们的社会观念有了较大转变。扁平化的意愿表达、无限化的时空传导、虚拟化的身份认可和常态化的技术更新等特点，导致人们将开放、自由、平等、多元、民主、自治作为与传统社会区别的主要特征。尊重知识、人才的社会价值观，创新、创业的精神和意识，成为社会的新风尚和主旋律。

2. 了解信息社会文化

信息社会的文化形态，是以信息技术广泛应用于社会生活为主要特征的，界定有关概念虽有多个视角和多种观点，但信息技术是信息社会文化产生、发展的标志，或核心特征不变。

信息文化是以信息技术为支撑的新文化形态，与其他文化一样也涵盖物质形态、社会规范、行为方式和精神观念四大层面。

1）物质形态的信息文化

立足于社会信息和信息资源的累积、信息技术和管理方法的更替，为社会信息交流和利用提供物化的人文环境，是社会活动与信息活动交融的结果。信息资源系统和信息技术体系，是构成物质形态信息文化的主要内容和发展基础。

2）社会规范的信息文化

社会规范的信息文化是形成和调控人类社会生活中人与人之间各种信息关系的程序化、制度化手段，从人的社会责任感和价值认同感出发，确立人类信息活动的道德准则和法理制度，是社会信息活动的基本依据和总体要求。信息伦理和信息法规以其强制和非强制的力量维系社会信息交流和管理活动。

3）行为方式的信息文化

行为方式的信息文化是人类信息交流和管理过程、规律性信息需求和信息行为的展现，是伴随信息交往过程外在的技术力量和资源形态演化的不断更新。在信息扩散、中介、接受、吸纳和再生的全过程中，个人的、民族的、地域的特色与普遍规律结合，形成了具有人性魅力和影响的信息行为方式。

4）精神观念的信息文化

精神观念的信息文化是人类个人和群体精神的、内化的信息意识和素养的集中体现，而这种文化体系的心理构成和意识，成为社会信息文化的精神支撑，是信息文化的核心所在。建立于人类信息世界内在的、隐性的、历史的信息思维模式之上，使信息文化具有独特的信息价值和观念系统。

四种形态的信息文化具有明显的层级性，而作为物质形态的信息文化和作为社会规范的信息文化是广义信息文化的物化基础，作为行为方式的信息文化和作为精神观念的信息文化是广义信息文化的理性分析。因而，人们更倾向于把作为行为方式的信息文化和作为精神观念的信息文化看成严格意义上或狭义的信息文化。

信息文化的主要特征表现：数字化、全球化体现了信息时代的物质文化特征；虚拟性、交互性体现了信息时代的行为文化特征；开放性、自治性、自律性成为信息时代制度文化的特色；信息交流自由、平等、共享的理念正逐渐演化为信息时代精神。

3. 了解信息社会存在的问题

在信息技术广泛应用，信息与生产、生活深度融合的社会，信息量巨大造成的选择困难、安全威胁、追查违法犯罪困难、侵犯个人隐私权、信息贫富鸿沟加大等，必将成为较为严重的社会问题。

1）信息污染

在人们高度依赖信息的背景下，虚假信息、垃圾信息、过时信息、冗余信息、不健康信息无处不在，信息干扰、信息无序、信息缺损、信息误导、信息泛滥时刻影响着正常应用，心理和行为上的信息疾病开始显现，信息污染成为一种社会现象，它会像环境污染一样引起人们的高度重视。

2）信息犯罪

传统犯罪将与信息技术关联，呈现传统犯罪信息化、网络化、智能化的特征，同时，也会出现窃取信息、侵犯知识产权、侵犯个人隐私等针对信息的新型犯罪形式。

3）信息霸权

具有信息强势的国家、企业和个人，能够通过信息垄断的优势，大肆宣扬自己的价值观，用自己的文化和生活方式影响其他国家、企业和个人。殖民文化的大肆入侵，使保存民族文化成为难题，一些信息权威将成为社会权力的主体，信息歧视、文化泛滥，成为腐蚀社会机体的新毒素和影响社会发展进步的新阻力，如不采取有效措施积极应对，就有沦落为信息时代“网络殖民地”的危险。

4. 了解信息社会的道德问题

信息社会的道德，多指在信息采集、加工、存储、传播和利用等活动的各个环节中，规范各种社会关系的道德意识、道德规范和道德行为的总和，也简称为信息道德。

1）信息道德的两个方面

信息道德作为信息管理的一种手段，与信息政策、信息法律有密切的关系，它们各自从不同的角度对信息及信息行为进行规范和管理。

信息道德有主观和客观两个方面。前者指人类个体在信息活动中表现出来的道德观念、情感、行为和品质，如对信息劳动的价值认同、对非法窃取他人信息成果的鄙视等，即个人信息道德。后者指社会信息活动中人与人之间的关系，以及反映这种关系的行为准则与规范，如扬善抑恶、权利义务、契约精神等，即社会信息道德。

信息道德的三个层次分别是信息道德意识、信息道德关系、信息道德活动。

2）信息技术道德

信息技术道德是随着信息技术的发展而逐渐产生的，以科学技术道德为基础，属于科学技术道德范畴。由于信息技术的特殊性、影响力，道德要求有所拓展。如何从道德的角度，对信息技术的研制、开发、利用进行必要的规范和约束，减少负面效应，增强正面效果，保证信息技术朝着有利于人类生存、有利于社会发展的方向进行，是信息技术道德研究的重点。

3）网络道德

网络道德则是随着计算机、互联网等现代信息技术出现的新要求。互联网发展衍生出了网络社会，真实生活社会之外的虚拟生活社会开始产生并逐渐繁荣，网络社会对人们的工作、学习、生活有极大的帮助作用，对社会经济、政治、文化发展也有巨大的影响作用。而传统的社会伦理道德，在应对知识产权、个人隐私、信息安全、信息共享等问题显得苍白无力。为了规范和管理网络社会中的各种关系，将社会伦理道德引入其中，形成了有针对性的网络道德。

5. 了解信息社会的发展趋势

1）形成新的生产力与生产关系

生产力决定生产关系，信息社会的信息资源改变了生产力条件，催生了新型的生产关系。在新型生产关系作用下，生产力水平较低的国家有可能实现跨越式发展，信息社会将是生产力更加发达的社会。

2）产生新的社会组织管理结构

不同的生产力基础，形成与之相适应的组织管理结构。信息技术促进文化、知识、信息传播，为人们充分表达意愿提供了技术条件，促进了民众的民主意识、民主观念、民主要求。同时，打破了传统管理层垄断信息的局面，传统的管理体制将受到冲击。社会组织管理中的代议式民主、间接民主开始向参与民主、直接民主演变，传统的金字塔型组织管理结构向网络型的组织管理结构转变。

3）出现新型的社会生产方式

信息社会将出现多种新型的生产方式。主要表现是传统的机械化的生产方式被自动化的生产方式所取代，刚性生产方式变化为柔性生产方式，大规模集中性的生产方式正在转变为规模适度的分散型生产方式，信息和知识生产成为社会生产的重要方式。

4）调整产业结构、催生新兴产业

信息技术发展催生新兴产业，信息产业也不断壮大，相关产值在全社会总产值中的比重上升，并逐渐成为社会最重要的支柱产业。传统产业在信息技术的作用下实行技术改造，使传统产业与信息产业之间的边界模糊，整个社会的产业结构处在不断变化的过程中。信息社会智能工具的广泛使用，进一步提高了整个社会的劳动生产率，加快了整个产业结构向服务业的转型，信息社会将是一个服务型经济社会。

5）改变就业形态与就业结构

新的就业方式开始出现，就业结构也将发生新的变化。在工业社会向信息社会转型的过程中，信息技术的发展催生了一大批新的就业形态和就业方式，劳动力人口主要向信息部门集中。传统雇佣方式受到挑战，全日制工作方式朝着弹性工作方式转变。信息劳动者的增长是社会形态由工业社会向信息社会转变的重要特征。

6）催生新的交易方式

信息技术扩散使得交易方式出现新的变化。一是信息技术的发展促进了市场交换客体的扩大，知识、信息、技术、人才市场迅速发展；二是信息技术发展催生的现代化运输和信息通信工具，使人们突破了地域障碍，世界化的市场开始形成；三是信息技术提供给人们新的交易手段，电子商务成为实现交易的基本形态，市场交易空间的限制越来越小。

7）加快城市群建设进程

随着社会工业化进程，城市成为人类的主要聚集地，完成工业化的国家，城市化率都已达到80%以上。在工业社会向信息社会的演进过程中，人类以大城市聚集为主的方式正在发生变化，城市人口在经历了几百年的聚集之后开始出现扩散化的趋势，中心城市发展速度减缓，并出现郊区化现象。大城市人口的外溢，使城市从传统的单中心向多中心发展。不同规模和等级的城市之间通过发达的交通网络和通信网络，形成功能上相互补充、地域上相互渗透的城市群，城市群在整个国民经济发展中的地位和作用越来越突出。

8）衍生出数字化生活方式

信息社会新的生活方式正在形成，智能化的综合网络将遍布社会的各个角落，移动电话、电视、计算机等各种信息化的终端设备无处不在。“无论何事、何时、何地”人们都可以获得文字、声音、图像信息。在信息社会的数字化家庭中，易用、价廉、随身的消费类数字产品及各种基于网络的3C家电将广泛应用，人们将生活在一个被各种信息终端所包围的社会中。

9）导致新战争形态

在信息社会，传统武器被智能化的系统所控制，人类社会进入信息武器时代。信息社会的战争形态主要是信息战，它是军事（政治、经济、文化、科技及社会一切领域）集团抢占信息空间和争夺信息资源的战争。信息战争的特点是：战争将最终表现为对信息的采集、传输、控制和使用上，获得信息优势是参战各方的主要目标；武器装备呈现出信息化、智能化、一体化的趋势，打击精度空前提高、杀伤威力大大增强；战争形态、作战方式也随之出现一些新的特征，战场空间正发展为陆、海、空、天、电五维一体，全纵深作战、非线式作战正成为高技术条件下战争的基本交战方式；为适应战争形态的变化，作战部队趋于小型化、轻型化和多样化，指挥体制纵向层次减少，更加灵便、高效。

6. 讨论、思考并回答以下问题

（1）在信息社会如何树立正确的人生观、价值观？

（2）信息社会存在哪些道德问题？什么是正确的道德观？

（3）信息社会对人类生产、生活有什么影响？

说一说：如何在信息活动中树立正确的价值观？

项目2 认识信息系统

信息系统是由人机构成的复杂系统，在这一系统中数据是被处理的对象，计算机等设备是处理数据的工具，终端是人机交互的设备。人机交互由输入设备和输出设备完成，前者将数据送入系统中，经计算机加工处理后，后者才能使表述的信息更加直观、准确或便于理解。

项目目标

- 了解信息系统的组成及运行机制。
- 了解二进制数、十进制数、十六进制数及转换方法。
- 了解信息编码和信息存储。

任务1 了解信息系统的组成及运行机制

基于现代信息技术的信息系统（Information System）是由计算机硬件、网络和通信设备、计算机软件、信息资源、信息用户和规章制度组成的，以处理信息流为目的的人机一体化系统。该系统主要有信息输入、存储、处理、输出和控制五个基本功能，经历了简单的数据处理信息系统、孤立的业务管理信息系统、集成的智能信息系统3个发展阶段。

任务说明

全面了解信息系统的组成和工作机制，是对信息系统用户的基本要求，更是高效率使用信息系统的重要基础。本任务将帮助读者了解常用信息系统的基本组成，理解计算机的基本工作机制，奠定深入学习信息技术的基础。

任务活动

1. 了解信息系统的组成

常用的信息系统主要由计算机、通信设备和存储设备等几个部分组成。

计算机硬件：由电子、机械和光电元件等组成的，用于处理数据信息的计算机物理装置的总称。

计算机软件：计算机运行所需要的程序及其文档。

数据通信设备：用于数据通信的交换设备、传输设备和终端设备的总称。

数据存储设备：用于存储信息的设备。

信息处理规则：信息系统运行、数据处理所遵循的法则。

信息系统管理者和信息用户：管理和使用信息系统的人。

2. 理解计算机硬件的基本结构

计算机是由巨型机、大型机、小型机、微型计算机和便携式计算机组成的一个庞大的家族，不同类型计算机的规模、性能、结构、应用等方面存在很大的差异，但基本结构都是由五大基本部件组成的，分别是运算器、控制器、存储器、输入和输出设备。早期计算机的硬件结构以运算器为中心，现在的计算机已转向以存储器为中心的硬件结构，五大基本部件的工作关系如图 1-1 所示。

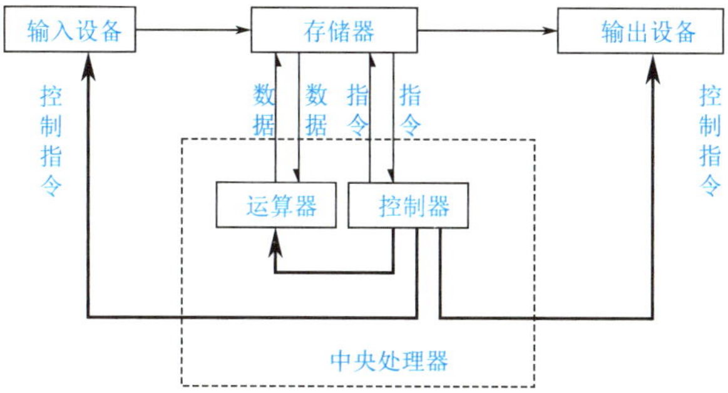

图 1-1　五大基本部件的工作关系

1）运算器

运算器又称算术/逻辑单元（ALU）。它是计算机对数据进行加工处理的部件，主要执行算术运算和逻辑运算。

2）控制器

控制器是计算机的指挥控制中心。它负责从存储器中取出指令，并根据指令要求向其他部件发出相应的控制信号，保证各个部件协调一致地工作。

3）存储器

存储器是计算机的记忆存储部件，用来存放程序指令和数据。存储器可分为内存储器和外存储器，内存储器主要存放当前正在运行的程序和程序临时使用的数据，而外存储器用于存放暂时不用的数据与程序。

4）输入设备

输入设备负责把用户命令包括程序和数据输入到计算机，键盘是最常用和最基本的输入设备，人们可以利用键盘将文字、符号、各种指令和数值输入计算机。

5）输出设备

计算机的输出设备主要负责将计算机中的信息，例如各种运行状态、工作的结果、编辑的文件、程序、图形等，传送到外部媒介供用户查看或保存。

3. 理解数据的计算机处理过程

计算机是按照人们的基本需求对数据进行加工处理，以形成满足应用需要的信息，因此，计算机处理数据的过程也是人机共同对数据的加工过程。利用计算机处理数据可以分解成以下过程：

（1）收集、整理数据。

（2）制定数据处理规则。

（3）将待处理的数据输入计算机。

（4）计算机按规则处理数据。

（5）输出处理后的数据。

（6）从数据中提取信息。

4. 理解计算机运行机制

计算机运行时，先从内存中取出第一条指令，通过控制器译码了解指令类型，然后按指令的要求，从存储器中取出数据进行指定的运算和逻辑操作等处理，运算结果再按地址送到内存中。接下来，再取出第二条指令，在控制器的指挥下完成规定操作，依次进行，直至遇到停止指令。在计算机中程序与数据一样存取，计算机按程序编排的顺序，一步一步地取出指令、数据，自动地完成指令规定的操作。因此，计算机的工作原理可以概括为存储程序控制。

5. 讨论、思考并回答以下问题

（1）信息系统和计算机系统有何不同？

（2）输入设备和输出设备的主要作用是什么？常用的该类设备有哪些？

（3）从计算机处理信息的过程，我们能得到什么启示？

说一说：超级计算机对科技进步的影响。

任务 2　了解二进制数、十进制数、十六进制数及转换方法

“数制”指进位计数制，同一个数可以采用不同的进位计数制来计量。在日常生活中，人们习惯使用十进制，而计算机电路的开关特性使其只能处理二进制数，因此，十进制数输入计算机系统之前必须转换为二进制数。同样，为了方便人们识别，计算机系统输出的二进制数也必须转换为十进制数。在讨论信息系统时也会涉及八进制数和十六进制数，两者可以方便地与二进制数进行相互转换，因此它们可以用来表示数值较大的二进制数。

任务说明

进位计数制转换是计算机处理信息过程必须进行的一项工作，了解各种数制转换方法，便于更好地理解计算机工作机制。本任务将帮助读者了解进位计数方法，掌握常用数制之间的转换技巧。

任务活动

1. 了解进位计数制

日常生活中广泛使用的十进制并不是唯一的进位计数制，钟表的秒和分采用六十进位制，小时采用二十四进位制。在进位计数的数字系统中，如果用 R 个基本符号（0、1、2、…、R−1）表示数值，则称其为 R 进制，R 是该数制的基。十进制数的 R=10，基本符号为 0、1、2、…、9；二进制数的 R=2，基本符号为 0、1。同理可知，八进制数有 8 个基本符号，十六进制数有 16 个基本符号。

R 进制计数法：$(N)_R=a_{n-1}\times R^{n-1}+a_{n-2}\times R^{n-2}+\cdots+a_1\times R^1+a_0\times R^0+a_{-1}\times R^{-1}+\cdots+a_{-m}\times R^{-m}$

2. 理解不同进位计数制之间的转换

1）R 进制数转换为十进制数

基数为 R 的数字，只要将各位数字与它的权相乘，其积相加，和数就是十进制数。

例：将 $(10011.101)_2$ 转换成十进制数。

$$(10011.101)_2=1\times2^4+0\times2^3+0\times2^2+1\times2^1+1\times2^0+1\times2^{-1}+0\times2^{-2}+1\times2^{-3}$$
$$=16+2+1+0.5+0.125$$
$$=(19.625)_{10}$$

2）十进制数转换为 R 进制数

十进制数转换为 R 进制数时，需要将整数部分和小数部分分别转换，然后再拼接形成完整数值。整数部分转换采用除 R 取余逆序排列法，小数部分转换采用乘 R 取整顺序排列法（小数部分乘积若永不为零，取值达到要求精度为止）。

3）非十进制数之间转换

非十进制数之间转换，可先将被转换数转换成相应的十进制数，然后再将十进制数转换为其他进制数。

3. 讨论、思考并回答以下问题

（1）除了本书介绍的进位计数制，还有哪些计数制？

（2）计算机为什么要使用二进制数？

（3）在学习过程中引入不同进位计数制的目的是什么？

做一做：将十进制数 215.65 分别转换成二进制数、八进制数和十六进制数。

任务 3　了解信息编码和信息存储

信息编码就是用一组特定的符号表示数字、字母或文字。一个 n 位的二进制编码有 2^n 种不同的 0、1 组合，每种组合都可以代表一个编码的元素。尽管给 2^n 个不同的信息元素编码最少需要 n 位二进制数，但对于一组二进制编码来说，它所用的位数没有最大值。

任务说明

信息编码是为了方便信息存储、检索和使用，在进行信息处理时赋予信息元素以特定代码的过程。了解不同信息对象的编码方法和信息存储概念，能够加深对信息系统处理信息的理解，因此，本任务将帮助读者了解常见信息的编码，理解信息存储的概念。

任务活动

1. 了解数字编码

在数字系统中，一般采用二进制数进行运算，由于人们习惯使用十进制，因此，需要采用编码的方法，用若干位二进制码来表示 1 位十进制数，这种代码称为二进制编码的十进制数，简称二–十进制码，或 BCD 码。

十进制数有 0～9 共 10 个计数符号，为了表示这 10 个符号中的某一个，至少需要 4 位二进制码。4 位二进制码有 2^4–16 种不同组合，人们可以在 16 种不同的组合代码中任选 10 种表示十进制数的 10 个不同计数符号。根据这种要求，可选择的方法有很多，选择方法不同，得到不同的编码形式，常见的有 8421 码、5421 码、2421 码和余 3 码等。

2. 了解字符编码

为了让计算机能够处理人类熟悉的信息符号，必须把字符数据和数值数据用一种代码表示，目前在计算机中采用的编码是美国标准信息交换码，即 ASCII 码。

通用的 ASCII 码是一种用 7 位二进制数表示的编码，字符集共包含 128 个字符，其排列次序为 $d_6d_5d_4d_3d_2d_1d_0$，d_6 为最高位，d_0 为最低位。

其中编码值 0～31（0000000～0011111）不对应任何印刷字符，通常称为控制符，用于计算机通信中的通信控制或计算机设备的功能控制。编码值为 32（0100000）是空格字符 SP，编码值为 127（1111111）是删除控制 DEL，其余 94 个字符可以显示，也称为可印刷字符。

字符 0～9 这 10 个数字字符的高 3 位编码 $d_6d_5d_4$ 为 011，低 4 位为 0000～1001。当去掉高 3 位的值时，低 4 位正好是二进制形式的 0～9。这既满足正常的排序关系，又有利于完成 ASCII 码与二进制码之间的转换。

英文字母的编码值满足正常的字母排序关系，且大、小英文字母编码的对应关系相当简便，差别仅表现在 d_5 位的值为 0 或 1，这有利于大、小写字母之间的编码转换。

3. 了解汉字编码

用计算机处理汉字时，必须先将汉字代码化。由于汉字种类繁多，编码比较困难，而且在一个汉字处理系统中，输入、内部处理、输出对汉字代码的要求不尽相同，所以用的代码也不相同。将汉字转换成计算机键盘能够接收的 0、1 组合的编码，称为汉字输入码。输入码进入计算机后必须转换成汉字机内码，若想显示、打印汉字，则需要将机内码转换成汉字字形码。《通用汉字字符集（基本集）及其交换码标准》是收录多个汉字编码的字符集，能够满足使用计算机处理汉字的需求。

1）输入码

在计算机系统中使用汉字，首先遇到的问题是如何把汉字输入到计算机内。为了能够直接使用西方标准键盘进行输入，必须为汉字设计相应的编码方法。汉字编码方法主要分为 4 类：数字码、音码、形码和音形码。数字码是用数字串代表一个汉字，音码是根据汉字读音编码，形码是根据汉字字形编码，而音形码则是根据汉字读音和字形编码。

2）机内码

汉字机内码是供计算机系统内部处理、存储、传输时使用的代码。目前，世界各大计算机公司一般均以 ASCII 码作为机内码来设计计算机系统。由于汉字数量多，用一个字节无法区分，所以用两个字节存放汉字的机内码，两个字节共有 16 位，能够表示 $2^{16} = 65\,536$ 个可区别的码，如果两个字节各用 7 位，则可以表示 $2^{14} = 16\,384$ 个可区别的码，用于汉字编码已经够用了。现在我国的汉字信息系统一般都采用这种与 ASCII 码相容的 8 位码方案，用两个 8 位码字符构成一个汉字机内码。汉字字符和英文字符能相互区别，标志是英文字符的机内码是 7 位 ASCII 码，最高位 d_7 为 0，汉字机内码中两个字节的最高位均为 1。

汉字机内码=汉字国标码+8080H

3）字形码

汉字字形码是表示汉字字形的字模数据，通常用点阵、矢量函数等方式表示，用点阵表示字形时，汉字字形码指的是这个汉字字形点阵的代码，如图 1-2 所示。字形码也称字模，是用点阵表示的汉字字形代码，它是汉字的输出形式，根据输出汉字的要求不同，点阵的多少也不同。

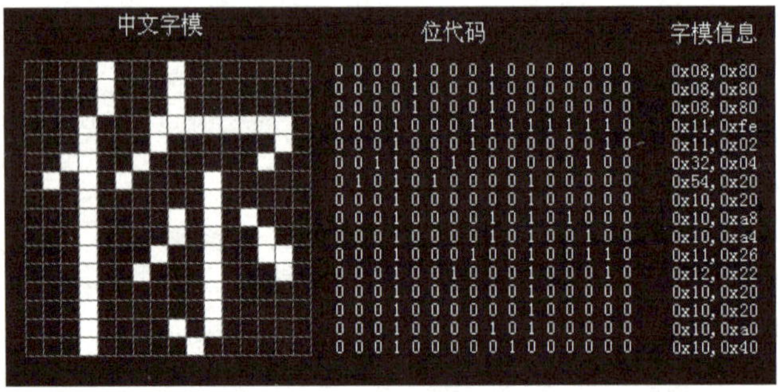

图 1-2　汉字字形点阵

4. 理解信息存储的概念

存储器是信息系统中的记忆设备，用于存放程序和数据。由于超大规模集成电路技术飞速发展，CPU 的速度越来越快，而存储器取数和存数的速度与它很难适配，进而制约 CPU 的运行速度，因此，信息系统中设置有不同类型的存储器，以适应不同的存储要求。

1）存储系统

存储器有 3 个主要性能指标：速度、容量和每位价格（位价）。通常是速度越高，位价越高；容量越大，位价越低，而容量越大，速度越低。为了解决这一矛盾，存储系统采用层次结构，形成缓存-主存和主存-辅存两个存储层次、三级存储系统。前者解决 CPU 和主存速度不匹配问题，后者解决层次系统的容量问题。

主存储器（简称主存或内存）可以和 CPU 直接交换信息，辅助存储器（简称辅存）是主存的后援存储器，用来存放当前暂时不用的程序和数据，它不能与 CPU 直接交换信息。缓冲存储器（简称缓存）用在两个速度不同的部件之间，起缓冲作用。

2）内存容量

内存容量指内存储器能存储信息的总字节数。内存容量越大，计算机处理信息的速度就越快。计算机中存储信息的最小单位是二进制的一位，用英文 bit 表示。人们规定 8 位二进制数为一个字节（Byte），用 B 表示，一个字节对应计算机中的一个存储单元，一个英文字符或十进制数字占一个字节的长度，汉字字符占 2 个字节长度。字节是衡量计算机存储容量的一个重要参数，但是字节的单位太小，需要引入千字节（KB）、兆字节（MB）、吉字节（GB），等等。

1 KB=1 024 B

1 MB=1 024 KB

1 GB=1 024 MB

1 TB=1 024 GB

……

5. 讨论、思考并回答以下问题

（1）为什么要对计算机处理的信息进行编码？

（2）如何对信息进行编码？对汉字编码有哪些特殊难点？

（3）为什么在计算机系统中有硬盘、内存等多个存储器？

说一说：计算机处理汉字的中国智慧。

项目 3　选用和连接信息技术设备

信息技术设备是指利用信息技术对信息进行处理过程中所用到设备的总称，即在现代信息系统中获取、加工、存储、变换、显示、传输信息的物理装置和机械设备。由于信息设备种类繁多，所以合理选用信息技术设备，并正确连接形成完整的信息处理系统，是对信息技术读者的基本要求。

项目目标

- 能了解信息技术设备，会根据需要合理选用设备。
- 能正确连接计算机等设备。
- 了解计算机和移动终端的设置操作，会设置常见的终端设备。

任务 1　了解常用信息技术设备

信息设备种类繁多、作用各异，根据其在信息处理系统中的作用，可分为信息获取、输入、存储、处理、传输、输出等若干类，而同类设备又有处理不同信息的若干种，如获取图像的数码相机、获取视频的数码摄像机、获取声音的录音机，等等。

任务说明

获取、加工不同种类的信息，需要使用不同的信息处理设备，因此，了解信息技术设备是处理信息前的基础性工作，只有全面、详细了解常用的信息技术设备，才能更好地选择适用设备，完成信息处理任务。本任务将从认识计算机设备开始，以计算机系统为主线逐渐展开，帮助读者系统、全面地了解信息设备。

任务活动

1. 认识微型计算机硬件

从微型计算机的外观来看，由主机箱和与之相连的设备组成。主机箱内有 CPU、主板、内存等重要部件，与主机相连的有显示器、键盘、鼠标、音箱等，如图 1-3 所示。

图 1-3　微型计算机的外观

显示器和音箱属于输出设备，也是将计算机处理结果转换成人类习惯的表现形式的设备。常见的输出设备有显示器、打印机、绘图仪等。

键盘和鼠标属于输入设备，用于向计算机输入程序和数据，是将人类习惯的文字、图形和声音转换成计算机能够识别的二进制的设备。常见的输入设备有键盘、鼠标、扫描仪等。

1）CPU（Central Processing Unit）

CPU 称为中央处理器，包括运算器和控制器，是计算机的控制中枢，用于计算数据和进行逻辑判断，CPU 的速度和性能对计算机的整体性能有较大影响。运算器一次并行处理的二进制位数称为字长，计算机的字长越长，处理信息的效率越高，计算机的功能也就越强。

2）主板

主板控制计算机所有设备之间的数据传输，并为计算机各类外设提供接口。

3）硬盘

硬盘用于长期存储操作系统、数据和应用程序，是最重要的存储设备。

4）声卡

声卡用于接收、处理计算机中的声音信号，并将处理结果传输到音箱、耳机中播放，或用于控制系统。

5）内存

内存用于临时存储运算中的程序或数据，其存取速度和容量对计算机的运行速度影响较大。

6）显卡

显卡也称显示适配器，用于和显示器连接，输出图形、图像和文字等信息。

7）网卡

网卡也称网络适配器，用于计算机和网络连接。

8）电源

电源为计算机各个部件提供电能。

2. 认识微型计算机软件

微型计算机系统也是由计算机硬件系统和计算机软件系统两大部分组成的。计算机软件系统包括系统软件和应用软件，两者是计算机应用环境中不可或缺的重要内容，也是计算机用户必须了解的重要知识。

1）系统软件

系统软件是指管理、监控和维护计算机资源的软件。系统软件主要包括操作系统、程序设计语言、数据库管理系统、工具软件等。常见的操作系统有 Windows、UNIX 和 Linux 等。

国产操作系统多为以 Linux 为基础二次开发的操作系统。知名度较高的国产操作系统有红旗 Linux、深度 Linux（Deepin）、华为鸿蒙系统（Harmony OS）等。

程序设计语言：用户编写应用程序的语言，从低级到高级有机器语言、汇编语言、高级语言 3 类。

工具软件：工具软件有时又称为服务软件，它是开发和维护计算机系统的工具。常见的有诊断程序、调试程序、编辑程序等。

2）应用软件

应用软件是指为专门用户提供的或有专门用途的软件，也是用户利用计算机解决各种实际问题而编制的计算机程序。常见的应用软件有信息管理软件、办公自动化系统、各种文字处理软件等，如日常办公用的 Office、WPS、人事管理系统等。

3. 认识常用的存储设备

1）硬盘

硬盘是硬盘驱动器的简称，它的主要特点是速度快、容量大，微型机的硬盘被固定在机箱内。

硬盘与计算机连接的接口类型主要有 IDE、SCSI 两种。硬盘的主要作用是存储信息，访问速度和存储空间是衡量硬盘的主要指标。

固态硬盘是用电子存储芯片（FLASH 或 DRAM 芯片）阵列制成的硬盘，普遍采用 SATA-2、SATA-3、SAS、MSATA 或 PCI-E 等接口连接。

2）U 盘、移动硬盘

U 盘是一种基于 USB 接口的微型高容量活动盘，它不需要额外的物理驱动器、无外接电源、性能稳定、支持热插拔。使用 U 盘的方法很简单，只需将 U 盘与计算机的 USB 接口连接，待 U 盘指示灯亮，即可像使用硬盘一样使用 U 盘。

移动硬盘相对于 U 盘而言，最大的特点是容量大，可以轻松存储大文件。移动硬盘与计算机连接的接口形式有并行接口、USB 接口，使用最多的是 USB 接口的移动硬盘。由于 USB 标准向下兼容，建议选择 USB2.0 以上接口的移动硬盘。

随着各种数码设备的普及，使用 USB 接口的设备逐渐增多，这些设备虽然都采用 USB 接口，但是数据线并不完全相同。这些数据线连接 PC 的一端相同，连接设备端采用各种不同的接口形式，有 B-5Pin、B-4Pin、B-8Pin、Micro USB 和 Type-C 等。

3）光盘驱动器

光盘驱动器是读写光盘信息的设备，它和光盘共同构成计算机的外部存储器。目前市场上有 CD 光驱、DVD 光驱和刻录光驱，盘片有 CD、DVD、CD-R、CD-RW 多种形式。

光驱是利用激光照射读写信息。写信息时，计算机的数字信号被调制到激光束中，激光照射盘片的染料层形成信息记录。读信息时，激光束照射盘片，光盘的反射层根据盘片记录的信号反射光束，光检测器获取的光信号经处理转换成信息数据。

4. 认识常用的外围设备

1）打印机

打印机是重要的输出设备。常用的有针式打印机、喷墨打印机和激光打印机，如图 1-4 所示。

（a）针式打印机　（b）喷墨打印机　（c）激光打印机

图 1-4　常用打印机

2）扫描仪

扫描仪是计算机的输入设备，可以完成图片、照片等资料的输入任务。扫描仪可分为滚筒式扫描仪、平板式扫描仪和手持式扫描仪，平板式扫描仪是目前市场上的主流机型。扫描仪主要由光学成像部分、机械传动部分和光电转换部分组成，平板式扫描仪的外观如图 1-5（a）所示。

3）刻录机

光盘刻录是指将源数据通过机器复制到目标光盘中的过程，而刻录光盘的设备称为刻录机。未记录信息的光盘盘片，称为空白刻录盘（俗称白片）。刻录机的工作原理是：首先将要刻录的数据读入自带的缓冲存储器中，然后再从缓冲存储器把数据写入光盘盘片。光盘刻录机的种类很多，按功能可分为 CD-R 刻录机和 CD-RW 刻录机；按连接方式可分为内置式刻录机和外置式刻录机；按接口方式可分为 SCSI 接口、IDE 接口和 USB 接口刻录机。刻录机的外观如图 1-5（b）所示。

4）数码相机（摄像机）

数码相机（摄像机）又称数字相机（摄像机），是在传统相机（摄像机）的基础上发展而来的，是数字技术与传统照相机（摄像机）相结合的产物，数码相机（摄像机）不再用胶卷（摄像带）作为成像介质，它可以将摄取的景物以数字形式记录在存储介质中，数码相机（摄像机）

的外观如图 1-5（c）所示。

（a）扫描仪　　（b）刻录机　　（c）数码相机

图 1-5　常用的几种输入外设

5. 了解移动智能终端

移动智能终端是指安装了操作系统、具有接入互联网的能力、可以在不同场合使用的信息处理设备。常见的移动智能终端有智能手机、笔记本电脑、车载智能终端、可穿戴设备等。

1）智能手机

智能手机是指具有专用操作系统、安装有多种应用服务程序、通过移动通信网络实现无线网络接入的手机。智能手机有别于功能性手机，语音通话功能只是诸多功能的一种，目前智能手机多安装 Android、iOS 系统，不久中国的智能手机将进入 5G 时代，国产的鸿蒙系统也将成为国产手机的主流系统。

2）笔记本电脑

笔记本电脑也称“便携式电脑”，其最大的特点就是机身小巧、携带方便，且功能强大。在全球市场上笔记本电脑有多种品牌，排名前列的有联想、华硕、戴尔（DELL）、惠普（HP）、苹果（Apple）、宏碁（Acer）、索尼、东芝、三星等。

3）平板电脑

平板电脑是一种小型、方便携带的 PC，以触摸屏作为基本的输入设备，允许用户通过触控笔或数字笔进行操作。用户可以通过内建的手写识别、屏幕上的软键盘、语音识别或者一个真正的键盘进行操作。平板电脑是一款无须翻盖、没有键盘、小到放入手袋，但功能完整的 PC。

4）车载智能终端

车载智能终端，具备 GPS 定位、车辆导航、采集信息和诊断故障等功能，在新一代汽车产品中大量应用。使用该类设备对车辆进行全面管理、对接智能交通，会大大提升交通工具的安全性和智能性。

5）可穿戴设备

越来越多的科技公司开始大力开发智能眼镜、智能手表、智能手环、智能戒指等可穿戴产品。智能终端开始与时尚挂钩，人们的需求不再局限于可携带，更追求可穿戴，未来的手表、戒指、眼镜都有可能成为智能终端。

6. 讨论、思考并回答以下问题

（1）为什么智能手机具备完成计算机某些任务的功能？

（2）从信息技术设备发展或应用演变的过程，能够得到什么启示？

（3）国产智能终端有哪些？性能如何？

说一说： 举例说明选用不同设备对处理文本、声音、图像信息的必要性。

任务 2　连接信息技术设备

将作用不同的信息技术设备正确连接，形成完整的信息处理系统，是信息处理的基础性工作，通常涉及输入设备、输出设备与主机连接，主机与网络连接等。

任务说明

信息技术设备种类繁多、作用各异，只有多个设备组成完整系统才可能完成处理信息的任务，因此，连接信息技术设备是计算机用户必须掌握的基本技能。本任务将从常用的计算机设备连接开始，围绕日常应用逐渐展开，帮助读者掌握信息设备连接的基本方法。

任务活动

1. 连接键盘、鼠标

键盘是用户向计算机发出指令和输入数据的设备，需要和主板上的键盘接口连接。现在键盘接口多用 PS/2 接口，俗称“小口”，连接键盘的 PS/2 接口和鼠标 PS/2 接口不能混用，连接键盘时需要看清机箱标注或接口色标。若使用 USB 接口的键盘，只需将键盘与主机的 USB 接口连接。

鼠标同样是信息输入的重要工具，它的形式和种类较多，常用的有 PS/2 口鼠标、USB 口鼠标和无线鼠标。PS/2 口鼠标与主板上的 PS/2 鼠标接口连接，USB 口鼠标和无线鼠标的适配器需要与主机的 USB 接口连接。

2. 连接显示器

显示器通过显卡与计算机实现连接，根据显卡对总线的要求将显卡插入计算机主板相应的总线插槽，然后再将显示器连接线与显卡的 VGA 输出口连接。显卡又称为显示适配卡，它通过总线把主机的显示信号传送给显示器，显卡在一定程度上决定了显示器的显示质量。

3. 连接打印机

打印机是办公环境中最常用的设备之一，它能将计算机编辑的信息以单色或彩色的字符、汉字、表格、图像等形式印刷在纸上，满足使用纸张保存或传送信息的办公要求。打印机是计算机的重要外设，因此，使之成为计算机能够正确识别的设备，是使用打印机的前提。连接打印机的操作过程如下：

（1）关闭计算机、打印机电源。

（2）将打印机配备的电源线或电源适配器的阴插头与打印机电源输入端连接，另一端阳插头插入电源插座。

（3）使用并行端口连接线时，将并行端口连接线的一端插入打印机，另一端插入计算机的并行打印输出端口，锁定固定卡扣。使用 USB 接口连接线时，将连接线的方形接头插入打印机的 USB 接口，另一端插入计算机的 USB 接口，如图 1-6 所示。

（4）启动计算机，接通打印机电源。

（5）将包含打印机驱动程序的光盘装入光驱，出现“打印系统安装向导”对话框，如图 1-7 所示。如果未出现安装程序对话框，双击光盘中的“SETUP.EXE”文件。

（6）根据对话框要求逐步操作，至安装完成。

（7）当系统提示是否打印测试页时，若选择打印，可以测试打印机工作是否正常。

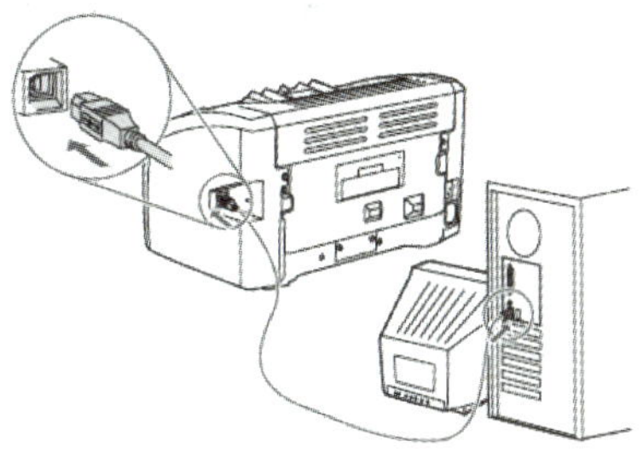

图 1-6　USB 连接线连接

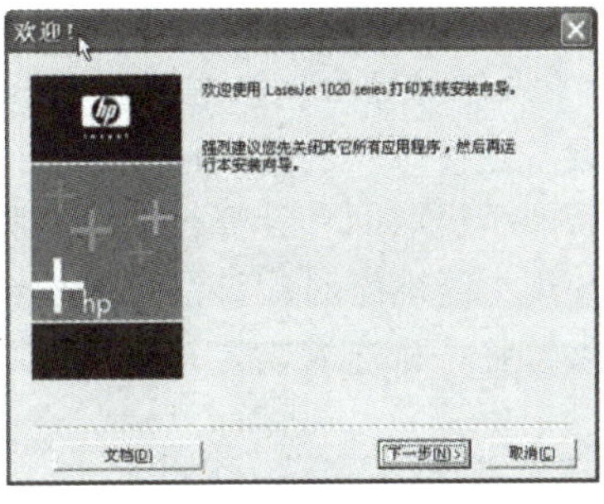

图 1-7　“打印系统安装向导”对话框

4. 智能手机连接计算机

智能手机和计算机连接可以使手机成为计算机系统的外设，实现文件的直接传送，两者连接的操作过程如下：

（1）使用数据线将手机与计算机的 USB 接口连接。

（2）在手机“设置”→“设备连接”→“USB 连接方式”中，选中“传输照片”或“传输文件”，如图 1-8 所示。

（3）手机可以当作计算机存储器使用，如图 1-9 所示。

图 1-8 USB 连接方式

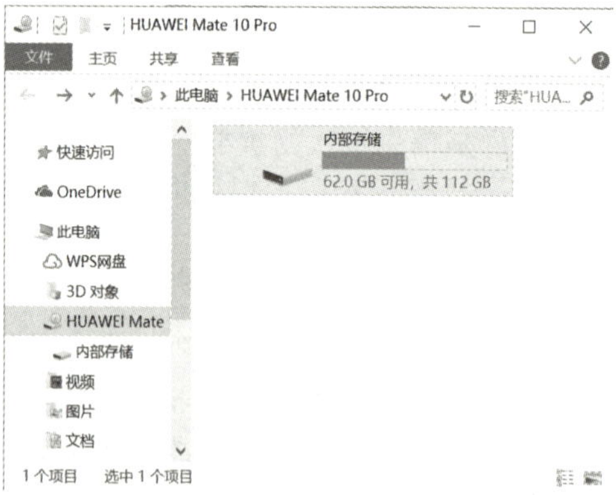

图 1-9 手机存储文件

5. 智能终端连接网络

智能终端是目前应用最普遍的一种设备，手机几乎达到了人手一部甚至更多，而这些设备需要联入互联网才能更好地发挥作用，智能终端连接网络有通过移动数据网络和通过 Wi-Fi 两种连接方式。

1）移动数据网络连接

通过移动数据网络上网要向通信公司（移动、联通、电信）购买上网的流量套餐或包月，现在应用较多的是 4G 网络，不久的将来会使用网速更高的 5G 网络。

将智能终端联入网络的基本操作：“设置”→“无线和网络”→“移动网络”，打开“移动数据”。

2）Wi-Fi 连接

Wi-Fi 是一种允许电子设备连接到一个无线局域网（WLAN）的技术，连接无线局域网可以有密码保护，也可以开放允许任何在 WLAN 范围内的设备连接。

连接 Wi-Fi 的基本操作：“设置”→“无线和网络”→“WLAN”，从 WLAN 列表中单击想要连接的网络，输入密码（受保护网络），单击“连接”即可联网，如图 1-10 所示。

图 1-10 连接 Wi-Fi

6. 讨论、思考并回答以下问题

（1）设备连接时一般应该注意哪些问题？

（2）智能手机联网和计算机联网有哪些异同点？

（3）使用无线网络时应该注意的安全问题有哪些？

做一做：将手机连入指定网络。

任务 3 设置计算机终端

终端是人机交互设备，配置终端设备是使用信息系统的前期工作。将终端设备配置成用户适应或满足需要的操作环境，不但能给信息系统使用者提供良好的操作体验，更能提高操作效率。

任务说明

计算机的终端设备有很多，常用的有键盘、鼠标和显示器。本任务将从最基本的计算机显示器分辨率、个性化桌面设置开始，介绍显示器、键盘、鼠标和手机的设置操作，帮助读者掌握常用终端设备的设置技能。

任务活动

1. 设置计算机显示器

（1）右键单击桌面空白处，单击菜单中的“屏幕分辨率”命令，打开“屏幕分辨率”设置窗口，如图 1-11 所示。

（2）单击“分辨率”按钮，显示分辨率列表，黑色加粗显示的字体为显示器的推荐分辨率。拖动滑块可调节屏幕分辨率，如图 1-12 所示，建议使用系统推荐分辨率。

提示：在一台主机有多个显示屏幕（如连接投影机）时，还可以通过图 1-11 中的“显示器”下拉列表选择不同的显示器进行分辨率的调节及显示方向的更改。

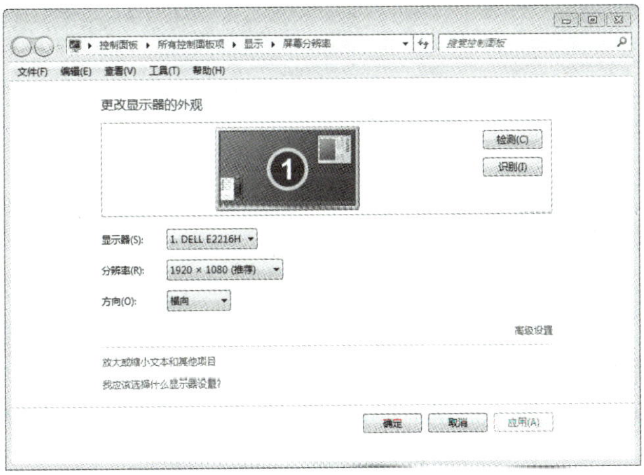

图 1-11 “屏幕分辨率”设置窗口

图 1-12 “屏幕分辨率”列表

（3）右键单击桌面空白处，选择菜单中的“个性化”命令，打开“个性化”设置窗口，如图 1-13 所示。

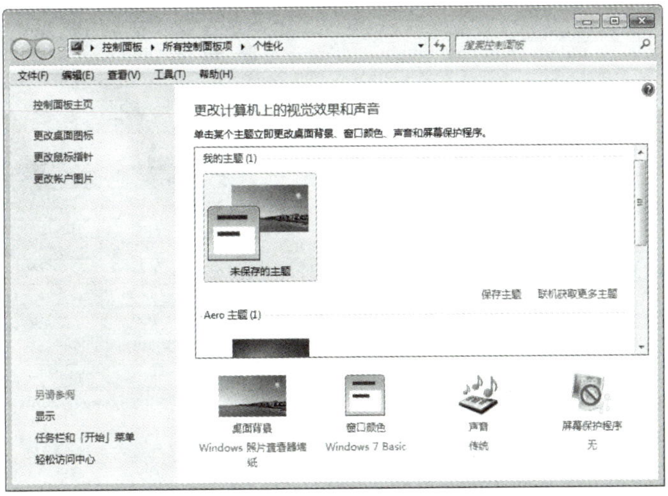

图 1-13 “个性化”设置窗口

（4）单击系统自带的任一主题，既可一次性更改计算机中的视觉效果（桌面背景、窗口颜色）和声音，也可以在连接互联网的情况下单击“联机获取更多主题”超链接获取网络上丰富多彩的主题。

（5）在“个性化”设置窗口中，单击“桌面背景”“窗口颜色”“声音”“屏幕保护程序”等，可分别进行对应项的单独设置。

2. 设置键盘、鼠标

（1）单击“开始”按钮，选择“控制面板”命令，打开“控制面板”对话框。

（2）单击“鼠标”图标，打开“鼠标属性”对话框，选择“鼠标键”选项卡，如图 1-14 所示。

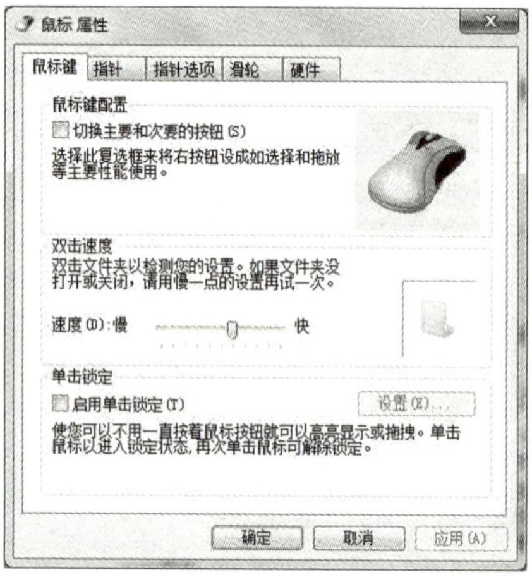

图 1-14 “鼠标键”选项卡

（3）选中“鼠标键配置”选项中的“切换主要和次要的按钮”复选框，可设置右键为主要键。拖动“双击速度”选项中的滑块可调整鼠标的双击速度，双击旁边的文件夹可检验设置的速度。选中“单击锁定”选项中的“启用单击锁定”复选框，单击“设置”按钮，打开“单击锁定的设置”对话框，调整实现单击锁定需要按鼠标键或轨迹球按钮的时间，如图 1-15 所示。

（4）选择“指针”选项卡，在“方案”下拉列表中选择一种鼠标指针方案，在“自定义”列表框中选择鼠标指针的样式。如果希望鼠标指针带阴影，可选中“启用指针阴影”复选框，如图 1-16 所示。

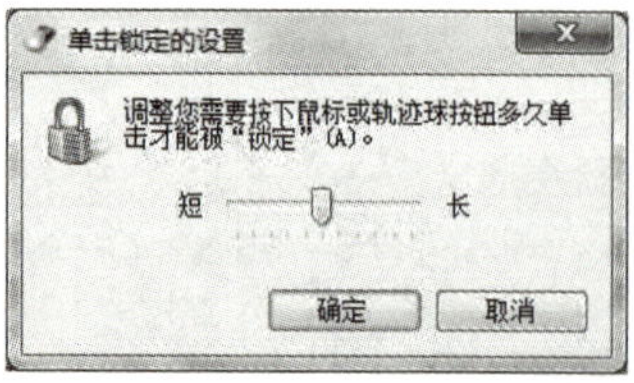

图 1-15 “单击锁定的设置”对话框

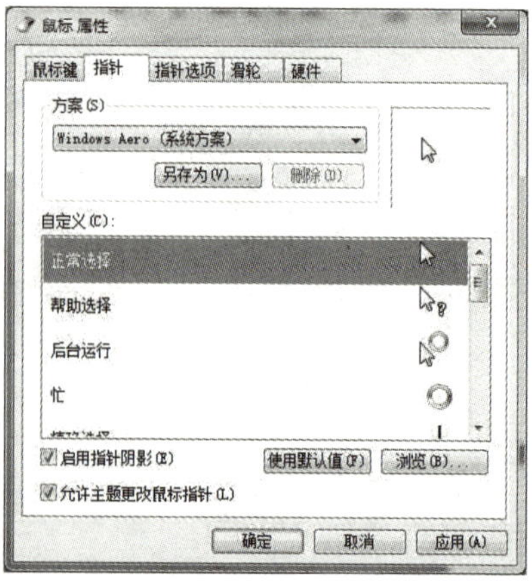

图 1-16 “指针”选项卡

（5）单击“浏览”按钮，打开“浏览”对话框，如图 1-17 所示。

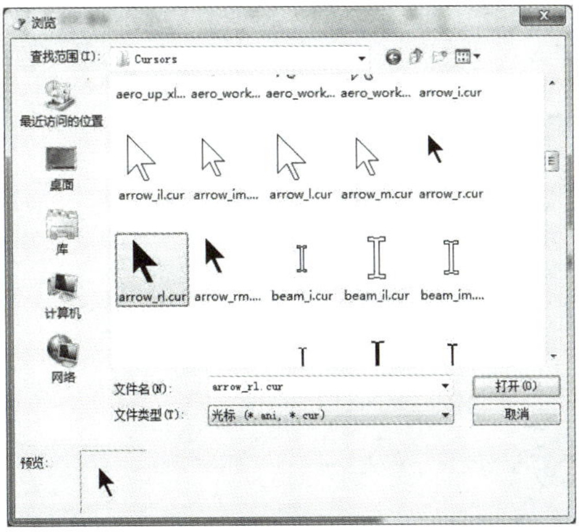

图 1-17 “浏览”对话框

（6）在“浏览”对话框中选择鼠标指针样式，预览框中显示指针效果。单击“打开”按钮，选中样式应用到所选鼠标指针方案中。

（7）在“指针选项”选项卡中，拖动“移动”选项中的滑块可调整鼠标指针的移动速度。在“对齐”选项中，选中“自动将指针移动到对话框中的默认按钮”复选框，打开对话框时，鼠标指针自动放在默认按钮上。设置界面如图 1-18 所示。

（8）单击“确定”按钮，设置生效。

（9）在“控制面板”对话框中，单击“键盘”图标，打开“键盘属性”对话框，选择“速度”选项卡，如图 1-19 所示。

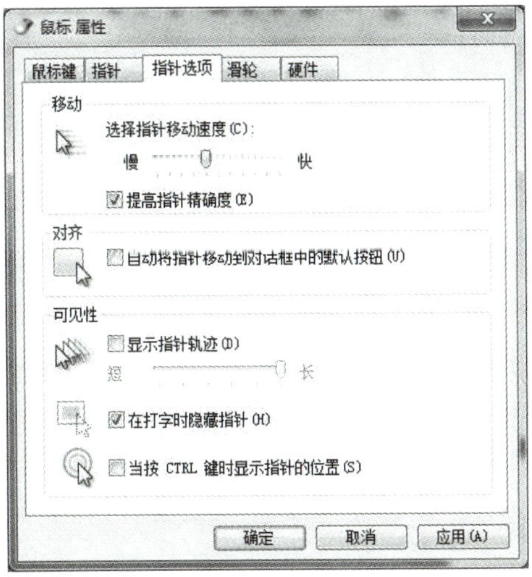

图 1-18 “指针选项”选项卡

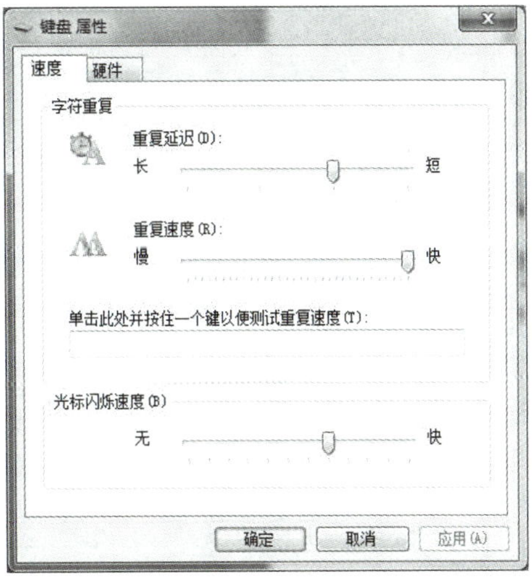

图 1-19 “速度”选项卡

（10）在“字符重复”选项中，拖动“重复延迟”滑块，可调整重复延迟时间；拖动“重复速度”滑块，可调整输入重复字符的速度；在“光标闪烁速度”选项中，拖动滑块，可调整光标的闪烁频率。

（11）单击“确定”按钮，设置生效。

3. 设置手机

（1）在手机桌面找到“设置”，如图 1-20 所示。

（2）打开“设置”，可以看到允许设置的内容，如图 1-21 所示。

（3）打开相应选项，设置对应内容。选择“显示”→“桌面风格”，可设置主页面显示风格，如图1-22所示。

图 1-20　手机桌面

图 1-21　显示“设置”内容

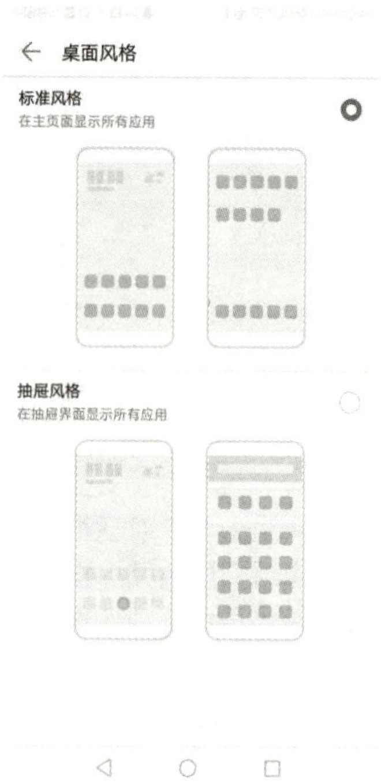

图 1-22　设置“桌面风格”

4. 讨论、思考并回答以下问题

（1）显示器的哪些参数需要用户根据使用情况进行调整？

（2）设置键盘、鼠标的目的是什么？

（3）智能手机更改某些默认设置有什么好处？

做一做：关闭手机的某些功能，看看会有什么影响。

项目4　使用操作系统

操作系统是管理计算机、手机等智能型设备软硬件资源、控制程序执行、改善人机界面、合理组织工作流程的一种系统软件，也是使用电子智能设备过程中，接触最早、使用最多的一个软件。因此，用户应该熟练掌握操作系统的使用方法，为提高设备使用效率奠定基础。

项目目标

- 了解操作系统，了解图形界面操作。
- 会安装、卸载应用程序和驱动程序。
- 学习汉字输入法。
- 会使用操作系统自带的常用程序。

任务1　了解操作系统

操作系统是智能设备硬件上的第一层软件，是对硬件系统功能的第一次扩充，具有管理系统软硬件资源的功能。它在计算机系统中占有举足轻重的地位。智能设备所实现的具体功能，则依赖于工作在操作系统之上的各种应用软件。

任务说明

操作系统支持其他的所有软件，并向这些软件提供服务，无论是大型计算机、微型计算机，还是手机等智能设备，都必须安装操作系统。操作系统既是硬件与其他软件的接口，也是设备与用户的接口。因此，全面了解并熟练使用操作系统，是对智能设备使用者的基本要求。本任务将帮助读者深入了解操作系统，进而对计算机的启动过程有全面的认识。

任务活动

1. 了解计算机操作系统的作用

操作系统（Operating System，OS）是计算机等智能设备系统中支撑应用程序运行、提供用户操作环境的系统软件，同时也是智能系统的核心与基石。它不仅对硬件设备直接监管，也管理设备中的资源和提供面向应用程序的服务。对用户来说，操作系统提供了使用设备的方法；对设备来说，操作系统是实现设备各种功能的控制集合。

2. 了解操作系统的形成与发展

计算机更新换代使系统软件——操作系统从无到有，从简单到复杂。

第一代计算机上运行的程序，基于机器语言。当时没有管理计算机的操作系统，计算机只能解决数值计算问题。

第二代计算机出现以后，有了汇编语言。由于计算机资源非常昂贵，为了提高计算机的利用率，人们设计了单道批处理系统，此系统安装在一台相对廉价的计算机上，取代人工向数值运算速度较快的计算机中输入或者输出数据，从而提高计算机的使用效率。

第三代计算机出现之后，CPU 的运行速度更快，用户的要求也越来越高，突出问题则是输入/输出设备的速度太慢。为了解决此问题，人们设计了多道批处理系统，它可以把多个程序同时放入计算机内存，使它们共享系统资源。当其中一程序因为 I/O 数据交换而暂停执行，导致 CPU 空闲时，系统可调度内存中的另一程序，从而提高 CPU 的利用率。

为了提高用户对响应时间的要求，后来又出现了分时系统，它是多道批处理系统的一个变种。在一台计算机上，同时连接多个终端机，每个用户使用一个终端，CPU 轮流为多个用户服务。多道批处理系统和分时系统的出现标志着操作系统的形成，著名的操作系统——UNIX 也是在这一阶段进入应用领域。

计算机进入大规模和超大规模集成电路阶段，个人计算机用户的数量飞速增长。从 20 世纪 80 年代初到 90 年代中期，微软的 DOS（Disk Operating System）操作系统占据了个人计算机操作系统的市场。虽然微软在 1985 年就推出了 Windows 1.0，但 Windows 系列操作系统取得个人计算机操作系统的统治地位却是在 1995 年 Windows 95 发布之后。随后，微软又推出了 Windows 98、Windows XP、Vista 家庭版、Windows 7、Windows10 等个人计算机操作系统。

20 世纪 90 年代，为了满足用户通信和资源共享的要求，网络操作系统开始崛起。微软 1992 年 10 月发布了 Windows for Workgroups 3.1，随后出现了 Windows NT 3.11、Windows NT 4.0、Windows NT 5.0（Windows 2000）、Windows Server 2003 等。

3. 认识智能设备操作系统

常见的智能设备操作系统主要有以下几种。

1）Android 操作系统

Android 操作系统是一种基于 Linux 开放源代码的操作系统，主要用于移动设备，如智能手机和平板电脑，由 Google 公司和开放手机联盟领导开发。Android 问世后，迅速占领了智能手机操作系统市场。Android 采用分层架构，从高层到低层分别是应用程序层、应用程序框架层、系统运行库层和 Linux 内核层。

2）iOS 操作系统

iOS 操作系统是苹果公司开发的一种移动操作系统，用于 iPhone、iPod touch、iPad 及 Apple TV 等产品。iOS 系统界面简单易用、管理功能强大，具有超强稳定性，成为支撑相关产品的重要基础。

3）Windows Phone 操作系统

Windows Phone 操作系统是微软发布的一款手机操作系统，它具有桌面定制、图标拖曳、滑动控制等操作体验，增强的触摸屏方便手指操作。主屏幕显示更新电子邮件、短信、未接来电、日历约会等重要信息，把网络、PC 和手机的优势集于一身。

4）华为鸿蒙系统（Harmony OS）

华为鸿蒙系统是华为开发的自有操作系统，该系统面向下一代技术而设计，能兼容全部安卓应用的所有 Web 应用。华为鸿蒙是基于微内核的面向全场景的分布式操作系统，能够同时满足全场景流畅体验、架构级可信安全、跨终端无缝协同，以及一次开发多终端部署的要求。若将安卓应用重新编译，然后在华为鸿蒙操作系统运行，性能提升超过 60%。

4. 了解计算机等设备的启动过程

计算机启动的过程可以分解成以下几个阶段：

（1）计算机加电。

（2）基本内存检测。

（3）主要硬件设备检测。

（4）内存检测。

（5）标准设备硬件检测。

（6）即插即用设备检测。

（7）启动操作系统。

5. 讨论、思考并回答以下问题

（1）操作系统在计算机软件系统中扮演什么角色？

（2）计算机操作系统和手机操作系统有什么异同？

（3）从计算机或手机的启动过程能得到什么信息？

说一说：为什么微型机的国产操作系统普及率不高？

任务 2　了解图形界面操作

图形界面是现在主流操作系统所使用的人机交互环境。用户在图形界面中，可以使用鼠标代替键盘的各种操作，既直观又方便。图形界面主要包括用户启动计算机系统后看到的整个屏幕界面，即通常所说的“桌面”，以及用户打开某个程序或者文件夹后出现的窗口，它们是用户和计算机进行交流的环境。了解程序窗口与桌面元素，熟练掌握其使用方法，可以较快地完成各种操作。

任务说明

操作系统的图形界面是计算机用户打开计算机最先面对的操作环境，其中有用户经常用到的应用程序和文件夹图标，双击相应图标就能够快速启动相应的程序或打开文件，因此，了解操作系统图形界面、熟悉鼠标操作是对计算机用户的基本要求。本任务将从操作系统最基本的鼠标操作开始，循序渐进，帮助读者全面了解计算机图形界面，掌握最基本的鼠标操作方法。

任务活动

1. 认识 Windows 7 操作系统桌面元素

Windows 7 的桌面由快捷图标、任务栏和桌面背景等组成，如图 1-23 所示。

图 1-23　Windows 7 桌面

（1）快捷图标。指向某应用程序的一种链接，双击图标就能打开相应的窗口或应用程序。桌面上存在的“计算机”“网络”“回收站”等都是快捷图标。

（2）任务栏。位于桌面下部的长条区域是任务栏，左侧为“开始”按钮；中间部分显示已打开的程序和文件，可以在它们之间进行快速切换；右侧为“通知区域”，包括时钟以及一些告知特定程序和计算机设置状态的图标；最右侧为“显示桌面”按钮。

（3）桌面背景。为打开的窗口提供背景的图片、颜色或设计。桌面背景可以是单张图片或幻灯片。用户可以从 Windows 附带的桌面背景图片中选择，也可使用自己获取的图片。右键单击桌面，在弹出的快捷菜单中选择相应命令可以设置桌面元素。

2. 了解 Windows 7 的程序窗口

Windows 7 的程序窗口由地址栏、搜索栏、菜单栏等部分组成，如图 1-24 所示。

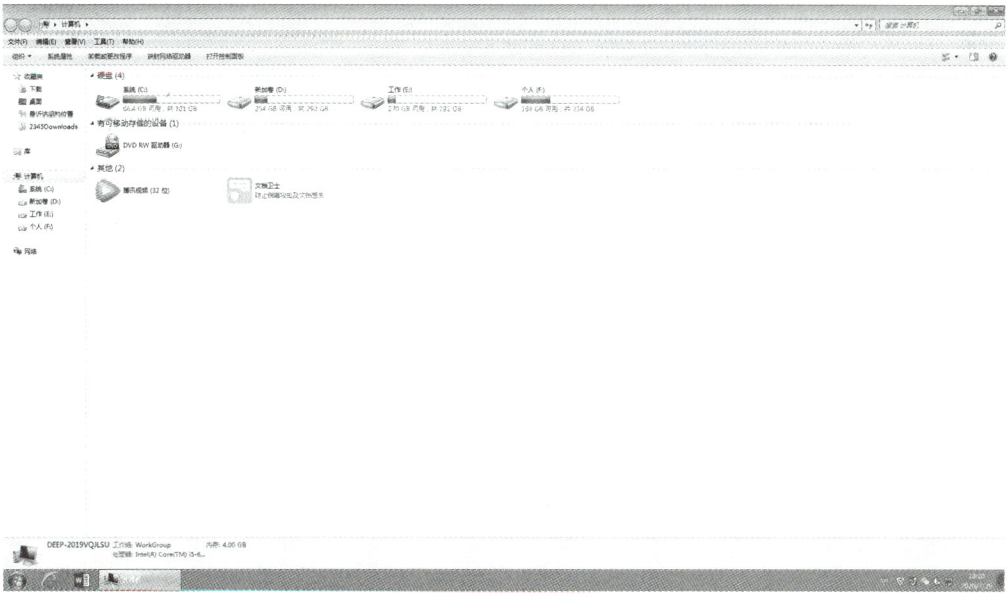

图 1-24　Windows 7 的程序窗口

（1）地址栏。位于窗口的最上部，用于显示当前操作所在的位置。单击地址栏中的位置可直接导航至该位置。

（2）搜索栏。地址栏的右侧是搜索栏，主要用于快速搜索计算机中的内容。

（3）菜单栏。地址栏的下面是菜单栏，其中包括多个菜单项，每个菜单项中提供了操作过程要用到的各种命令。

（4）导航窗格。导航窗格位于菜单栏下方的左侧，可以使用导航窗格查找文件和文件夹，还可以在导航窗格中将文件、文件夹以及库等直接移动或复制到目标位置。

（5）工作区域。在窗口中所占的比例最大，用于显示文件夹中的全部内容。

（6）细节窗格。在窗口的最下方，标明当前有关操作对象的基本情况。

3. 了解鼠标的基本操作

（1）“移动”操作。鼠标在桌面上移动，屏幕上的鼠标指针也跟着移动。鼠标的移动操作就是控制鼠标指针移动，使鼠标指针指向特定目标的操作。

（2）“单击”操作。单击一般指左击，即用右手食指快速按下鼠标左键，然后再迅速放开。

（3）“双击”操作。用右手食指快速连续按鼠标左键两次。

（4）“拖动”操作。按住鼠标左键不放，移动鼠标指针到另一个位置上，再放开鼠标左键。拖动通常用于移动某个选中的对象，拖动时，鼠标指针指向允许拖动操作的特定位置，如拖动“计算机”程序窗口，鼠标指针应指向地址栏上方空白处。

（5）“右击”操作。用右手中指快速按下鼠标右键，然后再迅速放开。右击通常会打开快捷菜单。

（6）“滚动”操作。滚动是对鼠标滚轮的操作，使用鼠标中间滚轮，可以在窗口中移动操作对象的上下位置，相当于移动窗口右侧的垂直滚动条。

4. 讨论、思考并回答以下问题

（1）对比多个 Windows 操作窗口，能得到什么启示？

（2）键盘能起到鼠标的作用吗？如何能更有效地利用这两种外设？

（3）鼠标的单、双击操作分别适用的对象是什么？

说一说：图形界面鼠标操作的利与弊。

任务 3　安装、卸载应用程序和驱动程序

计算机在应用过程中，经常遇到新的应用或驱动程序需要安装、过时程序需要卸载等问题，因此，安装、卸载计算机程序也是最常见的基本操作。

任务说明

在计算机应用程序出现故障或有新的应用时，需要重新安装或安装新的应用程序，而卸载无用程序则是删除硬盘中的程序、优化计算机的存储系统，使计算机始终处于最佳状态。本任务将帮助读者了解程序安装、卸载的基本方法，学会安装和卸载计算机程序。

任务活动

1. 安装驱动程序

安装设备驱动程序，首先要将硬件设备连入系统，使其成为系统中的一个可识别设备，然后进行以下操作：

（1）单击“开始”→“控制面板”→“设备管理器”，打开“设备管理器”操作窗口，如图 1-25 所示。

（2）在“设备管理器”操作窗口，右键单击需要安装驱动的硬件选项，在弹出的快捷菜单中选择“扫描检测硬件改动”。

（3）系统自动扫描选择硬件的信息。

（4）稍后，弹出“驱动程序软件安装”对话框，显示正在安装设备驱动程序。

（5）完成后，显示相应硬件程序已安装。

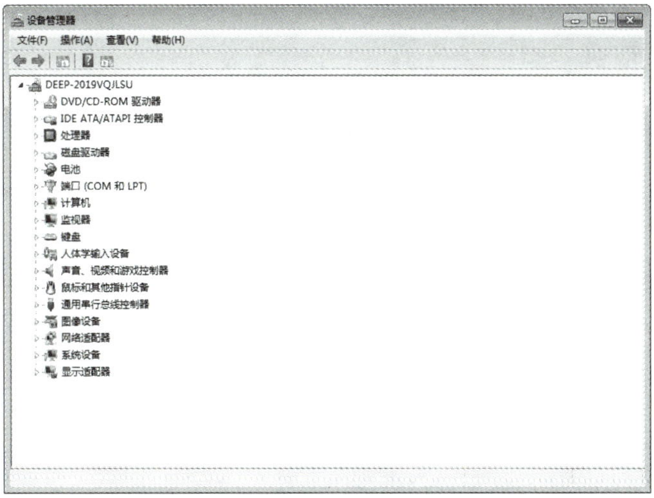

图 1-25　“设备管理器”操作窗口

2. 安装应用程序

在智能设备上安装应用程序，可以利用应用集成管理软件完成下载、安装任务，华为应用市场、腾讯软件管家等都是常用的应用程序安装利器。

（1）打开应用集成管理软件，如腾讯软件管家，如图 1-26 所示。

图 1-26　腾讯软件管家

（2）根据分类，查找需要安装的应用程序。

（3）单击“安装”按钮，联网设备会自动下载并安装选中程序。

（4）系统完成安装后，“安装”按钮变成“打开”，系统桌面添加快捷图标。

3. 卸载程序

卸载程序是删除已安装的程序，但卸载与删除又有所不同，对于不需要的程序建议使用卸载功能清除程序，这样能保证可靠清除系统中与之关联的记录。

（1）单击“开始”→“控制面板”→“程序和功能”，显示所安装的所有程序，如图 1-27 所示。

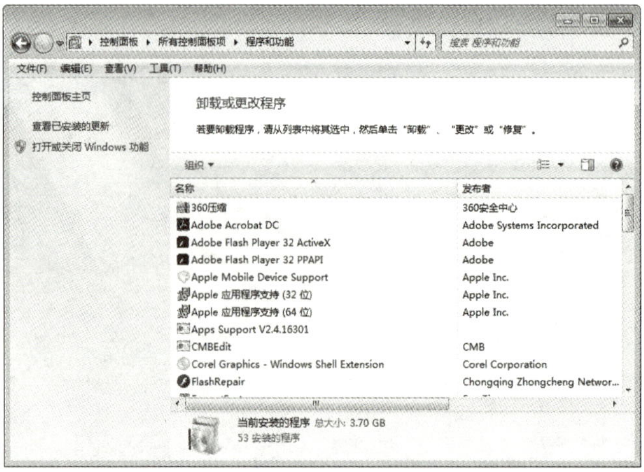

图 1-27 “程序和功能”操作窗口

（2）选中想要卸载的程序，单击窗口中的“卸载”，显示卸载提示信息对话框。

（3）单击“是”，立即卸载选中程序。

4. 讨论、思考并回答以下问题

（1）计算机或智能手机在什么情况下需要重装操作系统？

（2）安装应用程序与程序更新有什么差别？

（3）卸载和删除程序有什么差别？为什么？

说一说： 给智能设备安装操作系统需要具备哪些基本条件？

任务 4 学习汉字输入方法

往计算机中输入汉字，需要掌握汉字输入法，汉字输入法有很多，搜狗拼音输入法是众多汉字输入法中的一种，当然用户也可以使用语音或扫描的方法输入汉字。

任务说明

将处理对象输入计算机是对计算机用户最基本的要求，按照计算机键盘的字符标注，可以将英文字母和符号输入计算机。汉字输入则需要学习汉字输入法，汉语拼音是常用的一种汉字输入法，当然，使用语言或图像识别也能轻松输入汉字。本任务将帮助读者了解汉字输入方法，学会使用汉语拼音输入汉字。

任务活动

1. 使用搜狗拼音输入法输入汉字

要熟练掌握一种拼音输入法输入汉字，必须了解汉语拼音规则，更要在计算机中安装相应的拼音输入法，因此，安装输入法是基础。

（1）打开 IE 浏览器，在地址栏输入“http://pinyin.sogou.com/”，回车后进入搜狗拼音输入法的官方下载页面，如图 1-28 所示。

（2）单击“立即下载”，下载搜狗拼音输入法 9.5 版并保存至本地硬盘。

（3）双击下载文件，按照提示安装搜狗拼音输入法 9.5 版。

（4）打开“我的电脑”→“D 盘”，在空白处单击右键，在弹出的快捷菜单中依次选择“新建”→“文本文档”，建立一空白文本文档。

图 1-28 搜狗拼音输入法的官方下载页面

（5）双击打开该文档，左键单击该文档空白处，此时，可以看到光标在编辑区左上角闪动。单击任务栏右侧的“语言栏”图标，在“输入法”菜单中选择“搜狗拼音输入法”，如图 1-29 所示。

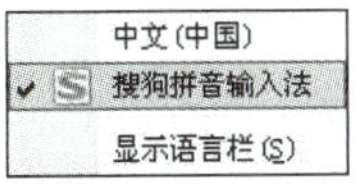

图 1-29 选择“搜狗拼音输入法”

（6）在键盘上依次击打“中华人民共和国”的拼音字母，屏幕显示如图 1-30 所示。

（7）按空格键，汉字内容显示在文档中，如图 1-31 所示。按数字、符号键，可输入相应数字和符号信息。

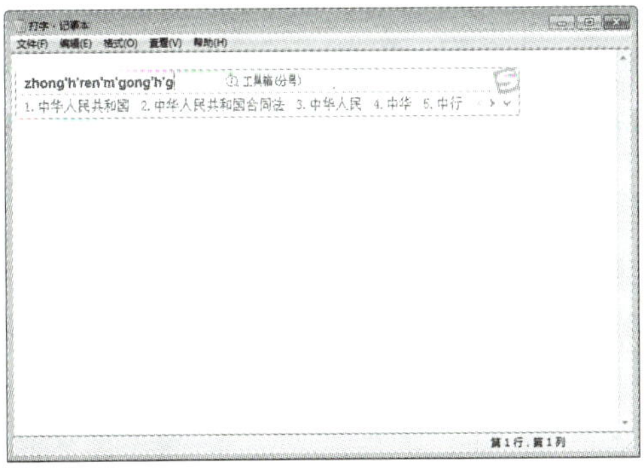

图 1-30 利用搜狗拼音输入法输入文字

图 1-31 完成汉字输入

2. 使用语音输入汉字

现在的智能终端几乎都配置有语音识别功能，利用系统自带的语音识别功能不仅可以实现系统控制，也可以进行信息的输入。

（1）单击“开始”→“控制面板”→“语音识别”，打开“语音识别”操作窗口，如图 1-32 所示。

（2）单击“启动语音识别”，选择系统所使用的麦克风类型。

（3）按照屏幕提示朗读文本，训练计算机理解语音的能力，使用普通话朗读，计算机识别率更高。

（4）训练完成后，任务栏的“通知区域”会出现“语音识别”图标。

（5）选中“开：聆听我说的所有话语”，即可进行语音输入或控制；选中“关：不聆听我说的任何话语”，语音输入不起作用；选中“休眠：仅在说出‘开始聆听’时聆听”，需要唤醒。

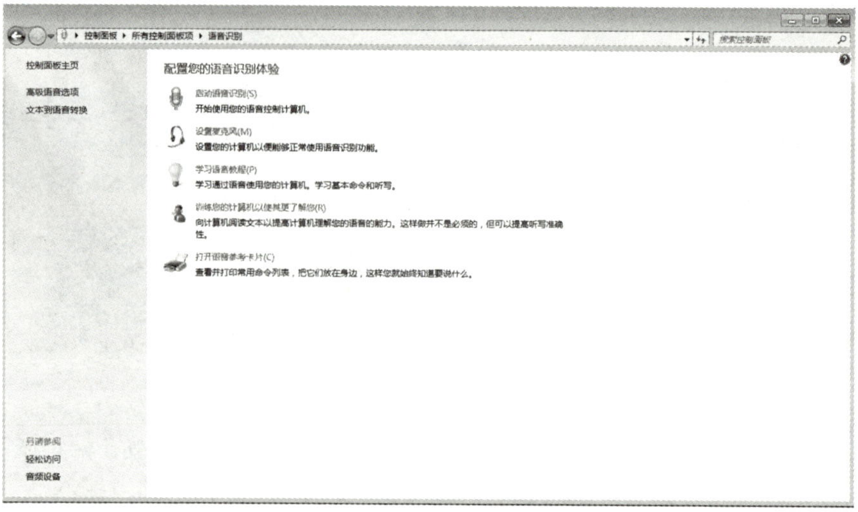

图 1-32　“语音识别”操作窗口

3. 讨论、思考并回答以下问题

（1）如何使用汉语拼音输入法输入特殊符号？

（2）如何提高汉语拼音输入法的输入速度？

（3）图像识别输入汉字存在哪些问题？

做一做：使用手机的语音和图像识别功能输入信息。

任务 5　使用操作系统自带的常用程序

操作系统自带许多常用的功能性程序，也允许用户将一些小工具添加到桌面上，以满足用户在计算机运行时了解其他信息，如生活信息的天气、时间，娱乐方面的媒体播放、各种小游戏的使用等。

任务说明

操作系统自带的功能性程序，通常是最常用的工具，不但能满足用户工作、生活的基本需要，也能帮助用户快速获取某些信息、打造个性化操作环境。本任务将帮助读者了解操作系统自带的小工具，学会将实用工具添加到桌面。

任务活动

1. 添加系统自带小工具

将系统自带的小工具有选择地添加到桌面，可以方便用户使用，也能提高工作效率。

（1）单击“开始”→“桌面小工具库”，打开“桌面小工具库”窗口，如图 1-33 所示。

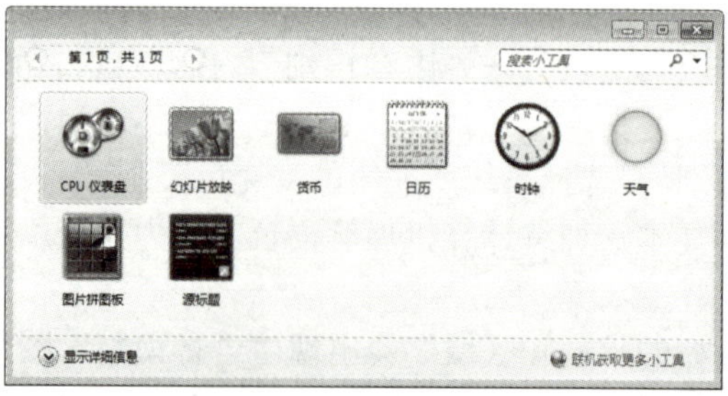

图 1-33　“桌面小工具库”窗口

（2）双击“CPU 仪表盘”图标，把“CPU 仪表盘”小工具添加至桌面。用相同的方法把“天气”小工具添加至桌面，如图 1-34 所示。

（3）将鼠标指针移至“天气”小工具处，自动弹出小工具的隐藏按钮，自上而下依次为“关闭”“较大尺寸”“选项”“拖动小工具”，作用分别为关闭小工具、调整小工具尺寸、设置所要显示天气情况的地区、显示温度方式，以及在桌面上移动小工具的位置等。“天气”小工具隐藏菜单如图 1-35 所示。

（4）单击“选项”按钮，打开“选项”对话框，如图 1-36 所示。

（5）在文本框中按照提示样式输入显示气象信息地址的拼音，如“Zhengzhou”，单击搜索按钮，即可更改所要显示天气情况的地区，更改显示地区后的结果如图 1-37 所示。

图 1-34　“CPU 仪表盘”“天气”小工具

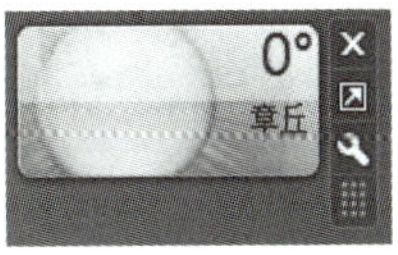

图 1-35　“天气”小工具隐藏菜单

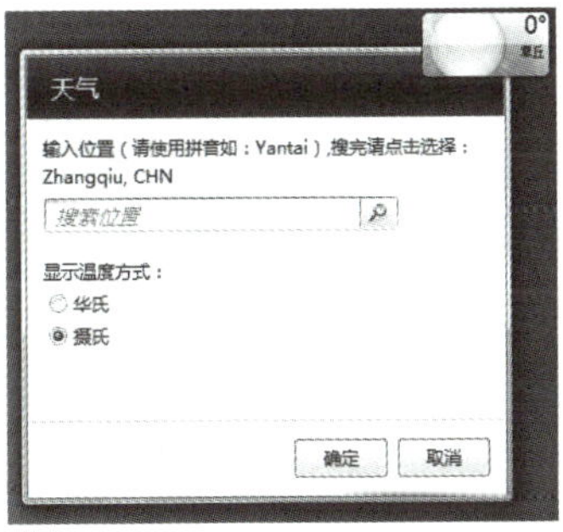

图 1-36　“选项”对话框

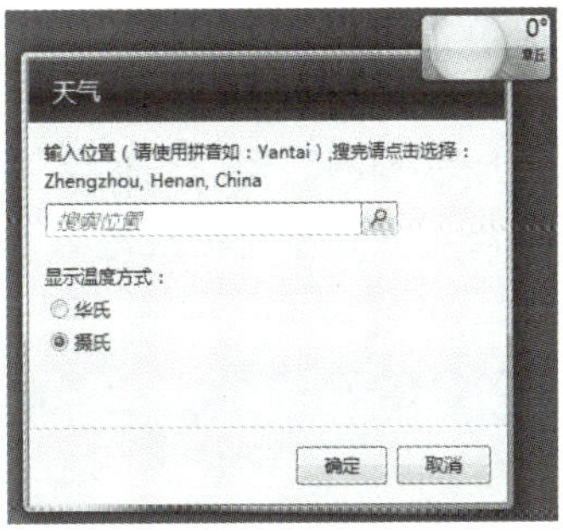

图 1-37　更改显示地区后的结果

（6）在“显示温度方式：”下选中“摄氏”单选钮，可更改温度显示方式为摄氏度。

（7）单击“确定”按钮完成设置，“天气”小工具显示结果如图 1-38 所示。

2. 使用系统自带的播放器

使用系统自带的程序，与使用其他安装在系统中的程序没有太大差别。

（1）双击桌面上的“Windows Media Player”快捷图标，打开“Windows Media Player”窗口，如图 1-39 所示。

图 1-38　“天气”小工具显示结果

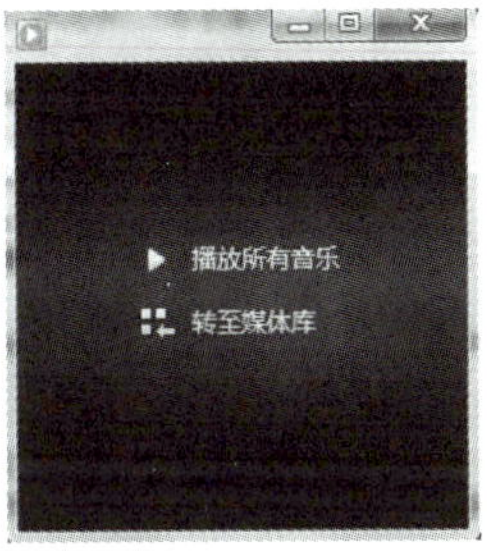

图 1-39　“Windows Media Player”窗口

（2）单击“播放所有音乐”按钮，可无序播放媒体库中的所有音乐。

（3）单击“转至媒体库”按钮，可转至媒体库，如图 1-40 所示。

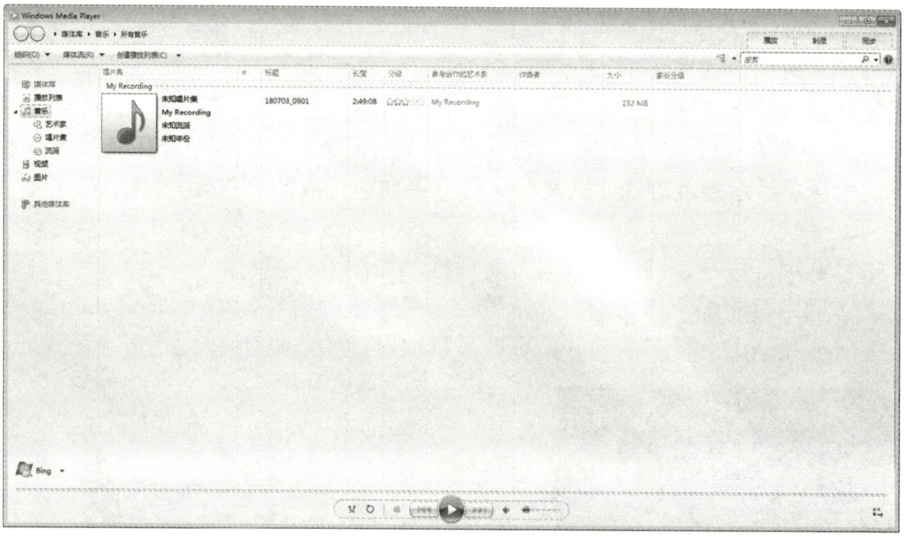

图 1-40 媒体库

（4）双击所要播放的多媒体文件，即可开始播放。

3. 讨论、思考并回答以下问题

（1）系统自带的小工具和应用程序有什么差别？

（2）系统自带的常用程序有哪些？

（3）以播放器为例，说明为什么要安装系统以外的播放器。

做一做：比较各种不同播放器的差别。

项目 5 管理信息资源

在计算机等电子智能设备中，信息资源以文件形式存在。文件是用户赋予了名字并存储在信息设备存储介质上的信息集合，它可以是用户创建的文档，也可以是可执行的应用程序或一张图片、一段声音等。文件可以使用文件夹分类管理。

项目目标

- 建立文件管理体系。
- 了解常用资源类型，会检索调用信息。
- 学会资源的压缩、加密、备份。

任务 1 建立文件管理体系

文件管理是操作系统中一项重要的功能，主要涉及文件的逻辑和物理组织、文件目录结构和管理等。文件夹是为了方便用户查找、维护和存储而设置的组织和管理文件的一种形式，用户可以将文件分门别类地存放在不同的文件夹中。

任务说明

当用户的计算机、手机等设备使用一段时间之后，其中的文件会变得繁杂。有序组织、管理文件，是快速查找一个文件高效工作的前提，也是每个计算机用户必须具备的基本技能。本任务将帮助读者了解信息资源管理的基本方法，学会有序、高效管理计算机等智能设备中的信息资源。

任务活动

1. 归类管理文件

若要在 E 盘中分别建立“娱乐”和“工作资料”文件夹，用于存储用户的影音文件和工作文档，可按以下步骤操作。

（1）双击桌面上的“计算机”图标，打开“计算机”操作窗口。

（2）如果要将文件存放在 E 盘中，双击要新建文件夹的 E 盘，打开 E 盘。

（3）单击“文件”→“新建”→“文件夹”命令，在 E 盘中新建两个文件夹。此时，两个文件夹的名称分别为“新建文件夹”和“新建文件夹（2）”，如图 1-41 所示。

（4）分别右键单击这两个新建的文件夹，在弹出的快捷菜单中单击“重命名”，此时文件夹名称处于编辑状态（蓝色反白显示），如图 1-42 所示。

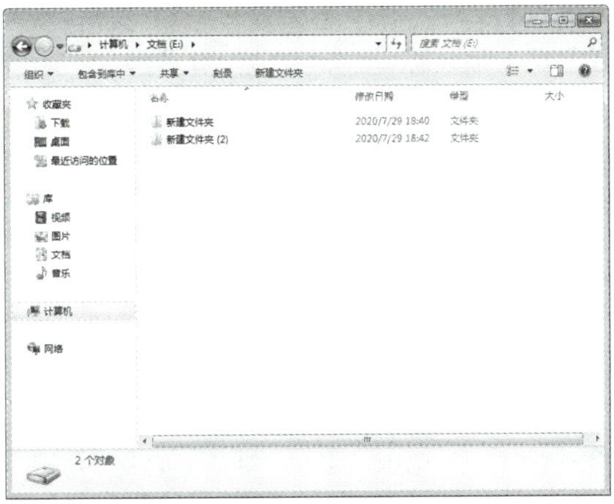

图 1-41 建立文件夹

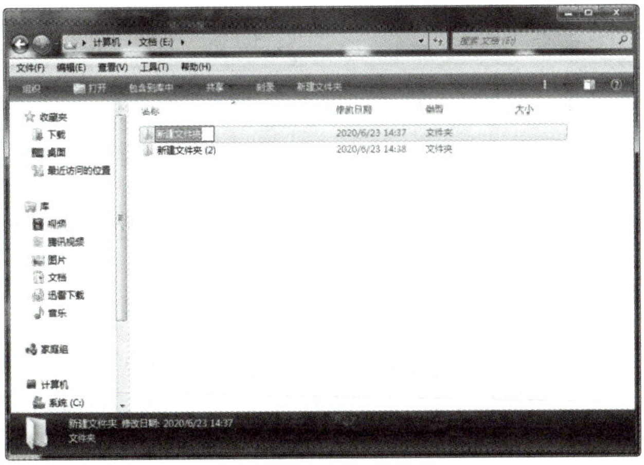

图 1-42 重命名文件夹

（5）分别在文本框中输入文件夹的名称“娱乐”和“工作资料”，按“Enter”键或在文件夹以外单击鼠标完成命名操作。

（6）选中需要移动或复制的与“娱乐”有关的文件或文件夹。

提示：按着“Shift”键可选定多个相邻的文件或文件夹，按着“Ctrl”键可选定多个不相邻的文件或文件夹。

（7）单击“编辑”→“剪切”命令（复制应选择“复制”命令）。

（8）打开 E 盘的“娱乐”文件夹，单击“编辑”→“粘贴”命令，实现文件移动。重复步骤

（6）～（8）把工作文档移入“工作资料”文件夹。

2. 讨论、思考并回答以下问题

（1）如何在计算机中建立自己的文件管理体系？

（2）如何删除不需要的文件和文件夹？

（3）整理归纳文件管理涉及的各种操作。

做一做：在计算机中建立自己的课程学习文件管理体系。

任务 2　了解常用资源类型

常用的信息资源有视频、音频、文档、图形和图像等几类，在计算机等设备中它们分别以不同的文件格式存放。文件格式（或文件类型）是计算机等智能设备为了存储信息而使用的特殊编码方式，用于识别内部存储的资料。每一类信息都能以一种或多种文件格式保存在设备中；每一种文件格式通常会有一种或多种扩展名标识，也可能没有扩展名。

任务说明

了解资源管理体系结构是管理信息资源的基础，熟知信息资源的类型，才能更好地实施信息资源归类管理。本任务将帮助读者了解文件格式，学会有效检索和有目的地调用信息资源。

任务活动

1. 认识文件格式

1）文档文件格式

文档文件的类型有很多，常见的有能用所有文字处理软件或编辑器打开的 txt 文件、能用 Word 及 WPS 等软件打开的 doc 文件、能用 Adobe Acrobat Reader 打开的 hlp 文件、能用 WPS 软件打开的 wps 文件、能用 Word 及 WPS 等软件打开的 rtf 文件、能用各种浏览器打开的 html 文件和能用 Adobe Acrobat Reader 及各种电子阅读软件打开的 pdf 文件。

2）图形文件格式

以 bmp、gif、jpg、pic、png、tif 为文件扩展名的是图形文件，此类文件使用常用的图像处理软件可以打开。

3）声音文件格式

常见的声音文件有能用媒体播放器打开的 wav 文件、能用 Winamp 播放的 mp3 文件、能用 Realplayer 播放的 ram 文件和能用常用声音处理软件打开的 aif 文件等。

4）动画文件格式

动画文件有能用常用动画处理软件播放的 avi 文件、能用 Vmpeg 播放的 mpg 文件、能用 Activemovie 播放的 mov 文件和能用 Flash 自带的 Players 程序播放的 swf 文件等。

5）压缩文件格式

压缩文件时使用的工具，可以打开相应的压缩文件。Winrar 可以打开 rar 文件、Winzip 可以打开 zip 文件、Arj 可以打开 ar 文件，UNIX 系统的 gz 文件、z 文件，可以用 Winzip 打开。

2. 查找文件和信息资源

利用操作系统自带的搜索功能，可以进行关键字检索，帮助用户快速找到所需文件和相关信息。

（1）找到搜索框，输入关键字。

（2）系统显示搜索结果，选择自己需要的内容。

3. 讨论、思考并回答以下问题

（1）不带扩展名存放文件可能会有什么问题？

（2）如何快速检索到自己需要的文件？

（3）在不清楚文件名的情况下如何检索文件？

做一做：精确、模糊查找一个文件，总结高效率查找文件的操作方法。

任务 3　信息资源的压缩、加密和备份

压缩工具（如 Winrar）是用户经常要用到的一种工具。它可以把大文件压缩成一个较小的文件，以节约存储空间或者发送给远端客户。压缩工具除了用来压缩文件外，还可作为一个加密工具使用，在压缩文件时设置一个密码就可以达到保护数据的目的。

任务说明

压缩信息资源既节约存储空间资源，也能提高信息传输的效率，更是在多个文件需要打包传输时必须做的一项工作。本任务将帮助读者了解文件压缩、加密操作，学会备份和还原重要文件。

任务活动

1. 压缩、加密文件

（1）找到并选中要压缩的文件。

（2）单击右键，在弹出的快捷菜单中单击“添加到压缩文件”，打开对话框。

（3）在“常规”选项卡中单击“浏览”按钮，选择压缩后文件的存储路径并在“文件名”文本框中输入“文件名.rar”，单击“确定”按钮返回。

（4）单击“设置密码”按钮，打开“输入密码”对话框，如图 1-43 所示。

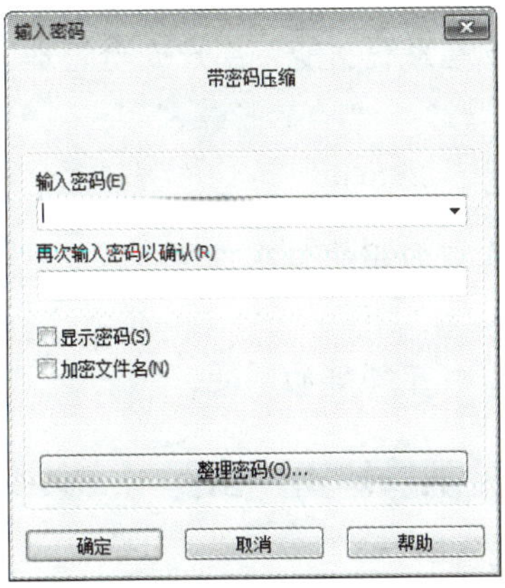

图 1-43　“输入密码”对话框

（5）按要求输入为压缩文件设置的密码，单击“确定”按钮完成密码设置。

（6）单击“确定”按钮，开始压缩文件。压缩结束，生成压缩文件“文件名.rar”。

2. 备份、恢复文件

（1）单击“开始”→“控制面板”→“备份和还原”，打开“备份和还原”工具。

（2）单击“设置备份”，在“保存备份的位置（B）：”列表框中选择“VOL5（G:）”项。

（3）单击“下一步”按钮，打开“您希望备份哪些内容”页面，选中“让我选择”单选钮。

（4）单击“下一步”按钮，选中“ceshi 的库”复选框。如同时选中“包括驱动器 WIN7（C:）”“VOL2（D:）的系统镜像（S）”复选框，在进行库数据备份的同时会制作系统镜像，该镜像可在系统崩溃时进行系统恢复。

（5）单击“下一步”按钮，系统推荐计划每星期日的 19:00 进行数据备份。单击“更改计划”，进入“更改备份计划”界面，可根据实际情况调整计划。

（6）单击“确定”按钮返回，单击“保存设置并运行备份”按钮开始备份。

（7）备份自动完成后，备份进度指示消失。

（8）单击“还原我的文件”按钮，出现“还原文件”界面。

（9）单击“浏览文件夹”按钮，依次打开“VOL5（G:）上的备份”→“C:的备份”→“Users”文件夹，选中“ceshi”文件夹。

（10）单击“添加文件夹”按钮，返回“还原文件”界面。

（11）单击“下一步”按钮，进入“还原位置选择”界面，选中“在原始位置”单选钮。

（12）单击“还原”按钮，数据还原开始。由于原始位置保存有该数据，系统弹出“复制文件”对话框。选中“对于所有冲突执行此操作（D）”复选框，单击“复制，但保留这两个文件”按钮，还原开始。

（13）数据复制完毕，出现提示界面，单击“完成”按钮，还原结束。

3. 讨论、思考并回答以下问题

（1）压缩文件有什么好处？什么情况下需要压缩文件？

（2）哪些文件需要备份？备份的方法有哪些？

（3）智能手机有哪些资源需要备份？

做一做：备份手机里的通信录。

项目6　维护系统

信息系统维护是指为适应系统运行环境和其他因素变化，保证信息系统正常工作而对系统进行的操作，其中包括系统测试、设置系统功能、用户安全管理、解决系统运行期间的各种问题等一系列具体工作。

项目目标

- 了解终端设备安全设置，会进行用户权限设置。
- 会使用工具测试系统性能。
- 会使用“帮助”工具解决操作中遇到的问题。

任务1　设置终端应用安全和管理用户权限

多个用户使用同一个智能设备时，需要对使用者进行必要的权限分配，以保证不同用户有不同的使用权限，使多个有不同需求的用户都能有序使用该设备，这在一定程度上也保证了存储在一台设备中的信息资源的应用安全。

任务说明

保证终端设备使用的安全性是信息应用环节的重要任务，一些简单的安全设置如屏保，就可以起到在人员离开时防止屏幕信息泄露的大作用。信息系统在运行过程也会遇到用户变化带来的各种问题，如出现新的应用者、原有用户的使用权限有变化，等等。解决这些问题既是系统应用过程中的基本要求，也是高效、安全使用信息系统的重要基础。本任务将帮助读者了解终端设备的安全设置要求，学会设置新用户和分配用户管理权限等基本技能。

任务活动

1. 设置手机应用安全

（1）在手机桌面打开“设置”→“安全和隐私”，可以设置手机中提供的安全和隐私保护功能，如图 1-44 所示。

（2）进入“锁屏和密码”选项，可以设置与锁屏有关的各种参数，如图 1-45 所示。

（3）进入“保密柜”选项，可以使用密码保护内部存储文件，如图 1-46 所示。

图 1-44 设置“安全和隐私”

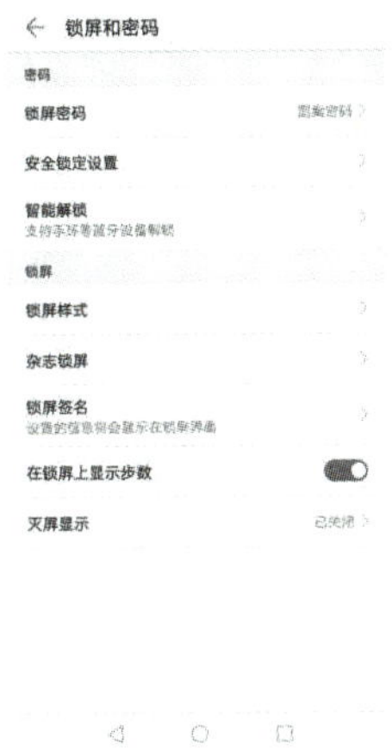

图 1-45 “锁屏和密码”选项

图 1-46 “保密柜”选项

2. 设置计算机系统新用户

（1）在计算机桌面单击“开始”→“控制面板”→“管理工具”，打开“管理工具”操作选择窗口。

（2）双击“计算机管理”，打开“计算机管理”操作窗口。

（3）在左面的窗格中单击“本地用户和组”，显示用户和组。

（4）双击“用户”，显示当前设备的所有用户，右键单击空白处，打开快捷菜单，选择“新用户”，打开“新用户”对话框。

（5）输入用户名和密码，全名和描述可忽略。单击“创建”，完成新用户创建任务。

（6）双击新建用户，打开新建用户“属性”对话框，选择“隶属于”可看到新建用户属于受限“Users”，受限用户无法进行有意或无意的改动操作。

3. 设置计算机用户权限

（1）双击要更改权限的用户，打开“属性”对话框。

（2）单击“添加”按钮，打开“选择组”对话框，单击“高级”按钮，展开“选择组”对话框。

（3）单击“立即查找”按钮，显示搜索结果，根据该用户的权限，选择组，将该用户添加至所选组中。

（4）下一次用户登录时，更改生效。

4. 讨论、思考并回答以下问题

（1）提高手机的应用安全，需要设置哪些选项？计算机终端有哪些应用安全设置？

（2）如何划分计算机用户的使用权限？

（3）对系统用户进行安全管理，需要注意哪些问题？

做一做：在计算机中分类管理用户。

任务 2　使用系统测试工具

使用测评软件可以测试计算机系统的性能，不同的测试软件能对不同功能进行测试，如网络性能测试、图像处理测试、视频播放测试，等等。如果没有专门的测试工具，可以考虑使用系统自带测试工具，测试评估系统性能。

任务说明

信息系统的整体性能对工作效率有极大的影响，经常性测试、了解所使用系统的性能，并保持处于良好状态是信息系统应用过程中的基础性工作。本任务将帮助用户了解系统性能测试的重要性，学会测试和提升系统性能。

任务活动

1. 系统性能测试

（1）单击“开始”→“控制面板”→“性能信息和工具”，打开“性能信息和工具”操作选择窗口。

（2）单击“高级工具”，打开“高级工具”操作选择窗口。

（3）使用其中的工具，可以查看有关计算机性能的多种信息。

2. 磁盘清理

（1）单击“开始”→“所有程序”→“附件”→“系统工具”，选择“磁盘清理”命令，打开“选择驱动器”对话框。

（2）选择需要进行清理的驱动器，系统默认“C:”。

（3）单击“确定”按钮，会显示磁盘清理进度。

（4）检查完毕，打开“（C:）的磁盘清理”对话框，其中显示建议删除的文件和所占磁盘空间的大小。

（5）在“要删除的文件”列表框中选中要删除的文件，单击“确定”按钮，在弹出的“磁盘清理”对话框中，确认是否删除选中文件。

3. 讨论、思考并回答以下问题

（1）为什么手机使用一段时间速度会变慢？如何解决？

（2）磁盘清理为什么会提升系统性能？

（3）操作系统提供了哪些帮助用户提升性能的工具。

做一做：收集、整理计算机系统测试工具。

任务 3　应用“帮助”解决操作遇到的问题

在使用计算机等智能设备的过程中，用户会遇到各种自己不知道该怎样解决的问题，此时若能第一时间想到利用系统提供的“帮助和支持”功能，可省去借助第三方工具查找解决问题方法的麻烦。

任务说明

在智能设备操作过程中遇到问题，第一时间可以借助系统的帮助功能查找解决方法。本任务是通过使用系统的“搜索”功能，帮助读者提升信息应用意识、掌握信息应用技能。

任务活动

1. 使用“搜索”功能

（1）单击“开始”中的“帮助和支持”，如果在“开始”菜单中没有此项，可在“开始”菜单的“搜索程序和文件”文本框中，输入“帮助和支持”。

（2）单击“查看更多结果”链接，打开显示“搜索结果”窗口。

（3）在“帮助和支持”的“搜索”文本输入框内输入问题的关键词，系统自动检索相关帮助知识点。

2. 讨论、思考并回答以下问题

（1）常用的第三方“帮助”工具有哪些？

（2）利用系统的“帮助”工具能解决哪些问题？

（3）提升使用“帮助”的能力会带来哪些好处？

做一做： 利用“帮助”工具获取对本任务学习有帮助作用的资源。

考核评价

本章可根据教学的组织情况，进行合作学习和知识技能考核，任务活动评价包括自评、互评和教师点评，最终形成个人和学习小组任务完成情况总体评价。具体内容和要求如下。

1. 合作学习考核内容

（1）合作学习小组成员分工协作情况。

要求成员分工明确，任务分解、分配合理。

（2）信息获取和共享程度。

要求能使用多种搜索引擎多渠道获取网络信息，并能合理地选择、使用信息。

（3）分析、讨论和交流情况。

要求对问题分析的思路清晰、逻辑性强，讨论热烈、发言积极。

（4）学习成果的完整性和正确性情况。

要求学习成果内容完整，问题说明清楚，语言表述准确，操作结果或结论正确。

2. 知识技能考核点

（1）对信息技术的了解。

能清楚描述信息技术的概念、发展历程，理解信息技术对人类社会的帮助作用。

（2）对信息社会的了解。

能清楚描述信息社会的特征、发展趋势，对信息社会存在的问题有正确认知。

（3）对信息系统工作机制的理解。

能清楚描述信息系统的基本组成、运行机制和信息编码方式，会进行数制转换。

（4）选用和连接信息设备的熟练程度。

能正确选用处理信息设备，正确连接设备形成完整系统。

（5）使用操作系统的熟练程度。

能清楚描述计算机操作系统的功能和操作窗口元素，能熟练使用输入设备输入信息，会使用系统自带工具帮助工作。

（6）对系统资源管理的熟悉程度。

了解信息资源的种类和格式，会建立正确的文件管理体系，能熟练进行压缩等文件操作。

（7）对系统维护操作的了解。

会配置个性化的信息终端，会创建符合应用要求的新用户，能利用系统工具测试系统性能，会使用“帮助”解决问题。

习题

1. 选择题

（1）掌握信息技术、增强信息意识、提升信息素养、树立正确的信息社会价值观和责任感，正成为现代社会对高素质技能型人才的______要求。

A. 特别　B. 专业　C. 基本　D. 特殊

（2）______、知识和物质、能量一起构成社会赖以生存的三大资源。

A. 技术　B. 信息　C. 网络　D. 数据

（3）在信息社会中，信息、知识将成为______的生产力要素。

A. 重要　B. 基本　C. 主要　D. 新型

（4）不属于汉字编码的是______。

A. BCD 码　B. 输入码　C. 机内码　D. 字形码

（5）不属于计算机存储器性能指标的是______。

A. 速度　B. 体积　C. 容量　D. 价位

（6）不属于程序设计语言的是______。

A. 机器语言　B. 汇编语言　C. 自然语音　D. 高级语言

（7）移动智能终端不包括______。

A. 手持扫描仪　B. 智能手机　C. 笔记本电脑　D. 可穿戴设备

（8）不是声音文件扩展名的是______。

A. .wav　B. .mp3　C. .pdf　D. .ram

（9）U 盘（也称优盘、闪盘）是一种可______的数据存储工具。

A. 移动　B. 固定　C. 安装　D. 以上都对

（10）______是用于存放暂时不用的程序和数据的数据存储工具。

A. 外存储器　B. 内存储器　C. 高速缓存　D. 以上都可以

（11）设置屏幕保护的主要目的是______。

A. 保护屏幕内容不被别人看到　B. 保护屏幕的颜色

C. 减少屏幕辐射　D. 保护屏幕不被烧坏

2. 判断题

（1）信息技术也常被称为信息和通信技术。（ ）

（2）计算机与现代通信技术有机结合，催生了新的社会形态。（ ）

（3）信息技术教育是素质教育的重要组成部分。（ ）

（4）汉字输入的音码是根据汉字读音的编码。（ ）

（5）信息系统是由人机构成的复杂系统。（ ）

（6）在计算机中程序与数据采用不一样的存取方式。（ ）

（7）计算机的工作原理可以概括为存储程序控制。（ ）

（8）系统软件是指管理、监控和维护计算机资源的软件。（ ）

（9）压缩工具不可以作为加密软件使用。（ ）

（10）U 盘具有容量大、读写速度快、体积小、携带方便等特点。（ ）

（11）U 盘使用完毕后直接拔掉就可以了。（ ）
（12）计算机的换代标志主要是操作系统的进步。（ ）
（13）按着 Ctrl 键可选定多个相邻的文件或文件夹。（ ）
（14）进入“回收站”的内容都不能恢复。（ ）
（15）对文件夹可以进行复制操作。（ ）
（16）使用“资源管理器”可以浏览和管理文件、文件夹和磁盘。（ ）
（17）若将文件或文件夹设置为“只读”属性，则该文件或文件夹不允许更改和删除。（ ）
（18）鼠标的左、右键可以调整。（ ）

3. 操作题

（1）根据生活常识谈谈在信息社会如何践行社会主义核心价值观。
（2）根据所学知识总结学校学籍管理系统的运行机制，写出具体的工作流程。
（3）将投影机连入计算机系统，调整投影机的各个参数，使之达到最佳效果。
（4）设置操作系统桌面，使之满足自己的个性化需求。
（5）设置智能设备终端，使之满足个人的操作习惯。
（6）使用一种工具测试所使用计算机的性能，根据结果提出优化方案。

第二章　网络应用

目前，互联网提供的丰富资源、网络服务已经成为人们生活、工作和学习的基础支撑，“互联网+”也成为了一个领域发展的时代标志。只有全面融入互联网环境，高效使用互联网，才能有更多获得感、幸福感和安全感。

项目 1　认识网络技术

网络技术是 20 世纪 90 年代中期快速发展起来的技术，是把网络上分散的资源融为一个有机整体，实现资源全面共享与协作，帮助人们透明获取所需资源的技术。全面了解网络技术是深入学习和应用网络的基础，更是对网络社会每一个成员的基本要求。

项目目标

- 了解计算机网络的发展历程。
- 了解计算机网络体系结构。
- 学会划分子网、分配子网 IP 地址。

任务 1　了解计算机网络

计算机网络是指将地理位置不同、具有独立功能的多台计算机及其外部设备，通过通信线路连接起来，在网络操作系统、网络管理软件及网络通信协议的管理和协调下，实现资源共享和信息交换的计算机系统的集合。

任务说明

计算机联网的主要目的是实现资源共享和信息交换。其中，资源包括软件资源、硬件资源和数据资源。本任务将从网络的发展开始，讲解计算机网络的基础知识，帮助读者建立网络的整体概念。

任务活动

1. 了解计算机网络的发展阶段

计算机网络的形成与发展大致经历了面向终端的计算机网络、计算机局域网、计算机网络互联和国际互联网与信息高速公路等多个阶段。

中国互联网起步较晚，发展到今天，大致经历了以下 4 个阶段。

第一阶段：各种传统的网站以“内容为主、服务为辅”为主要形态，通过静态网站提供信息服务。搜索引擎为内容搜索的服务工具，给用户提供访问互联网信息的入口。

第二阶段：Web 2.0 时代，此时信息服务网站和信息交流社交网络并存，搜索引擎也不再是唯一的信息检索渠道。

第三阶段：网站、移动 App 与信息交流社交网络并存。互联网应用重心已经逐步从传统网站转向移动 App 与信息交流社交网络（微信等）。

第四阶段：以移动互联为基础，借助于大数据、云计算、人工智能等技术，形成互联网综合应用超级平台。手机 App 成为用户生活、工作的工具，几乎承载人类生活的一切服务。

2. 了解计算机网络的分类方法

计算机网络按不同的分类标准，可以划分成不同的网络。

1）按网络地理范围分类

局域网（LAN）：指在有限的地域范围构成规模相对较小的计算机网络，其覆盖范围一般不超过几十公里。通常情况下，局域网局限于一个办公室、一栋大楼或一所校园内。

城域网（MAN）：是一种大型的 LAN，通常使用与 LAN 相似的技术，其主要应用于一个城区或地区，网络覆盖范围从几十公里到几百公里。

广域网（WAN）：又称远程网，它是跨越城市、国家的网络，可以把众多的城域网、局域网连接起来。广域网的覆盖范围通常为几十公里到几千公里。

2）按网络的管理方式分类

客户机/服务器网络（C/S）：由一台高性能计算机专门为其他计算机提供服务，其他计算机通过向服务器发出请求可获取相关服务，C/S 结构的网络性能在很大程度上取决于服务器的性能和客户机的数量。

对等网络：对等网络是最简单的网络，在网络中不需要专门的服务器，接入网络中的每台计算机没有客户机与服务器之分，相互之间都可以访问对方的共享资源。

3. 了解网络的拓扑结构

网络拓扑结构是把实体抽象成与其大小、形状无关的点，根据网络节点和通信链路组成的几何形状，网络结构呈总线型、星形、环形、树形及网状。

1）总线型网络

在总线型网络中，计算机通过硬件接口直接连接到一组公共传输介质上，计算机信号沿传输介质双向传播，如图 2-1 所示。总线型网络的优点是布线容易、可靠性高、易于扩充；缺点是对总线的故障敏感，总线故障可能导致整个网络瘫痪。

2）星形网络

星形网络是由中心节点通过点到点的通信链路连接形成的网络，中心节点具有放大信号、存储和转发等功能。星形网络又称为集中式网络，如图 2-2 所示。星形网络的优点是组网容易、网络控制简单、故障检测和隔离方便；缺点是中心节点数据转发负担过重。

3）环形网络

环形网络是将计算机连接形成一个闭合的环，数据在闭环上以固定方向流动，如图 2-3 所示。环形网络的优点是结构简单、管理简单、容易实现；缺点是发生节点故障时将引起全网瘫痪，不便于扩展。

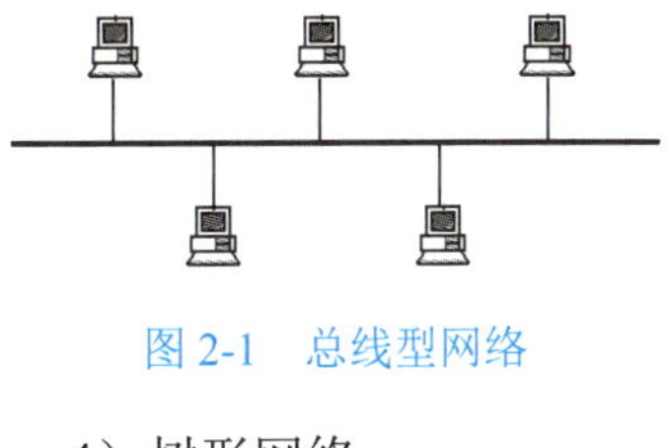

图 2-1　总线型网络

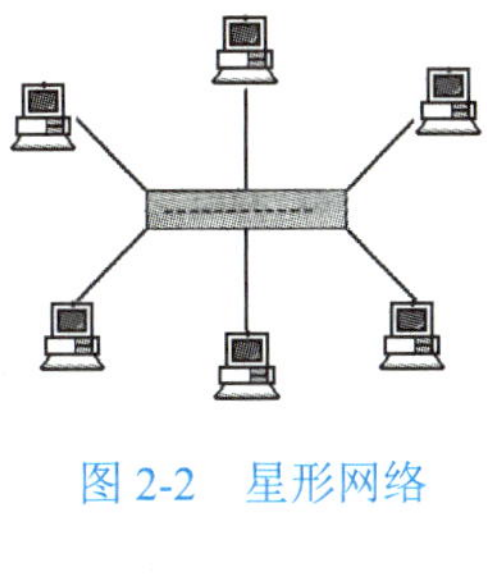

图 2-2　星形网络

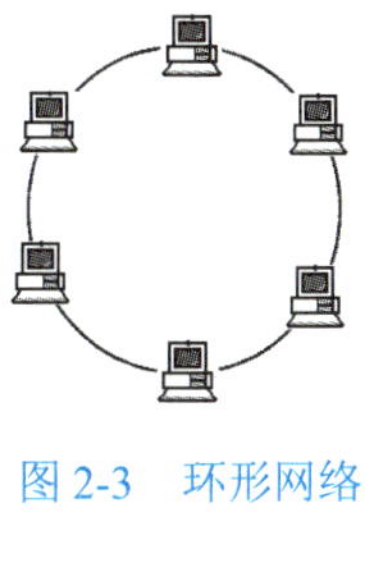

图 2-3　环形网络

4）树形网络

树形网络继承了星形网络的优点，克服了星形网络的部分缺点，采用分层管理、控制网络节点的方式，结构如图 2-4 所示。树形网络的优点是易于扩展，路径选择方便，若某一分支节点发生线路故障，易于将分支与整个系统隔离；缺点是对根节点的依赖性较大，如果根节点发生故障，则全网不能正常工作。

5）网状网络

网状网络是一个混合网络结构，由星形、总线型和环形网络混合而成，如图 2-5 所示。在网状网络中，所有网络设备全部或部分互通，能实现通信线路的冗余和备份，从而使其容错能力更强，可靠性更高。

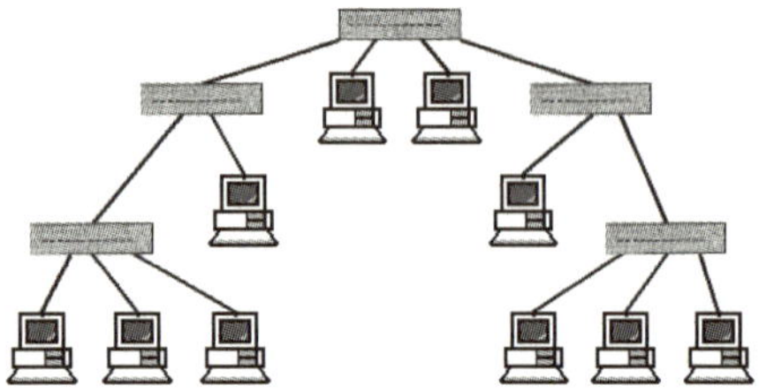

图 2-4　树形网络

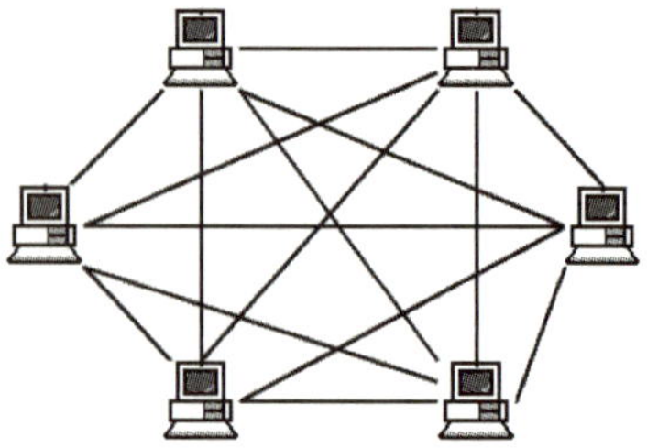

图 2-5　网状网络

4. 讨论、思考并回答以下问题

（1）互联网源于军事应用，为何在民用环境中发展如此迅速？

（2）对等网络适用于什么环境？为什么？

（3）找出不同网络拓扑结构的典型网络应用。

说一说：从中国互联网发展看中国速度。

任务 2　了解计算机网络体系结构

1974 年，IBM 公司宣布了世界上第一个计算机网络体系结构 SNA（System Network Architecture），这一体系结构采用分层设计思想，将网络连接、通信的具体实现分层表述。之后，一些技术组织和公司也相继推出了自己的网络体系结构。

任务说明

计算机网络采用分层设计思想，旨在把复杂的网络互联问题，划分成若干个较小的、单一的局部问题，放在不同层上予以解决，是化整为零的技术解决思路。本任务从讲解网络模型开始，帮助读者了解分层设计思想，认识计算机网络体系结构。

任务活动

1. 了解 OSI 参考模型

OSI 参考模型是国际标准化组织 ISO 公布的开放系统互联参考模型，该参考模型详细规划了网络体系结构的框架，将整个网络划分成 7 层，如图 2-6 所示。

1）物理层

物理层位于 OSI 参考模型的最底层，该层直接面向比特（bit）流的传输。物理层主要解决包括传输介质、信道类型、数据与信号的转换、信号传输中的衰减和噪声等问题。同时，物理层标准还给出了关于物理接口的机械、电气、功能和规范等特性的标准，便于不同制造厂商根据公认的标准各自独立制造设备，又能使各个厂商的设备相互兼容。物理层协议的主要目的是屏蔽各种传输介质的差异化，使传输介质独立于计算机系统。

2）数据链路层

数据链路层建立在物理层传输能力的基础之上，主要功能是在通信实体之间建立数据链路连接，无差错地传输数据帧。为了实现相邻节点间无差错地传送数据，数据链路层在数据传输过程中提供了差错检测和流量控制等机制。

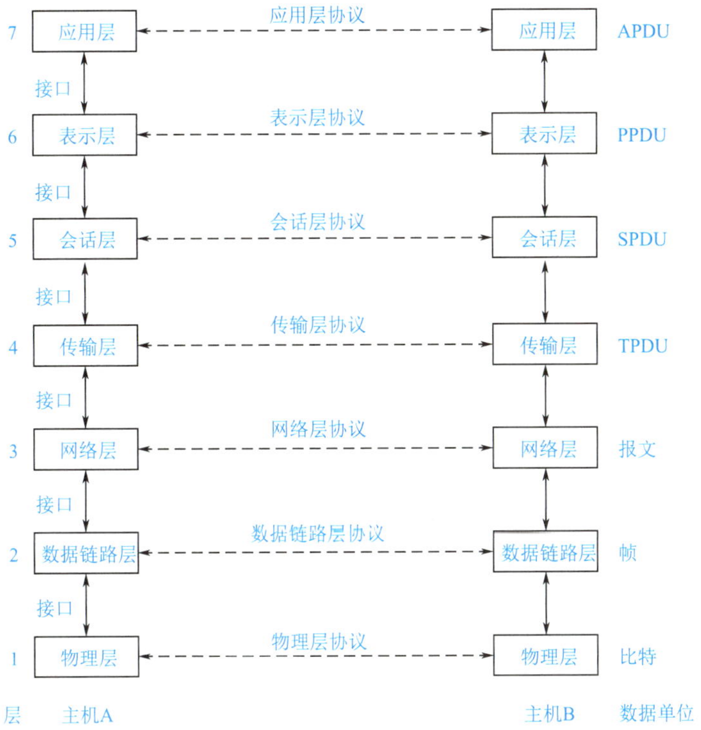

图 2-6 OSI 7 层参考模型

3）网络层

网络层的主要任务是在通信网络中选择一条合适的路径，使发送端传输层传来的数据能够通过所选择的路径到达目的端。另外，网络层还负责通信子网的流量和拥塞控制。

4）传输层

传输层是唯一负责端到端节点间数据传输和控制功能的层，在 7 层参考模型里起到承上启下的作用。它为下面 3 层网络通信提供服务，确保信息被准确有效地传输，同时又为上面 3 层用户主机提供可靠的数据传输服务，弥补网络层服务质量的不足。为了提供可靠的传输服务，传输层也提供差错控制和流量控制等机制。

5）会话层

在传输层建立可靠连接的基础上，会话层在两个应用进程之间建立、维护和释放面向用户的连接，并对“会话”进行管理，保证“会话”的可靠性。

6）表示层

由于不同计算机体系结构使用的数据表示法不同，表示层为不同体系结构的计算机通信提供一种公共语言，完成应用层操作的数据转换。表示层的主要功能有语法转换、传送语法协商、连接管理、数据压缩和数据加密。

7）应用层

应用层是 7 层参考模型的最高层。由若干个应用组成，网络通过应用层为用户提供网络服务。

2. 了解 TCP/IP 协议

OSI 7 层体系结构较复杂，实际应用意义不大，但其概念清晰，理论完善，对于理解网络协议内部的运行方式有着很大帮助。在实际应用的网络中，使用的是 ARPA 组织颁布的网络体系 TCP/IP 协议。

TCP/IP 协议是实现异构网络和异种机之间相互通信的一种公共网络协议，现已成为国际互联网络的工业标准。它包括 TCP（传输层）协议和 IP（网络层）协议，TCP 负责和远程主机的连接，

IP 负责寻址。

TCP/IP 协议按网络功能的不同划分成 4 层（网络接口层、网络层、传输层和应用层），每层负责不同的通信功能。OSI 7 层参考模型与 TCP/IP 层次结构对比如图 2-7 所示。

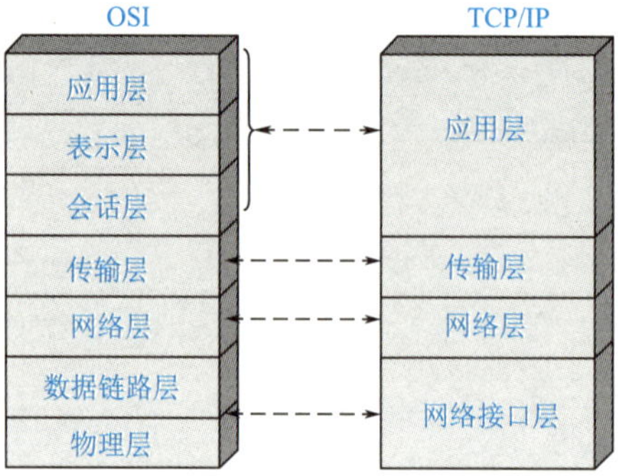

图 2-7　OSI7 层参考模型与 TCP/IP 层次结构对比

1）网络接口层

网络接口层处于 TCP/IP 协议的最底层，也被称为主机—网络层，它对应 OSI 参考模型的物理层和数据链路层。定义了网络接口协议，为适应各种物理网络类型提供了灵活性，这种灵活性使得 TCP/IP 协议可以运行在任何底层网络，并实现信息通信。

2）网络层

网络层也称网际层，是 TCP/IP 协议中最重要的一层。网络层主要处理来自传输层的分组数据报（IP 数据报），并为该数据报提供路径选择，最终将数据报发送到目的主机。在网络层中，主要提供 IP、ICMP、ARP、RARP 等协议。

3）传输层

TCP/IP 的传输层与 OSI 参考模型的传输层类似，主要负责进程到进程之间的端到端通信。为保证数据传输的可靠性，传输层协议提供了确认、差错控制和流量控制等机制。它从应用层接收数据并将数据分成较小的单元，传送给网络层，确保接收方各段信息正确无误。传输层主要提供 TCP 协议和 UDP 协议。

4）应用层

应用层处于 TCP/IP 协议中的最高层，它对应于 OSI 参考模型中的上面三层，为用户提供网络服务，如文件传输、远程登录、域名服务等。在应用层中，提供的协议有很多，主要包括 FTP、HTTP、Telnet、SNMP 和 DNS 等协议。

3. 了解 IP 地址

网络层是 TCP/IP 协议中的关键部分，把主机要发送的分组数据通过网络独立地传输到目的地。为了实现 Internet 上不同主机之间的通信，除了使用通用协议 TCP/IP 之外，每台主机都必须有一个与其他主机不重复的地址。物理层采用 MAC 地址来标识网络中的一个节点，对 Internet 上的各种物理网络地址统一通过上层软件来实现，即由 IP 层实现。

Internet 采用全球通用的地址格式，为每台连接到 Internet 上的主机分配一个全球唯一的地址，即 IP 地址。

1）IP 地址的组成

Internet 上有若干独立的网络，每个网络又包含很多主机，这样的 Internet 具有一定的层次结构，如图 2-8 所示。与之对应的 IP 地址也会采用这种结构进行地址标识（网络号+主机号两层结构），如图 2-9 所示。目前，常用的 IP 协议版本是 IPv4，该 IP 地址由 32 位二进制数组成，以 8 位为单位分成 4 个字节，如 192.168.0.1（十进制方式表示）。

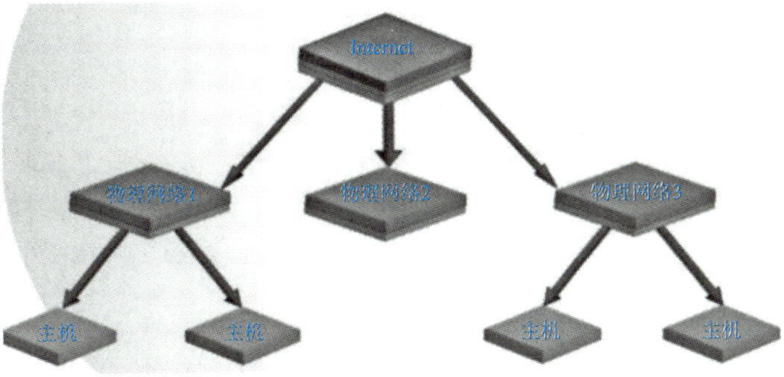

图 2-8 Internet 的层次架构

图 2-9 IP 地址结构

2）IP 地址的分类

IP 地址可以分为 5 类，分别是 A、B、C、D、E 类。其中 A～C 类地址为基本地址，D 类地址为多播地址，E 类地址为保留地址，5 类 IP 地址的结构如图 2-10 所示。

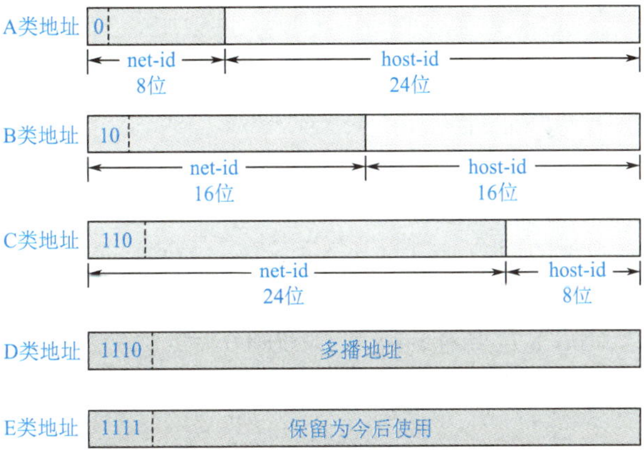

图 2-10 5 类 IP 地址结构

A 类地址：主要用于世界上少数具有大量主机的网络。它使用 7 位标识网络号，24 位标识主机号，最前面一位为二进制数“0”。由于把 127 排除在外，所以 A 类网络表示的范围有 2^7-2 个网络地址，共 2^{24}-2 个主机地址。

B 类地址：用 14 位标识网络号，16 位标识主机号，最前面两位二进制数是“10”。该地址具有 2^{14} 个网络地址，2^{16}-2 个主机地址。

C 类地址：用 21 位标识网络号，8 位标识主机号，最前面 3 位二进制数是“110”。该地址具有 2^{21} 个网络地址，2^8-2 个主机地址。

D 类地址：最前面 4 位二进制数是“1110”。该地址为组播地址，用于与网络上的主机同时进行通信，地址范围为：224.0.0.0～239.255.255.255。

E 类地址：最前面 5 位二进制数是“11110”，该地址为保留地址。

在 5 类网络地址中，存在一些特殊的网络地址，如网络地址 192.168.0.0，192.168 是网络号；广播地址 255.255.255.255 是全局广播地址；回送地址 127.0.0.1 用于测试本地网络是否正常；私有地址为 10.0.0.0～10.255.255.255、172.16.0.0～172.31.255.255、192.168.0.0～192.168.255.255。

3）划分子网

在 5 类 IP 地址中，经常使用的是 A、B、C 3 类 IP 地址，它们适用于不同规模的网络。中小型企业及普通用户通常应用 C 类地址，它可以容纳 254 台主机。在实际应用中，出于对管理、性能及安全的考虑，需要对单一的逻辑网络进行物理划分，这种物理网络称为子网。

划分子网的方法是将主机标识部分划出一定位数用于本网的子网，其余部分相当于各子网内的主机标识部分，如图 2-11 所示。

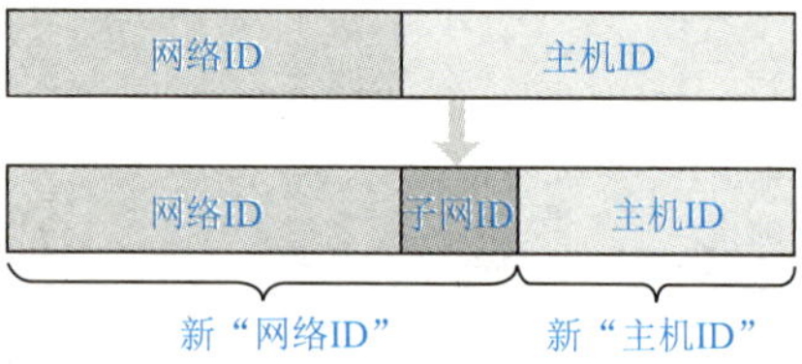

图 2-11　子网划分

为了在划分子网后，保证子网内的主机正常通信，需要使用子网掩码，A、B、C 类 IP 地址默认子网掩码见表 2-1。

表 2-1　子网掩码

地址类型	子网掩码
A	255.0.0.0
B	255.255.0.0
C	255.255.255.0

实例：规划某企业的内部办公网络。

某企业的基本情况为：部门 5 个，分别是研发部、财务部、人事部、总务办、运营部。每个部门有 10 台主机。网络使用 C 类 IP 地址（223.5.4.0）。

需求：将处于不同办公位的同一部门的人员进行统一的网络管理。

分析：5 个部门，每个部门的网络独立，那么需要把网络划分为 5 个子网，需要借用主机号的 3 位，即 $5<2^3$，子网掩码后 8 位二进制数为 11100000，转换成十进制数为 224。所以，子网掩码为 255.255.224.0，子网主机地址范围见表 2-2。

表 2-2　子网主机地址范围

子网号	部门	地址范围
1	研发部	223.5.4.33～223.5.4.63
2	财务部	223.5.4.65～223.5.4.95
3	人事部	223.5.4.97～223.5.4.127
4	总务办	223.5.4.129～223.5.4.159
5	运营部	223.5.4.161～223.5.4.191

4. 讨论、思考并回答以下问题

（1）网络体系结构分层处理的好处是什么？

（2）IPv4 存在哪些问题？与 IPv6 有什么不同？

（3）划分子网主要解决了哪些问题？

做一做：根据学校的机构设置划分子网。

项目 2　配置网络

正确选择网络设备并连接网络只是构建了网络应用的硬件环境，正确配置网络才能使设备融入网络形成应用环境。若能在网络出现故障影响使用时，第一时间找出故障点排除故障，则具备了维护网络的基本能力。

项目目标

- 了解网络设备。
- 掌握网络连接、配置的基本操作。
- 能够判断、排除简单网络故障。

任务 1　认识连接网络的线缆和设备

网络连接的线缆和设备种类繁多、功能各异、使用场合不同，只有充分了解不同类型的网络线缆和设备的功能，才能正确选择适用的连网线缆和设备。连接局域网需要计算机（PC、服务器）、传输媒体（网线、网卡）、网络连接设备（交换机、路由器）和网络操作系统。

任务说明

由于不同联网环境需要的连接线缆和网络设备不同，选择线缆和设备成为开始组网的第一项工作。本任务将从连网的线缆知识开始，帮助读者全面认识与连网有关的设备。

任务活动

1. 了解连网线缆

目前，家庭连网基本形成了光纤到小区，千兆网络到家庭的网络局面。连网除了使用光纤，还有同轴电缆、双绞线及无线接入等形式。

1）光纤

光导纤维简称光纤，是利用光脉冲进行通信的，有光脉冲相当于 1，没有光脉冲相当于 0。在发送端有发光二极管或半导体激光器的光源，在电脉冲的作用下产生光脉冲。在接收端有光电二极管做成的光检测器，检测到光脉冲时还原出电脉冲。

光纤通常由石英玻璃拉成 8～100μm 的细丝，外面加包层形成双层圆柱体组成。当光线的入射角大于临界角时会产生全反射，使光线沿纤芯传播。允许多条不同角度入射的光线在一条光纤中传输的光纤称为多模光纤，多模光纤传输有失真且只适合近距离传输。若光纤的直径小到只允许光线在光纤内直线传播，这样的光纤称为单模光纤。

2）网线

在局域网中，与 PC 连接通常采用双绞线。双绞线作为以太网最基本的传输介质，在一定程度上决定了整个网络的性能。双绞线按照屏蔽情况，分为屏蔽双绞线和非屏蔽双绞线。按照电器特性分为三类、四类、五类、六类及七类，目前，在局域网中使用五类及六类线。

双绞线由 4 对 8 芯线组成，白橙、橙色为 1、2 线对，白绿、绿色为 3、6 线对，白蓝、蓝色为 4、5 线对，白棕、棕色为 7、8 线对，如图 2-12 所示。将两根线扭在一起，是为了减少外部电磁干扰，一般百兆网络使用 4 对线对，即 1、2 线对接收数据，3、6 线对发送数据。

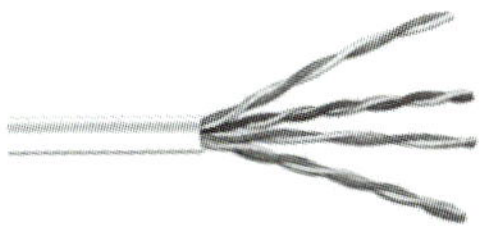

图 2-12　双绞线

双绞线连接有两种标准，分别是 568A 标准和 568B 标准。568A 标准的线序是：白绿—1、绿—2、白橙—3、蓝—4、白蓝—5、橙—6、白棕—7、棕—8；568B 标准的线序是：白橙—1、橙—2、白绿—3、蓝—4、白蓝—5、绿—6、白棕—7、棕—8。

2. 制作双绞线网头

（1）利用斜口钳剪下适当长度的网线，不要超过 100m。然后利用专业剥线钳将双绞线一端的外皮除去 3cm 左右。

（2）将裸露的双绞线，按照 568A 或者 568B 的标准进行排序。

（3）将排好的线序用手捏紧，再次用斜口钳修剪整齐。

（4）对准 RJ-45 接头，插入接头后，攥紧并用专业网钳夹紧水晶头，把水晶头的铜片压入线内。

（5）按以上操作，做双绞线另一头的水晶头（直连线）。若两头采用不同标准，制作的网线为交叉线。

（6）用专业测线仪检查是否正常。

3. 了解网卡

网卡也叫网络适配器，安装在计算机上，通过双绞线实现网络连接。网卡作为最重要的网络硬件，负责计算机和网络接口的数据发送和接收工作。网卡的种类繁多，市面上以太网卡居多，网卡分为有线网卡和无线网卡，如图 2-13 所示。

图 2-13　网卡

按照传输速率分类，网卡有 10Mb/s、100Mb/s、1Gb/s，目前常用的是 100Mb/s 和 1Gb/s 自适应网卡。

4. 了解交换机

交换机作为 OSI 参考模型的第 2 层（数据链路层）设备，实现设备到局域网或服务器的连接，进而使多个物理网段连接成一个庞大的网络。它可以有选择地通过相应端口发送数据，依靠 MAC 地址实现数据转发和交换，每个端口独享一定的带宽，交换机如图 2-14 所示。

交换机具有物理编址、地址学习、数据帧过滤和转发、差错检测和流量控制等功能。

二层交换机主要完成物理层与数据链路层之间的功能，包括网络拓扑结构、寻址、差错检测、流量控制等。三层交换机采用 IP 交换技术，能工作在网络层，增加了路由功能，可以使处于不同网段的计算机相互通信。

5. 了解路由器

作为工作于网络层的设备，路由器主要负责网络中的路由控制，具有从多条网络路径中寻找一条最优路径进行数据转发的功能，如图 2-15 所示。

图 2-14　交换机

图 2-15　路由器

路由器可以连接不同种类、不同速度、不同传输介质的网络，通过传输数据转换实现信息交换。路由器支持从路由协议里获取网络信息，构造含有路由个数和下一跳路由地址的路由表，路由表分为静态路由表和动态路由表。静态路由表是管理员根据配置预先设定的，动态路由表是根据网络运行的情况，由路由器自动调整路由访问路径。

路由器可以根据局域网的地址、协议类型监控、拦截和过滤信息，具有很强的网络隔离能力，可以避免广播风暴，提高网络性能。

6. 讨论、思考并回答以下问题

（1）目前使用最多的连网介质是哪种？为什么？

（2）为什么不按照规定线序连接网络有时也能连通网络？

（3）直连线和交叉线分别用于什么环境？

做一做：制作一根满足连网需要的网线。

任务2　连接、设置网络

办公环境或家用个人计算机只有连入网络，才能满足网上办公、网上生活的基本诉求。

任务说明

连接网络是利用网络传输介质连接网络设备搭建网络的过程，设置网络则是配置网络参数，使连网设备成为可识别、可用设备的过程。本任务将帮助读者了解家庭计算机连网的基本操作过程，掌握将个人计算机连入网络的技能。

任务活动

1. 连接 Internet

将局域网接入 Internet 已经成为家庭、企事业单位连网的一项工作。

（1）准备组网所需的网卡、网线、无线路由器、PC 等设备。

（2）使用双绞线连接 PC 与路由器。双绞线两头分别连接到 PC 的网卡和无线路由器的 LAN 网口上，无线路由器网口如图 2-16 所示。观察闪烁指示灯判断两头接口是否连接正常，如果显示绿灯，说明连接正确，否则说明存在问题。

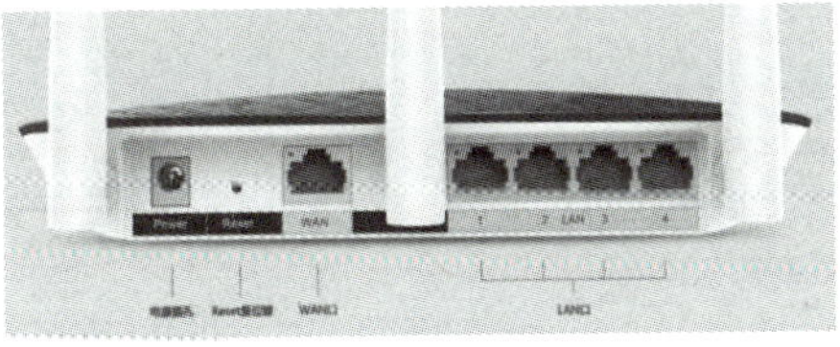

图 2-16　无线路由器网口

（3）使用双绞线将光纤收发器与无线路由器的 WAN 端口连接，如图 2-17 所示。

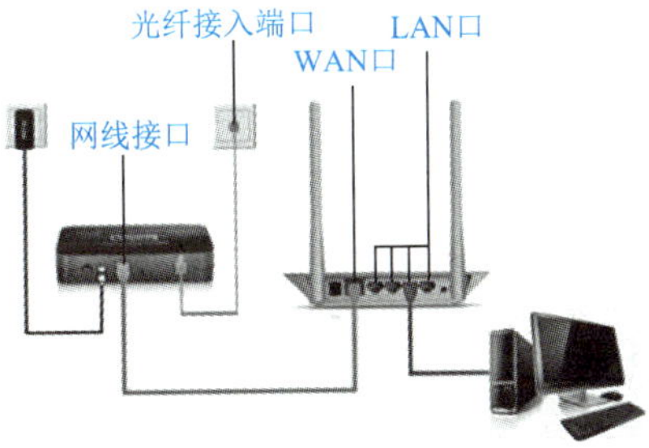

图 2-17　连网示意图

（4）入户光纤连接光纤收发器。

2. 配置 PC

把 PC 通过网线连接到交换机（或者路由器）上后，并不能马上连通网络，还需要配置其网卡，才能实现 PC 间的互访。下面以 Windows 10 系统为例。

（1）打开“网络连接”，选择“以太网”选项，如图 2-18 所示，单击“更改适配器选项”。

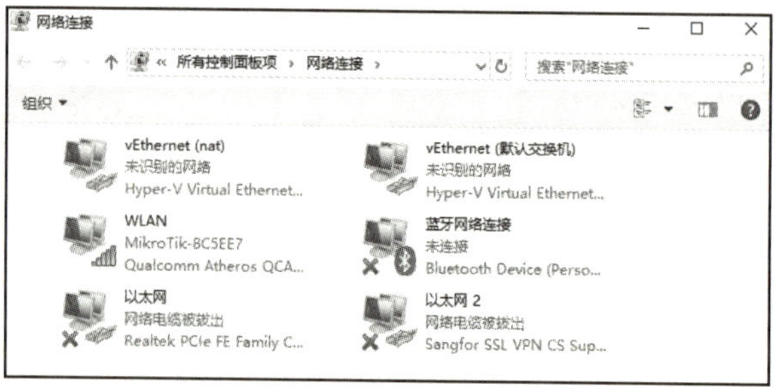

图 2-18　网络连接

（2）双击已经连接的网络连接图标，查看要配置的详细属性，单击“Internet 协议版本 4（TCP/IPv4）”，如图 2-19 所示。配置本机的 IP 地址等信息，如图 2-20 所示。

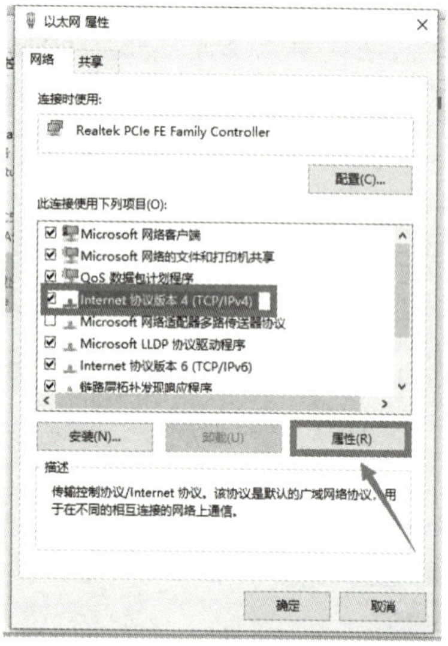

图 2-19　以太网属性

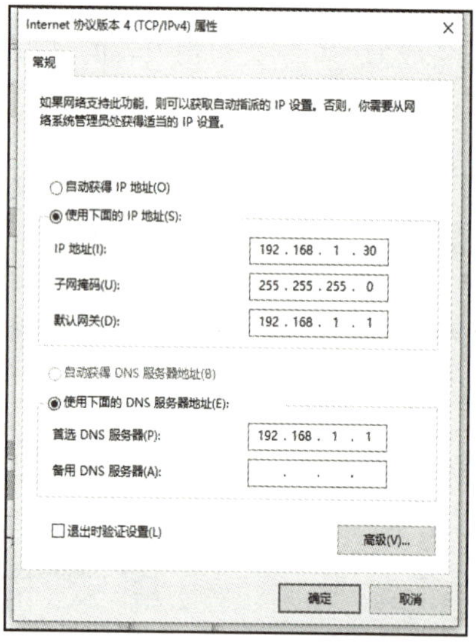

图 2-20　配置 IP 地址

3. 配置无线路由器

（1）登录路由器的 Web 管理页面后，可以看到包括 WAN 配置、LAN 配置及无线网络配置等内容。

（2）把运营商提供的 IP 信息填入相应的文本框内，如图 2-21 所示。

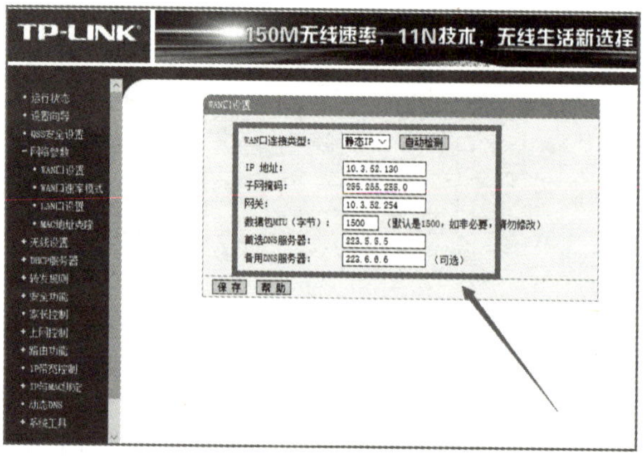

图 2-21　WAN 口设置

（3）根据指定的内网 IP 段，给内部主机分配相对应的 IP 地址，如图 2-22 所示。

（4）设置无线网络的 SSID、信道、频段等，如图 2-23 所示。

（5）设置无线网络访问连接的密码，如图 2-24 所示。

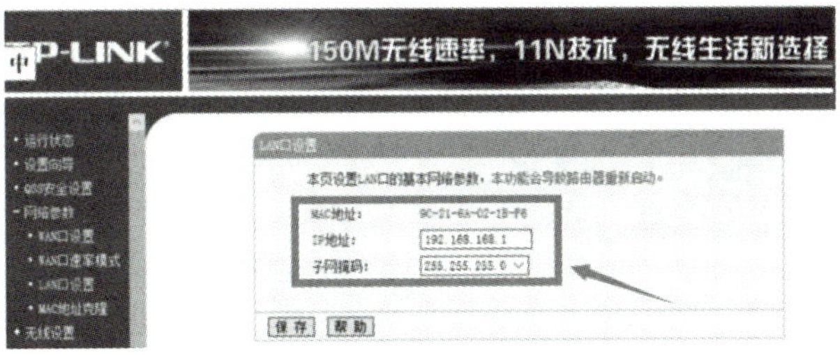

图 2-22　LAN 口设置

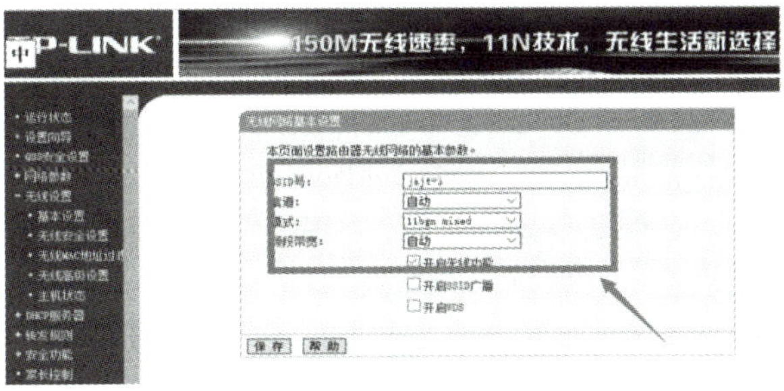

图 2-23　无线网络基本设置

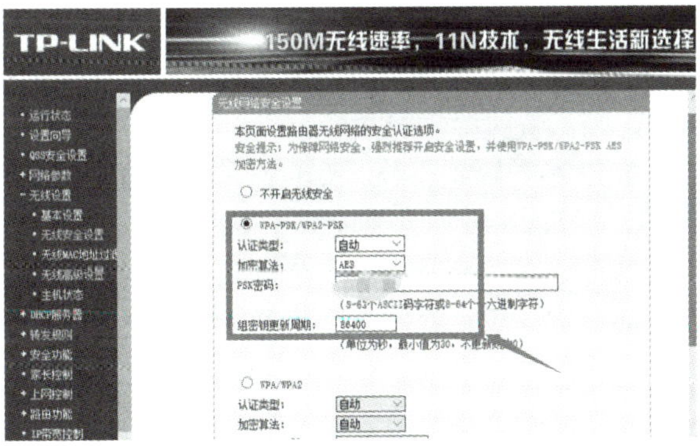

图 2-24　无线网络安全设置

4. 讨论、思考并回答以下问题

（1）办公网络与家庭网络连接有何异同？

（2）配置无线路由器需要哪些基础准备？

（3）怎样才能防止网络密码被破解？

做一做：配置无线路由器。

任务 3　排除常见网络故障

网络应用中出现各种故障在所难免，尽快发现故障点并排除故障，才能减少网络故障带来的损失。能够识别、排除常见网络故障，是衡量网络应用技术能力的重要指标。

任务说明

由于网络应用中的一些小故障，会造成影响使用的大问题，因此，学会判断、排除常见故障，是对读者的基本要求。本任务将讲解常见的网络故障现象，帮助读者学会判断、排除简单故障。

任务活动

1. 了解网络硬件故障

（1）连接问题造成的网络不通。在一般硬件故障中，网线问题占很大一部分，如网线铜片没有压紧、接头松动、氧化等都会造成网络不通。另外，网卡、交换机、路由器的接口甚至主板插槽连接问题也有可能造成网络不通。

（2）设备冲突造成无法上网。网卡占用的资源最容易与显卡、声卡等设备占用的资源产生冲突，导致系统无法工作。

（3）设备驱动问题造成无法上网。设备驱动问题严格说属于软件问题，但结果表现为硬件无法工作。驱动问题的主要表现是驱动程序与操作系统、驱动程序与 BIOS 不兼容等。

2. 了解网络软件故障

（1）配置协议导致网络故障。TCP/IP 协议中的 IP 地址设置不正确，会导致网络出现故障。

（2）安装网络服务引起的故障。没有正确安装所需要的服务，可能导致不能正常使用。

（3）网络标识设置问题。在同类型操作系统的网络中，如 Windows 系统对等网，用户计算机的网络标识设置不正确，将会造成无法访问网络资源。

3. 检查网络故障

（1）确定是否为网络电缆问题。在开机状态下观察网卡指示灯颜色，通常情况下，网卡指示灯有两种颜色，黄色表示连接不正常，绿色表示计算机主板已经供电或正处于待机状态。若显示网络不通，则用测线仪测试网线，检查网卡是否有问题。

（2）判断是否为本机问题。不能上网有可能是由本机故障引起的，可询问其他用户是否能正常上网。若确定是本机问题，则尽快排除本机故障。

（3）确定是网卡故障还是 IP 参数配置不当。查看网卡指示灯和系统配置，确定是否网卡出现故障。查看 IP 地址、子网掩码、DNS 服务器地址配置是否正确。

（4）检查本机软件配置是否错误。检查系统安全设置与应用程序是否冲突，检查应用程序所依赖的系统服务是否启动正常，检查应用程序是否与其他程序存在冲突，检查应用程序本身配置是否存在问题。

（5）确定是否因计算机安全问题引起故障。查找病毒、漏洞，判断是否存在入侵问题等。

4. 检测网络状态

（1）ipconfig 命令。ipconfig 命令可以显示当前所有网卡的 TCP/IP 的配置，可以动态刷新主机配置和域名系统的设置，如图 2-25 所示。

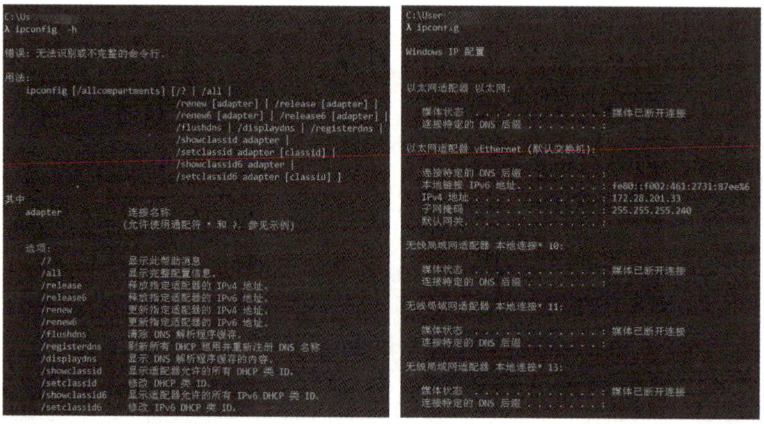

图 2-25　ipconfig 命令检测结果

（2）ping 命令。ping 是互联网包探测器，也是专门用于 TCP/IP 协议网络的测试工具，可用于查看主机是否正常。通过向目标主机发送 ICMP 包，根据返回的数据包，可以确定目标主机是否存在，127.0.0.1 是本地循环地址，如无法 ping 通，表明本机 TCP/IP 协议不能正常工作，应检查本机系统设置。如果网络中含有路由器设备，则先 ping 路由器的 IP 地址，若不通，应检查内网交换机，如图 2-26 所示。

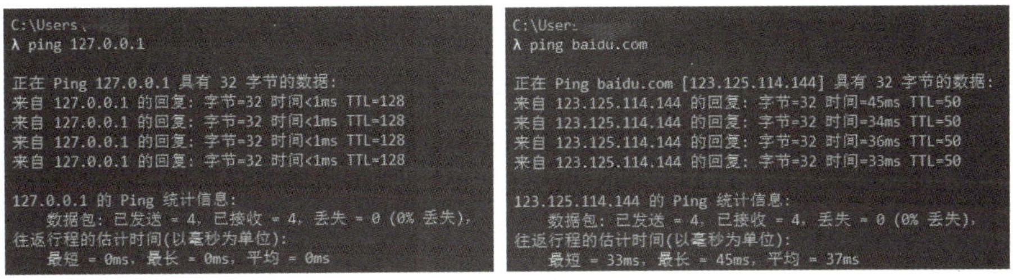

图 2-26　ping 命令检测结果

（3）网络跟踪工具 pathping/tracert 命令。该命令可以跟踪数据包到达目标主机经过的中间节点，可以用于广域网故障诊断，如图 2-27 所示。

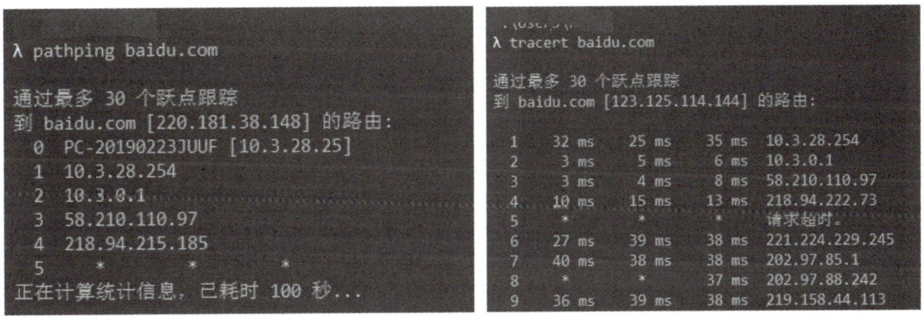

图 2-27　pathping/tracert 命令检测结果

（4）netstat 命令。利用该工具可以显示有关统计信息和当前 TCP/IP 网络连接情况，当网络中没有安装特殊的网管软件，使用 netstat 可了解网络使用状况，如图 2-28 所示。

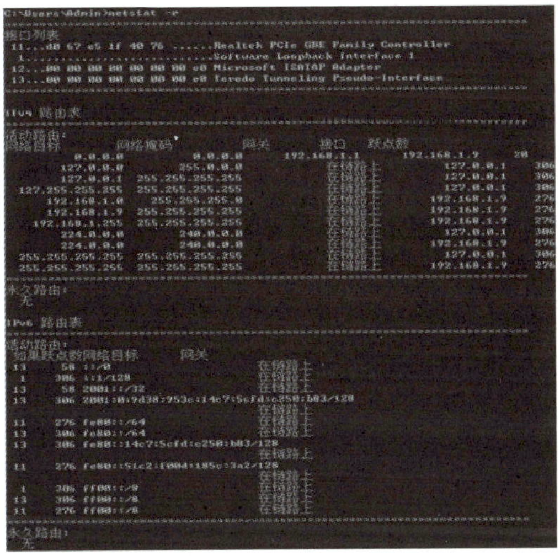

图 2-28　netstat 命令检测结果

5. 讨论、思考并回答以下问题

（1）网络故障都有哪些？哪些是最常见的？

（2）从应急的角度看，如何降低网络故障对应用的影响？

（3）使用网络测试命令能够得到哪些信息？

做一做：使用网络测试命令检测自己的网络。

项目3 获取网络资源

获取网络资源是联网应用的主要内容之一，网络上资源种类繁多、良莠不一，因此选用网络资源时需要有一定的判别能力。在非法、盗版、危害信息猖獗的网络中，获取网络资源、使用网络信息，要养成抵制不良信息、合法使用网络资源的良好习惯。

项目目标

- 能识别、获取网络资源。
- 有产权保护意识，养成合法使用网络资源习惯，自觉抵制不良信息。

任务1 了解网络资源

网络上的信息资源非常丰富，既有大量的文字信息，也有大量的图片、音频和视频信息，更有满足用户需求的各种计算机程序，如何快速、准确地获取满足自己需要的信息，已成为一种基本的网络工作、生活技能。

任务说明

了解网络资源是查找、获取网络资源的基础，更是信息社会对每一个人提出的基本要求，只有充分了解网络资源，才能更好地利用网络资源帮助工作、学习和生活。本任务将帮助读者了解网络资源，学会使用检索工具查找网络资源。

任务活动

1. 了解网络资源的种类

网络资源有别于传统资源，不仅是在数量上，在内容、结构、分布、传播范围、载体形态、传递手段等方面都有新的特征。下面是以不同方法对网络资源进行简单归类。

按照网络资源归属行业，可分为教育类、商业类、政府类、军事类等。

按照网络资源使用收费情况，可分为免费类、收费类。

按照网站类别，可分为门户类网站、搜索引擎类网站、论坛类网站、资源下载类网站、个人网站等。

按照应用内容，可分为 Web 类、FTP 类、电子邮件类、BBS 类、P2P 类。

2. 了解浏览器

浏览器是指浏览网页时使用的客户服务程序。万维网（也称 WWW 或 Web）中的信息资源主要由 Web 页组成，这些网页均采用超级文本格式，其中的一些词、短语或图片可以作为“链接点”指向其他文件，从而形成巨大的信息链。浏览器与 WWW 服务器之间通信，采用超级文本传输协议（Hyper Text Transfer Protocol）。

3. 了解搜索引擎

搜索引擎是指根据一定的策略、运用特定的计算机程序从互联网上搜集信息，在对信息进行组织和处理后，为用户提供检索服务，并将用户检索的相关信息展示给用户的系统。搜索引擎包括全文索引、目录索引、元搜索引擎、垂直搜索引擎、集合式搜索引擎、门户搜索引擎与免费链接列表等。

4. 了解搜索引擎的基本工作原理

第一，爬行。搜索引擎是通过一种特定软件跟踪网页的链接，从一个链接“爬到”另一个链接，像蜘蛛在蜘蛛网上爬行一样，所以被称为“蜘蛛”或“机器人”。搜索引擎“蜘蛛”的爬行轨迹被赋予了一定的规则，它需要遵从命令要求依次从一个链接到另一个链接。

第二，抓取存储。搜索引擎是通过蜘蛛跟踪链接爬行到网页，并将爬行的数据存入原始页面数据库，其中的页面数据与用户浏览器得到的 HTML 完全一样。搜索引擎蜘蛛在抓取页面时，也会做一定的重复内容检测，一旦遇到权重很低的网站上有大量抄袭、采集或者复制的内容时，很可能就不再继续爬行了。

第三，预处理。搜索引擎将蜘蛛抓取回来的页面，进行各种预处理。具体内容为提取文字、中文分词、去停止词、消除噪声（搜索引擎需要识别并消除这些噪声，如版权声明文字、导航条、广告等）、正向索引、倒排索引、链接关系计算、特殊文件处理等。

除了 HTML 文件外，搜索引擎通常还能抓取和索引以文字为基础的多种文件类型，如 PDF、Word、WPS、XLS、PPT、TXT 文件等，在搜索结果中也经常会看到这些文件类型，但搜索引擎不能处理图片、视频、Flash 这类非文字内容，也不能执行脚本和程序。

第四，排名。用户在搜索框输入关键词后，排名程序调用索引库数据，计算排名显示给用户，排名过程与用户直接互动。但是，由于搜索引擎的数据量庞大，虽然每日都有小的更新，但是一般情况下搜索引擎的排名规则都是根据日、周、月阶段性地做不同幅度的更新。

5. 了解网页推送

网页推送是指将经过整理的信息资源以网页的形式迅速转发至用户的界面，实现用户的多层次需求，使得用户能够快速找到所需要的信息，是直接将有针对性的信息发给特定者的一种实现方式。

“推”技术也是一种服务器和客户机之间的通信连接方式，是利用服务器端的 CGI 脚本程序把数据源源不断地推向客户机，使客户机和服务器之间的交互性能大大提高。采用了 Server push 技术的服务器在客户机发出一个请求后，和客户机建立一个永久的连接，然后服务器会根据客户机的请求不断把数据包推向客户，这个“推”的过程是不间断的。由服务器“推”向客户机的数据在客户机的浏览器上会不断产生新的内容，而且不会产生 HTML 文档头，从而大大减少了延迟的时间，服务器响应客户机请求时几乎达到同步。

6. 学习“百度”搜索引擎的使用方法

（1）打开 IE 浏览器，在地址栏输入“http://www.baidu.com”，按“Enter”键，打开“百度”搜索主页，如图 2-29 所示。

图 2-29　“百度”搜索主页

（2）在文本框中输入“麻辣豆腐做法”，单击“百度一下”按钮，显示的搜索结果如图 2-30 所示。

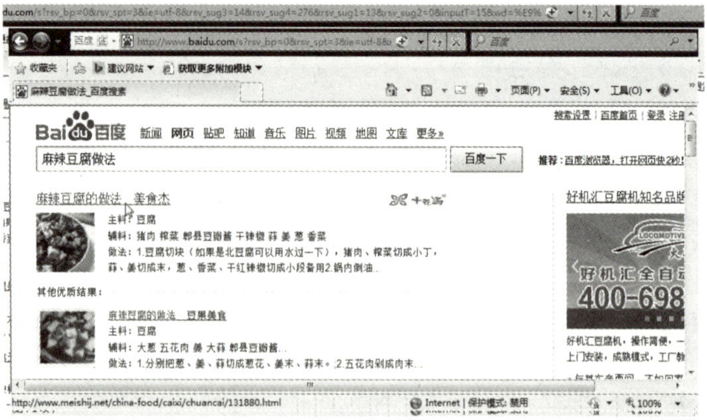

图 2-30　显示搜索结果

（3）浏览搜索结果，从中选出与自己搜索意图最接近的条目，单击鼠标，就可查看详细信息。

（4）按照获取的烹饪信息备料、烹制菜肴。相信经过实践，不久以后，你的厨艺定会突飞猛进。

7. 讨论、思考并回答以下问题

（1）尽可能详细把列出网络资源的类型，看看有哪些资源是在网上找不到的。

（2）怎样才能更快地找到所需资源？

（3）搜索引擎有差别吗？为什么？

做一做：使用搜索引擎查找学习的资料。

任务 2　合法获取网络资源

使用网络资源应严格依照法律规范要求，不能侵权、违规使用网络资源，更不能破坏网络资源。对于完全免费的软件，用户下载无须支付任何费用，但作者仍拥有该软件的版权，使用者不能随意修改。对于网上的赠送软件用户可以修改使用，而对于试用软件则会有一定的限制，有的限制使用期限，有的限制使用功能，但在注册缴费后即可得到对软件的完全使用权限。

任务说明

有些网络资源需要通过下载后才能保存在用户自己的计算机上，以使使用更加方便，因此，学会下载、上传网络信息的各种资源，是计算机用户必备的一种网络应用技能。本任务将帮助读者了解网络资源下载的基本操作，学会高效获取网络资源的方法。

任务活动

1. 了解常见的下载方式

下载是将网络中的信息资源保存到本地计算机上的一种网络活动。广义上说，凡是在屏幕上看到的不属于本地计算机上的内容，皆是由“下载”得到的。狭义上只认为将文件下载到本地磁盘特定存储位置的操作才是“下载”，“下载”的相反操作是“上传”。

HTTP（超文本传输协议）和 FTP（文件传输协议）既是计算机之间交换数据的方式，也是两种最经典的下载方式。它们的下载原理就是用户利用协议规则，与提供文件的服务器联系，将服务器中的文件“搬”到自己的计算机中，实现下载功能。

BT 下载实际上就是 P2P 下载，该种下载方式与 Web 方式的相反，该模式不需要服务器，信息是在用户机与用户机之间进行传播的，可以说每台用户机都是服务器，因此是一种“平等”的下载模式。每台用户机在自己下载其他用户机上的文件的同时，还提供被其他用户机下载的能力，所以使用该种下载方式的用户越多，其下载速度就会越快。

P2SP 下载方式是对 P2P 技术的进一步延伸，它不但支持 P2P 技术，同时还通过多媒体检索数据库，把原本孤立的服务器资源和 P2P 资源整合到一起，使下载速度更快，下载资源更丰富，下载稳定性更强。

2. 了解下载工具

随着网络应用不断增多，网络下载工具也朝着支持专门应用的方向发展，出现了网页影音图文提取工具、MP3 下载工具、FLV 视频下载工具、BT 下载工具、MTV 下载工具、图片下载工具和地图下载工具等。

使用专门工具可以提取网页源文件、网页文本、网页图片、在线音乐、在线影片、网页 Flash 及现在流行的网页 FLV（Flash VIDEO）文件，也能保存网页和对网页拍照，其下载效果和效率远比一般的下载工具要好，尤其是专门工具自带了特殊处理功能，使下载和检查修复一次完成。

3. 登录网站下载网络资源

（1）打开浏览器，在地址栏输入“http://www.hxedu.com.cn”，按“Enter”键，打开“华信教育资源网”首页，如图 2-31 所示。

图 2-31　“华信教育资源网”首页

（2）单击“注册”按钮，打开“用户注册”页面，输入“用户名”和“密码”，将自己注册成合法用户。

（3）在网站首页输入“账号”“密码”和“验证码”后，单击“登录”按钮，登录“华信教育资源网”。单击“资源频道”链接，打开“资源频道”页面。

（4）选择“资源类别”等内容，显示所有与之对应的资源，找到自己需要的资源，单击“我要下载”按钮，打开“资源下载”对话框，如图 2-32 所示。

（5）单击“提交”按钮，打开“文件下载”对话框，如图 2-33 所示。

（6）单击“保存”按钮并选择文件保存位置后，开始下载选定资源，如图 2-34 所示。完成下载后，可在指定位置找到下载资源。

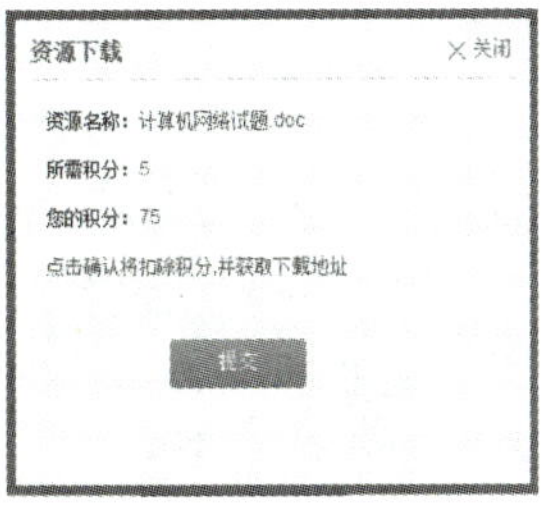

图 2-32　“资源下载”对话框

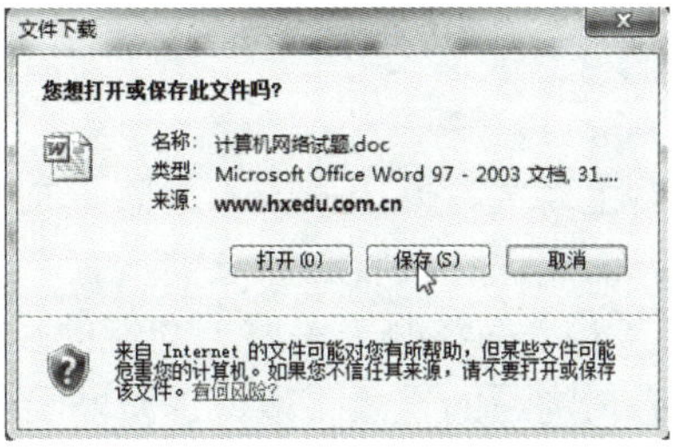

图 2-33　“文件下载”对话框

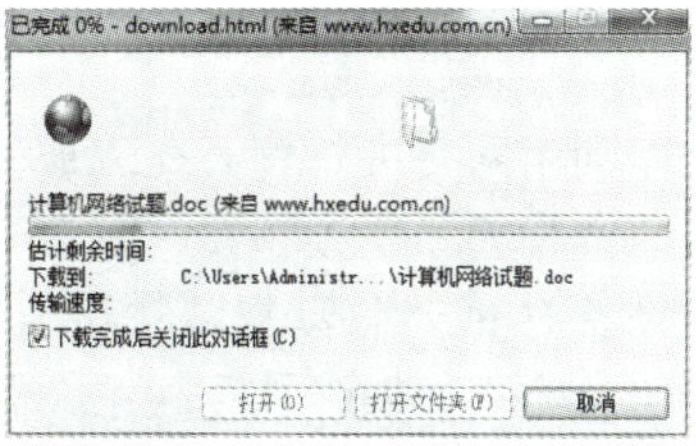

图 2-34　显示下载进度

4. 使用下载工具下载网络资源

在浏览器环境直接下载大量文件，可能会受网速的影响使下载时间过长，若网络中断还会影响下载进程，而使用专门的下载工具则可以很好地解决类似的问题。利用快捷菜单中的“使用迅雷下载”命令下载网络资源的操作方法如下：

（1）鼠标指针指向欲下载的网络资源，单击鼠标右键，弹出快捷菜单，如图 2-35 所示。

（2）单击“使用迅雷下载”命令，打开“新建任务”对话框，如图 2-36 所示。

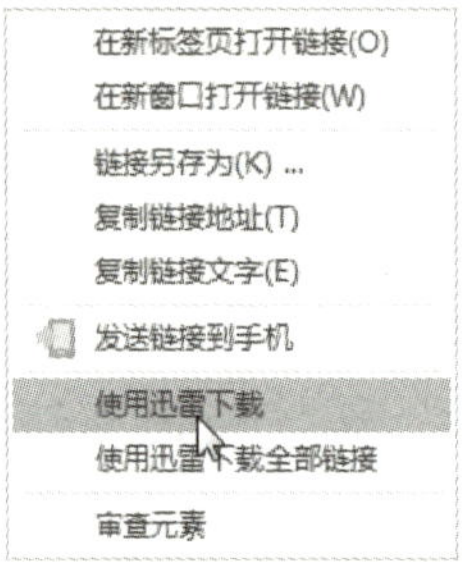

图 2-35　快捷菜单

图 2-36　“新建任务”对话框

（3）单击“立即下载”按钮，打开迅雷下载页面，开始下载选中的资源。

5. 讨论、思考并回答以下问题

（1）使用网络资源应注意哪些问题？

（2）网络资源侵权可能有什么后果？

（3）如何高效率获取网络资源？

做一做： 对同一种网络资源使用不同方法下载，对比下载效率。

项目 4　网络交流和信息发布

通信是人与人之间通过某种媒体进行的信息交流与传递活动，随着网络连接范围的不断扩大，应用的内容不断增多，人与人之间的交流越来越多地转移到了互联网上。在互联网上，可以快速、及时地进行人与人和人与人群之间的文本、图片、声音、视频信息的传递，这种交流模式给人与人之间跨时间、跨地域沟通提供了便利。

项目目标

- 会使用网络通信工具。
- 会网上远程操作。
- 会编辑、加工、发布网络信息。

任务 1　使用网络即时通信工具

利用网络进行聊天交流被称为网上聊天，网上聊天不局限于文字信息沟通的聊天，还包括网上语音聊天和视频聊天。以聊天信息的发送和接收对象分类，有 PC 对 PC、PC 对移动设备、移动设备对 PC、移动设备对移动设备 4 种。网络聊天是网上交流的一种方式，是扩大交友范围、方便信息收集、加强社会联系、促进心灵沟通的重要手段，也是网上生活的重要组成部分。

任务说明

目前，利用互联网进行通信是一种时尚，是一种高效、方便的沟通渠道，同时也是信息社会对人们提出的一种基本要求。本任务将从了解各种即时通信工具开始，帮助读者学会使用常见的网络即时通信工具。

任务活动

1. 了解常用的网络聊天工具

网络聊天工具又称为 IM 软件或 IM 工具，主要提供基于互联网络客户端的实时语音、文字传输。目前，国内常用的聊天工具有 QQ、微信、飞信、阿里旺旺等。

QQ 最常用的功能是在线聊天，可及时传送文本、图像、声音、视频信息等，此外也有通过网络传送文件、远程协助、发布微博、建立 QQ 群和讨论组等功能。

微信是腾讯公司于 2011 年 1 月 21 日推出的一款通过网络快速发送语音短信、视频、图片和文字，支持多人群聊的手机聊天软件。用户可以通过微信与好友之间进行更加丰富的类似于短信、彩信等方式的联系。

微信正成为影响人们生活的一种通信方式，微信支持查看所在位置附近使用微信的人，微信的“摇一摇”功能帮助使用者结识世界各地的朋友，微信支持腾讯微博、QQ 邮箱、漂流瓶、语音记事本、QQ 离线消息、微信支付、游戏中心等功能。

2. 使用 QQ 聊天

（1）进入腾讯官网，下载安装 QQ 聊天软件。

（2）打开 QQ 聊天软件，在出现的 QQ 登录界面中输入 QQ 账号和密码，单击“登录”按钮，进入 QQ 主界面，如图 2-37 和图 2-38 所示。

图 2-37　QQ 登录对话框

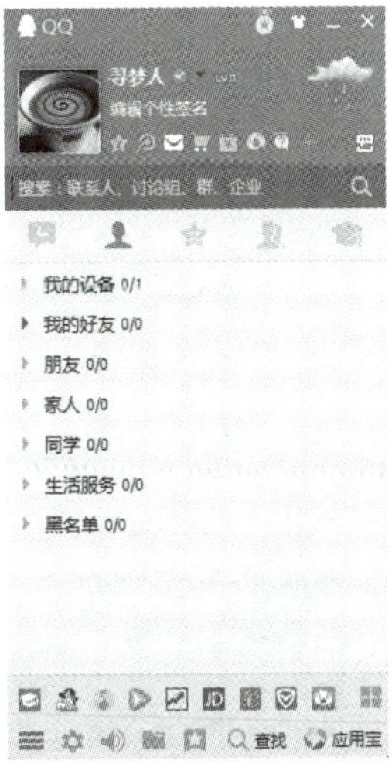

图 2-38　QQ 主界面

（3）在 QQ 好友列表中选择一个 QQ 好友，双击该好友图标，打开“聊天面板”，如图 2-39 所示。

（4）在“聊天面板”下方编辑区域，输入聊天信息，单击“发送”按钮，将信息发送给好友，如图 2-40 所示。

（5）单击“聊天面板”工具栏中“开始语音通话”按钮的向下箭头，在出现的菜单中单击“开始语音通话”命令，在对方接受后可以和对方直接进行语音通话，如图 2-41 所示。

（6）单击“聊天面板”工具栏中“发送文件/文件夹”按钮的向下箭头，在出现的菜单中单击“发送文件/文件夹”命令，在对方接受后可以向对方发送文件或文件夹，如图 2-42 所示。

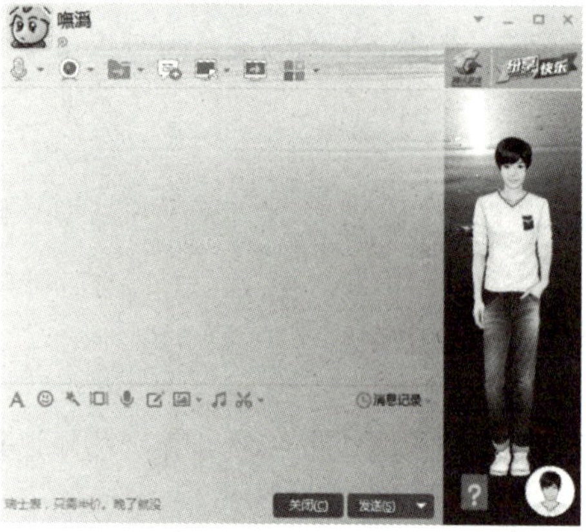

图 2-39　QQ“聊天面板”

图 2-40　“聊天面板”编辑区域

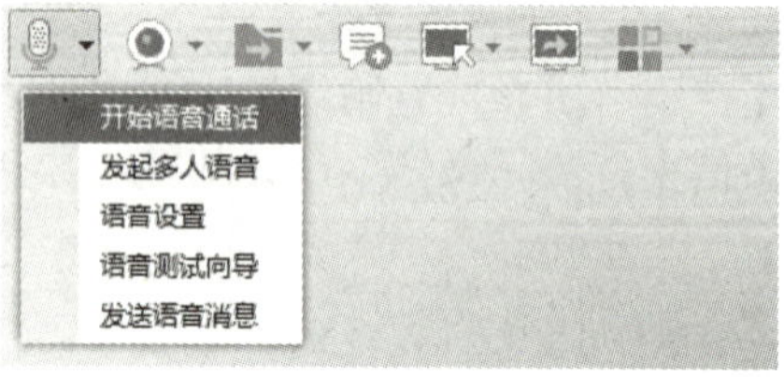

图 2-41　“开始语音通话”菜单

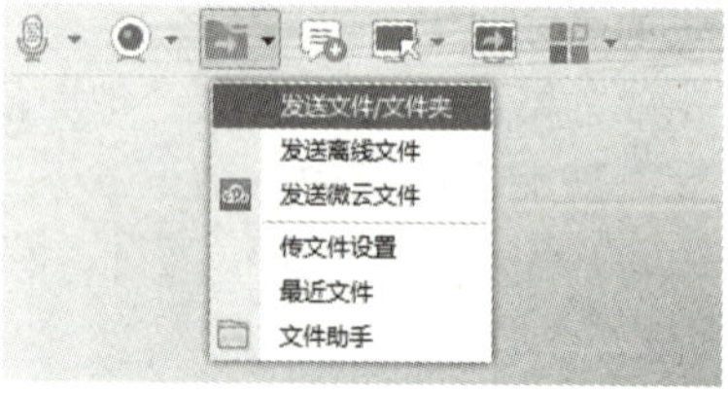

图 2-42　“发送文件/文件夹”菜单

（7）单击“聊天面板”工具栏中“远程桌面”按钮的向下箭头，在出现的菜单中单击“请求控制对方电脑”命令，在对方接受后，在本机窗口中可以直接操作对方的计算机，如图 2-43 所示。

图 2-43　“远程桌面”菜单

3. 使用微信

（1）在智能手机上下载、安装微信客户端。

（2）用 QQ 号码或手机号码注册微信号，并登录微信客户端。

（3）添加微信好友。

（4）给微信好友发送信息。

4. 讨论、思考并回答以下问题

（1）QQ 和微信有什么区别？

（2）经常使用的即时通信工具都有哪些？用的是哪一款？

（3）你经常使用什么工具收发电子邮件？

做一做：建立班级课程学校微信群或 QQ 群。

任务 2　制作和发布网络信息

日常生活中，我们会有很多经历、经验，也会有很多感想、感慨，更会有很多思考、发现，这些信息都可以通过网络发布出去，以便与更多的人交流、分享自己每时每刻的经历和感悟。网上有很多信息发布平台，完全能满足用户在网络自由发布信息的需要。

任务说明

微博（Weibo）是微型博客（MicroBlog）的简称，即一句话博客，也是一种通过关注机制分享简短实时信息的广播式的社交网络平台。目前，国内四大门户网站（新浪、腾讯、网易、搜狐）均开设有微博。本任务是以新浪微博为例，帮助读者了解信息发布的基本要求，学会使用微博发布信息。

任务活动

1. 使用新浪微博

（1）打开 IE 浏览器，在地址栏输入“http://www.weibo.com”，按“Enter”键，打开“新浪微博”登录页面，如图 2-44 所示。

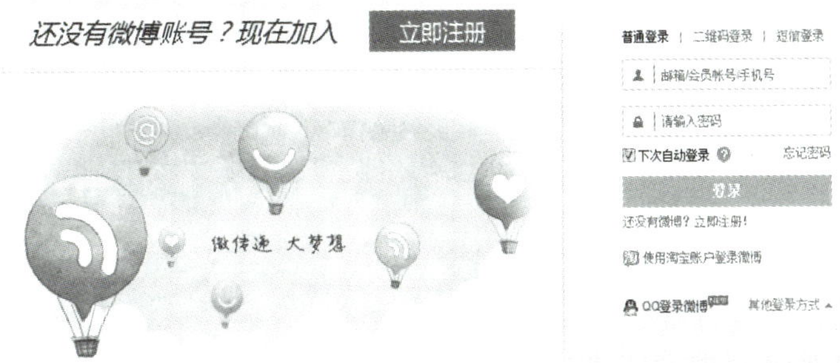

图 2-44　“新浪微博”登录页面

（2）选择合适的登录方式，输入“账号”和相应的“密码”，单击“登录”按钮，登录到“新浪微博”主页，如图 2-45 所示。

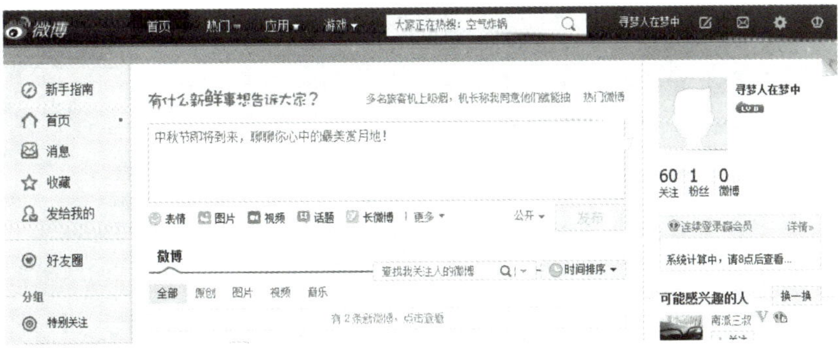

图 2-45　“新浪微博”主页

（3）在“新浪微博”主页编辑区域撰写微博内容（输入文本，添加表情、图片、视频等），单击“发布”按钮，发布微博，如图 2-46 所示。

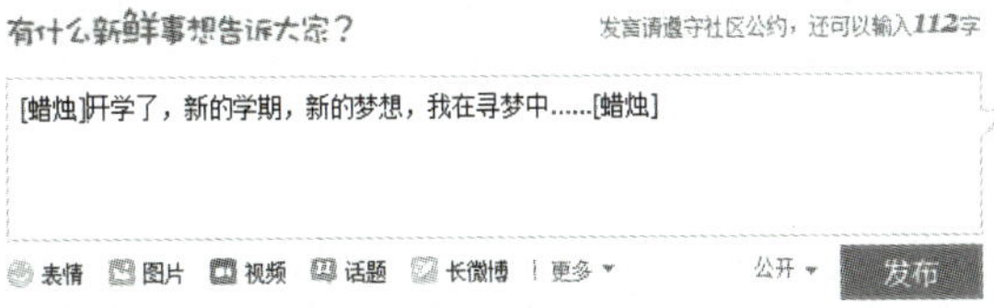

图 2-46　发布微博

（4）在“新浪微博”主页右侧个人头像或昵称上单击鼠标，进入新浪微博个人主页，如图 2-47 所示。

图 2-47　新浪微博个人主页

（5）单击“相册”链接，进入“相册”页面，单击“上传图片”按钮可选择照片进行上传，如图 2-48 所示。

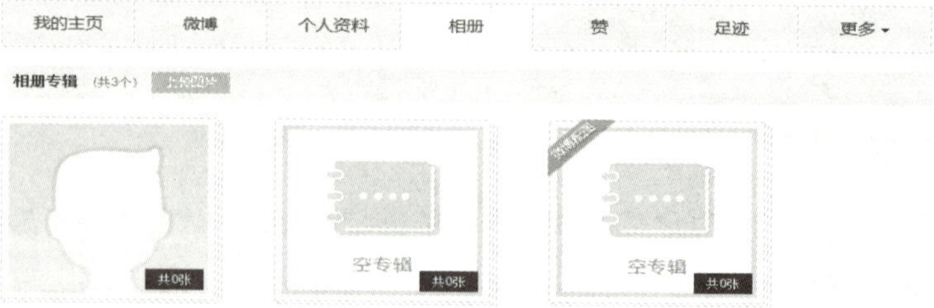

图 2-48　新浪微博个人相册

（6）单击网页最上方导航条中的“首页”按钮，回到“新浪微博”主页，注意中间部分的微博信息，如图 2-49 所示。

图 2-49　“新浪微博”主页中部的微博信息

（7）单击“+关注”按钮，打开“关注成功”对话框，选择合适的备注名称和分组，单击“保存”按钮，此时对该用户的“关注”设置成功，如图 2-50 所示。

（8）单击“赞”按钮，给该微博一个“赞”。

（9）单击“转发”按钮，打开“转发微博”对话框，选择转发目的，输入评论内容，勾选“同时评论给…”选项，单击“转发”按钮，转发该微博，如图 2-51 所示。

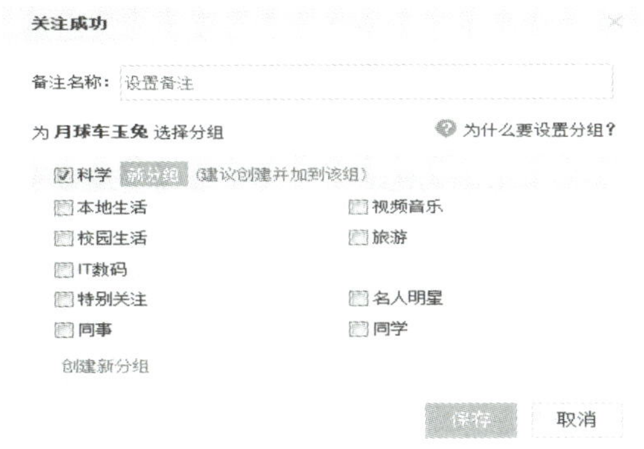

图 2-50　“关注成功”对话框

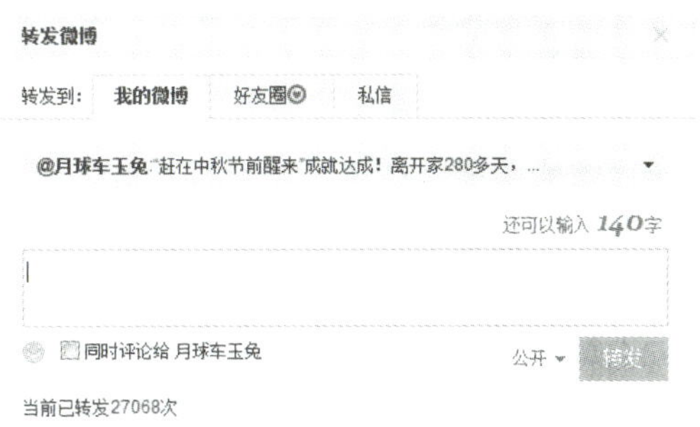

图 2-51　“转发微博”对话框

（10）单击“评论”按钮，可以对该微博进行评论，也可查看他人对该微博的评论。

（11）单击网页最上方导航条中的搜索栏的“搜索”按钮，打开“微博搜索”页面，如图 2-52 所示。

图 2-52　“微博搜索”页面

（12）选择查找的类别，输入查询关键词，单击“搜索”按钮，进行信息搜索。

2. 讨论、思考并回答以下问题

（1）发布网络信息应该遵循哪些规范？

（2）目前允许发布网络信息的平台有哪些？

（3）如何快速获取需要的微博信息？

做一做：建立自己的微博账号，发布学习信息。

任务 3　网络远程操作

利用网络进行远程操作既是联网的初衷之一，也是节省人力、物力、财力实现高效办公的最佳方法，因此，掌握网络远程操作技能是信息社会对人们的基本要求。

任务说明

网络远程操作是重要的网络应用内容，因此，了解网络远程操作方法，掌握远程操作技能是学习计算机网络的基本要求。本任务将从了解远程操作应用开始，帮助读者了解远程桌面设置操作。

任务活动

1. 了解远程操作的应用

远程操作广泛应用于培训与教学、办公、计算机及网络的管理与维护、监控等。

1）远程培训与教学

远程操作可以用于对远程的用户进行培训，通过远程控制技术操作对方的计算机，向对方进行操作演示，这样可以节省培训费用、提高培训效率。同样，远程控制技术大量用于教学网络中，其中多媒体网络就是远程控制技术与多媒体技术结合的产物。

2）远程办公

远程操作可以让人们无论身处何地，都能连接到自己的工作主机，使用其中的数据和应用程序，访问网络资源、使用主机的内部服务等。同时，远程操作还可用于与他人相互协作，完成一项共同的工作。

3）远程管理和维护

对于计算机行业的售后服务人员来说，通过远程控制可以为客户提供软件升级、维护、故障排除等服务，无疑节约了大量的时间和金钱。

对于网络管理员来说，远程控制管理、维护公司网络中的服务器和 PC，能大大提高工作效率。

4）远程监控

公司管理层可以通过远程控制软件查看员工的工作状态，以保证员工能够在工作时间投入所有精力完成工作，避免上班期间聊天、玩游戏等，甚至还可以通过记录员工的键盘操作，防止商业和技术机密泄露。

作为孩子的家长，可以通过远程控制对孩子的 PC 进行监控，防止孩子无节制地玩游戏或接触不良信息。

远程操作虽然可以方便地操纵远端的主机，实现管理控制，但它也可能带来安全隐患。因为一旦有人知道了被控制主机的 IP 地址，同样可以通过网络上的其他主机发出控制指令，这样被控主机的所有资源将处于不安全状态，导致非常严重的安全问题。

因此，远程控制管理必须拥有一套严密的安全审核机制，被控主机应通过密码等验证手段来判断发送过来的控制信号是否合法，如不合法则予以拒绝。

2. 了解 Windows 10 系统远程桌面的使用

（1）打开计算机“系统属性”对话框，选择“远程”选项卡，如图 2-53 所示。

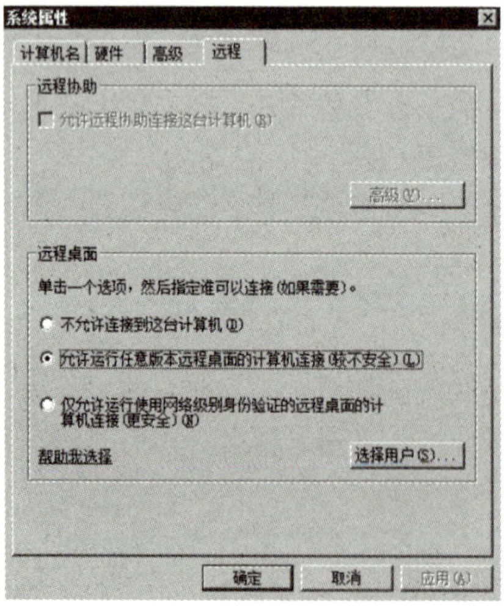

图 2-53 “系统属性”对话框

（2）选中“远程协助”选项的“允许远程协助连接这台计算机”复选框。

（3）在“远程桌面”选项中，选中“允许运行任意版本远程桌面的计算机连接”单选钮。

（4）单击“选择用户”按钮，从弹出的用户列表中选择或添加需要授权的用户，如图 2-54 所示。

（5）在需要使用远程资源的计算机上，打开“远程桌面连接”对话框，如图 2-55 所示。

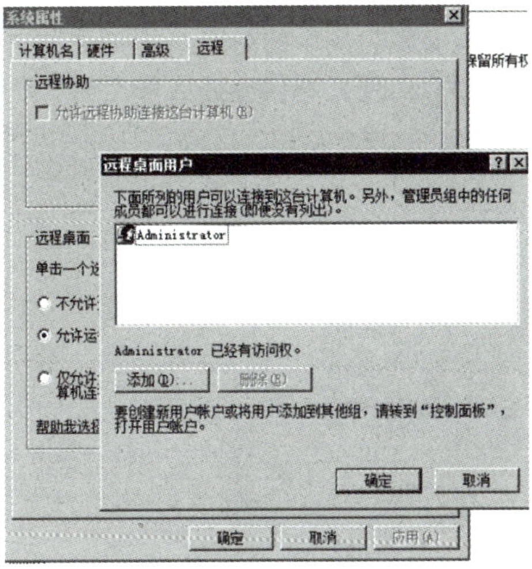

图 2-54　选择授权用户

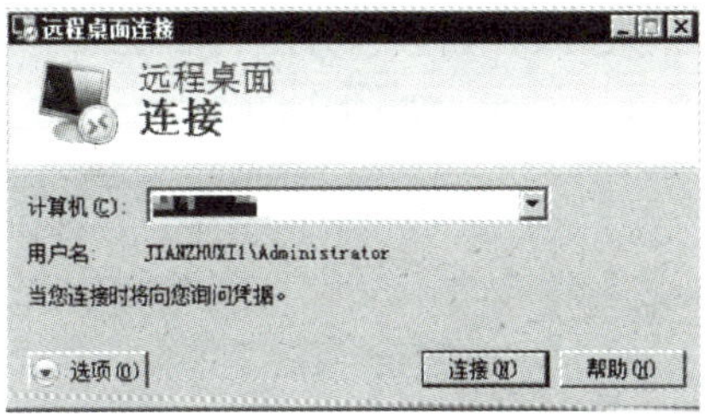

图 2-55　“远程桌面连接”对话框

（6）输入远程连接的计算机 IP 地址，单击“连接”按钮，启动远程连接。

3. 讨论、思考并回答以下问题

（1）远程操作的目的有哪些？

（2）在远程操作环境如何保证应用安全？

（3）如何快速完成远程协作任务？

做一做：查找可以完成远程操作的工具。

项目 5　运用网络工具

目前，网络已经成为与人们工作、生活密切相关的重要工具，学会使用网络工作、学习和生活，不仅是信息社会对人们的基本要求，更是提高工作效率、提升知识技能水平、适应社会生活的重要手段。

项目目标

- 会运用网络工具进行多终端信息传送和共享。
- 掌握网络学习工具的使用方法，能够利用网络学习知识和技能。
- 能熟练使用生活类网络工具。

任务 1　信息资料的传送、同步与共享

在网络上传输信息资料是最常见的一种活动，网络上也有很多工具、方法和手段能够满足人们传输信息资料的需要。信息资料在网上与他人共享，可以起到优化资源配置、节约社会成本、提高信息资源利用率的作用，掌握信息资料网上传送、共享的基本技能，对提高办公效率也会有很大帮助。

任务说明

操作系统允许用户共享软硬件资源，一些办公软件也有资料同步的功能，许多网站提供有共享空间，了解它们的使用方法会获得更大的信息资料应用自由度。本任务将从系统自带的共享功能开始，帮助读者了解信息资源同步、共享的基本方法。

任务活动

1. 使用 Windows 自带的共享功能，实现信息资料的传送与共享

（1）单击“开始”→“控制面板”→“网络和共享中心”→“更改高级共享设置”，打开“高级共享设置”界面，如图 2-56 所示。

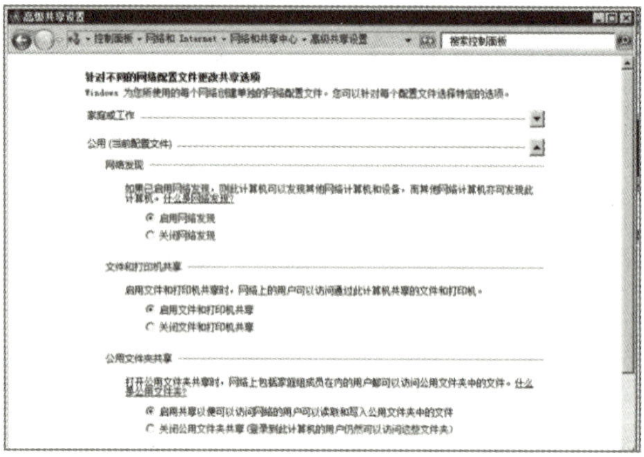

图 2-56 “高级共享设置”界面

（2）选中“启用网络发现”和“启用文件和打印机共享”单选钮，开放共享资源。

（3）单击“保存修改”按钮，保存设置。

（4）在需要共享的文件夹上单击鼠标右键，在弹出的快捷菜单中选择“属性”命令，打开“属性”对话框，如图 2-57 所示。

（5）单击“共享”选项卡中的“共享”按钮，打开“文件共享”对话框，添加共享用户，如图 2-58 所示。单击“共享”按钮完成文件共享，如图 2-59 所示。

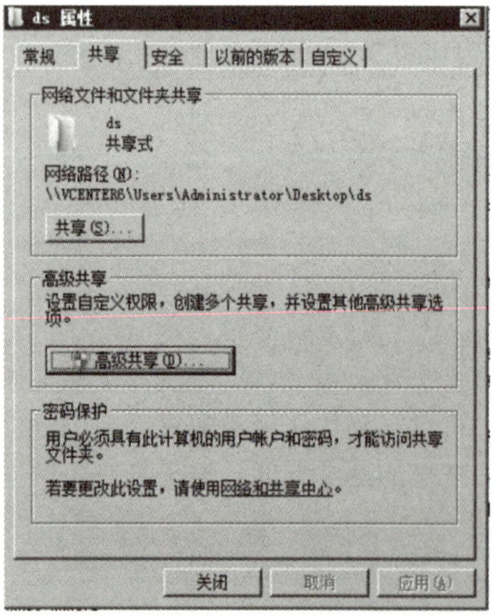

图 2-57 “属性”对话框

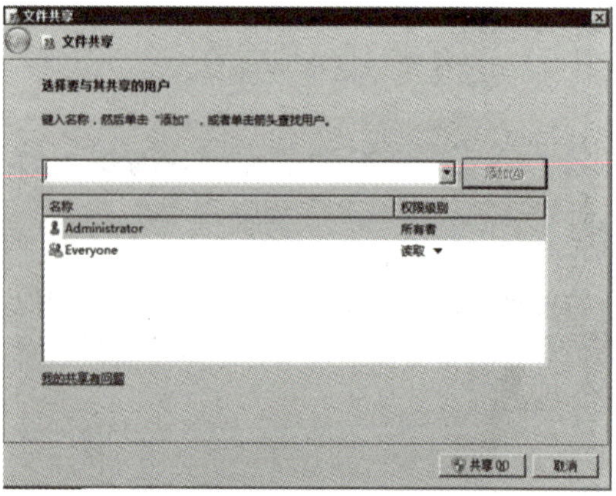

图 2-58 “文件共享”对话框

（6）单击“共享”选项卡中的“高级共享”按钮，可打开“高级共享”对话框，进行权限设置。

（7）右击需要共享的文件夹，若在弹出的快捷菜单中选择“共享”或“共享文件夹同步”选项，也可以设置共享或实时共享。

（8）共享后的文件夹可通过网络访问，如图 2-60 所示。

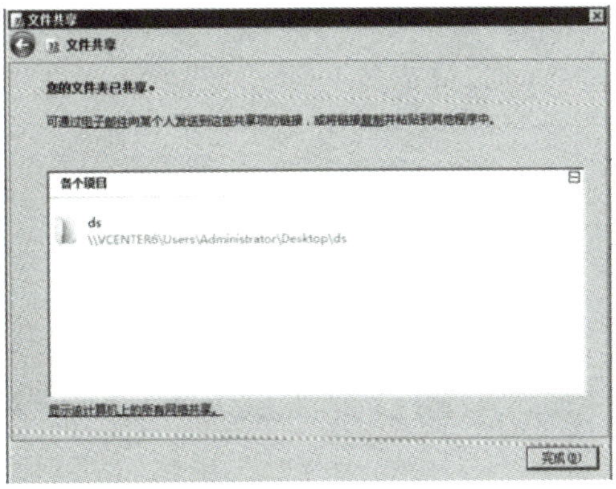

图 2-59　完成文件共享

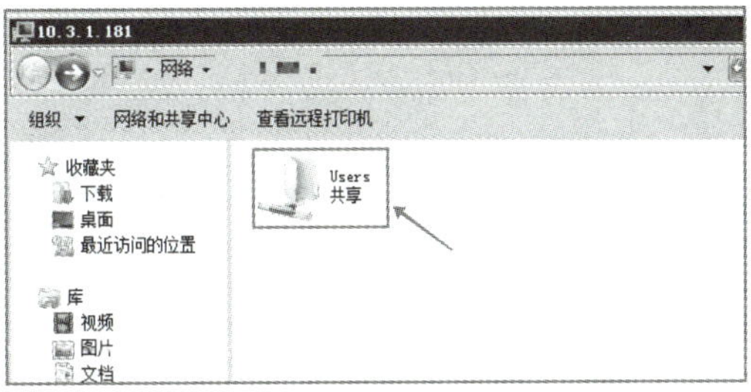

图 2-60　访问共享文件夹

2. 使用百度云盘

（1）打开“百度网盘”首页，新用户需要注册，已注册用户可使用“手机/邮箱/用户名”登录，如图 2-61 所示。

图 2-61　“百度网盘”首页

（2）进入自己的云盘后，单击“上传文件”或“上传文件夹”按钮，如图 2-62 所示。

图 2-62　上传文件

（3）打开“打开”对话框，选择要上传的文件或文件夹，如图 2-63 所示。

（4）单击“打开”按钮，将选中的文件上传到云端，如图 2-64 所示。

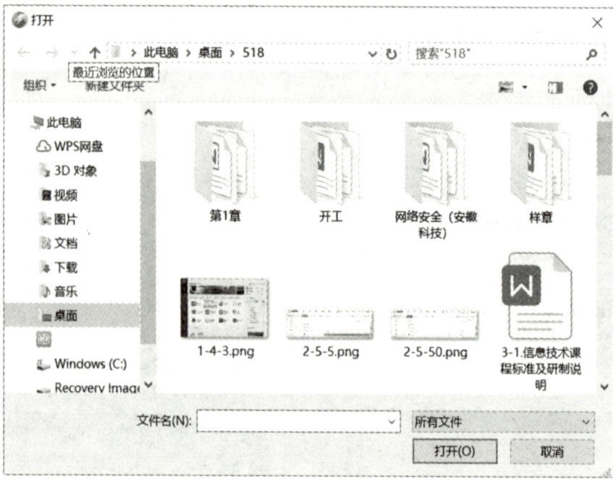

图 2-63 “打开”对话框

图 2-64 完成文件上传

（5）如果要将文件共享给别人，可右击文件，在弹出的快捷菜单中选择“分享”命令，打开“分享文件（夹）”对话框，如图 2-65 所示。

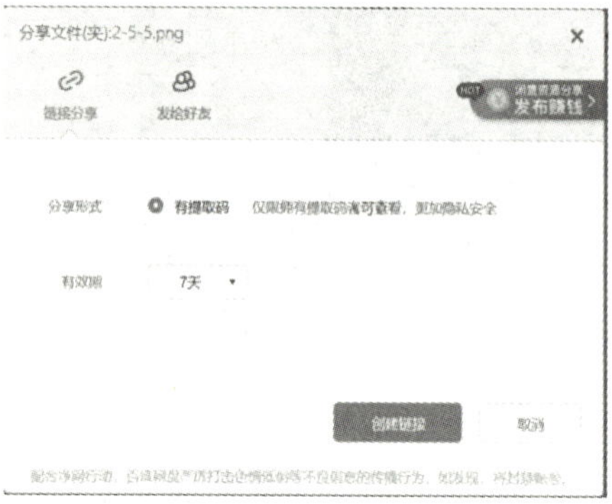

图 2-65 分享文件

（6）单击“创建链接”按钮，创建私密链接、提取密码，如图 2-66 所示。

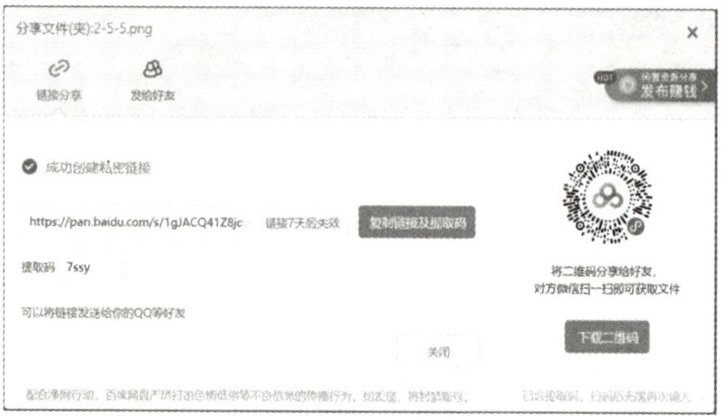

图 2-66 创建私密链接和提取密码

（7）收到私密链接和提取密码后，即可利用浏览器和提取密码获取分享文件，如图 2-67 所示。

图 2-67　提取分享文件

3. 讨论、思考并回答以下问题

（1）有哪些免费工具能够用于信息资料的传送、同步与共享？

（2）传送、同步、共享的差别是什么？

（3）使用网盘的好处有哪些？应注意哪些问题？

做一做：注册、使用网盘。

任务 2　了解网络学习工具

网络是学习的重要工具，网络课程涉及面广、内容丰富，网上有国际名校、国内名校发布的视频课程，有普通学校根据自己特长制作的视频课程，有个人制作上传的教学视频片段，也有实时播放的网上教学，诸多教学内容完全能够满足不同层次、不同需求的读者的需要。

任务说明

利用闲暇时间参加网上课程学习，不仅能了解最新的知识，也能学到许多新的技能，更能扩大自己的视野。本任务是以网易公开课为例讲解网上学习的基本方法，帮助读者全面了解网课，提高利用网络学习的基本技能。

任务活动

1. 了解网络学习平台

网上学习已成为一种时尚，更是一种方便获取知识的手段。学习网站通常以学习内容和适用对象分类，也有一个网站包含多种适用对象的内容。以下是一些常用的网上学习平台。

通用类：百度传课、学习啦、360 教育等。

中小学：家教 114、北京四中网校、中国统一教育网、学而思网校、101 远程教育网、金钥匙学校、红黄蓝早教、邦德教育、卓越教育等。

大学：新浪公开课、凤凰公开课、网易公开课、腾讯公开课、搜狐公开课、优酷公开课等。

考研：同达考研、文登教育、万海教育等。

外语：新东方在线、瑞思学科英语、华尔街英语、英孚教育、韦博国际英语、齐进法语等。

社考：中公网校、学易网校、中华会计网校、中大网校、万学教育等。

2. 了解网上授课平台

网课直播是教育行业发展的方向，它的便利性无可替代，相对于线下培训，网上授课有许多优点，目前很多线下机构慢慢地向线上教学转型。网上授课平台主要有软件类、公共类和私有类 3 种。

（1）软件类网上授课平台。一些具有双向通信功能的软件，可以开通直播间，能够用于直播教学。由于软件开发的前提不是专门针对教学的，所以教学附加工具较少，网上教学功能较弱。

（2）公共平台类的网上授课平台。基于大型公共平台资源的教学平台，能够很好地用于开设网课直播，单向传播的效果较好，支持双向互动的手段较为单一，与传统线下教育相比功能仍有不足。

（3）私有类的网上授课平台。学校大多建有自己的网课平台，建设网课平台的初衷就是要发挥信息化教学的优势，提高信息化教学的能力。这些平台的教学功能相对齐全，缺点是硬件资源相对较弱，不能满足大规模网课的需要。

3. 参加网易公开课学习

（1）打开 IE 浏览器，在地址栏输入“http://open.163.com”，按“Enter”键，打开“网易公开课”首页，如图 2-68 所示。

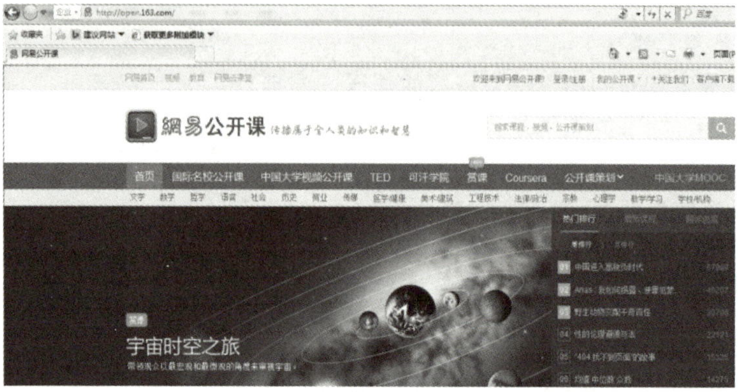

图 2-68 “网易公开课”首页

（2）单击“登录/注册”链接，打开“登录网易通行证”对话框，如图 2-69 所示。

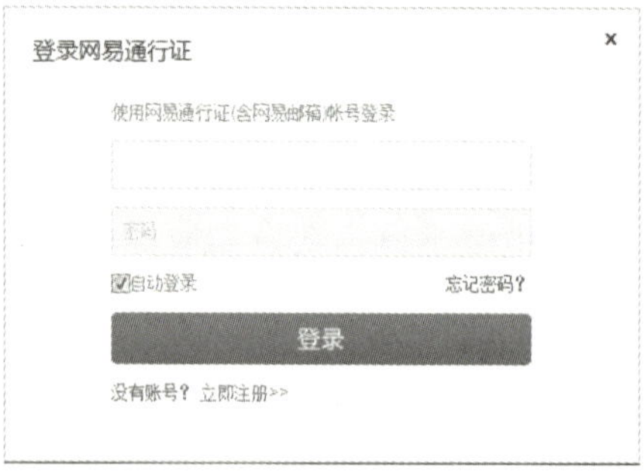

图 2-69 “登录网易通行证”对话框

（3）输入“网易通行证账号”或“网易邮箱账号”，再输入相应的密码，单击“登录”按钮，“登录/注册”处显示邮箱登录账号，如图 2-70 所示。

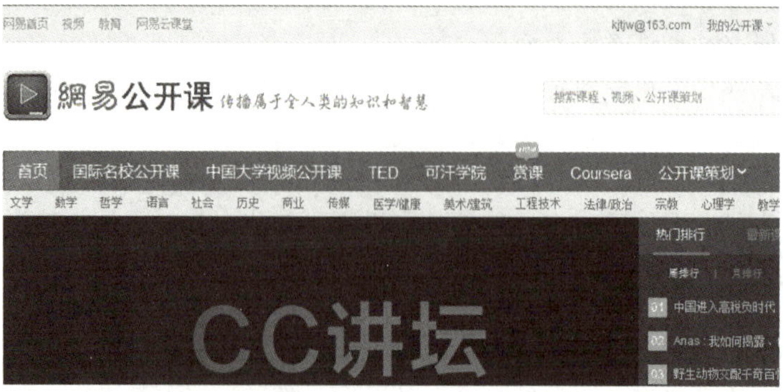

图 2-70 显示邮箱登录账号

（4）如想选择 MOOC 中“简单易行的时间管理法”学习，可单击“中国大学 MOOC”，进入“网易云课堂”页面，如图 2-71 所示。

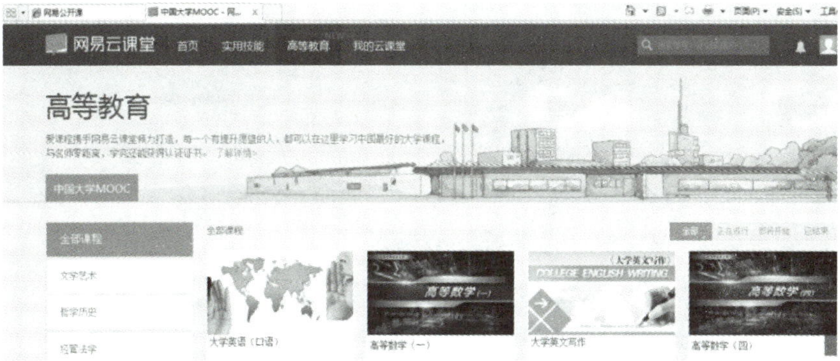

图 2-71　“网易云课堂”页面

（5）单击“实用技能”链接，进入“实用技能”课程选择页面，如图 2-72 所示。

图 2-72　课程选择页面

（6）单击“简单易行的时间管理法”课程链接，进入课程“简介”页面，如图 2-73 所示。

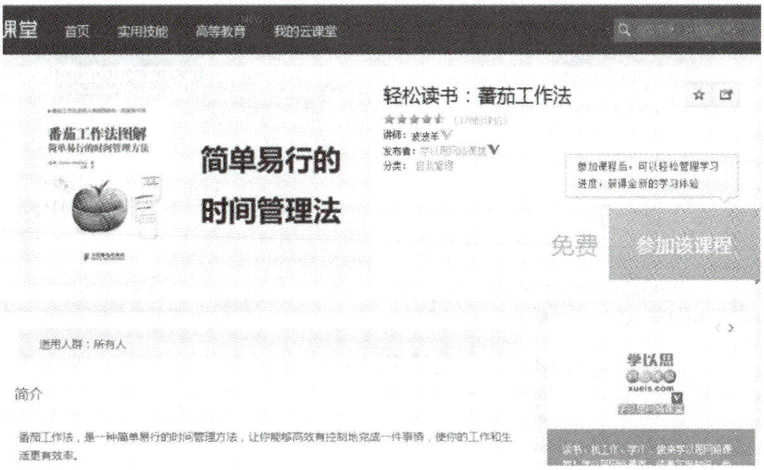

图 2-73　课程“简介”页面

（7）单击“参加该课程”按钮，进入课程学习页面，如图 2-74 所示。

（8）单击“开始学习”按钮，进入课程视频播放页面，如图 2-75 所示。

（9）单击“▶”按钮，即可收看课程视频，如图 2-76 所示。

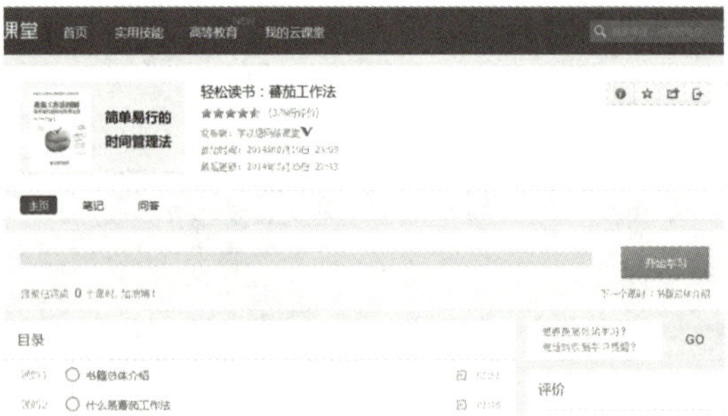

图 2-74　课程学习页面

图 2-75　课程视频播放页面

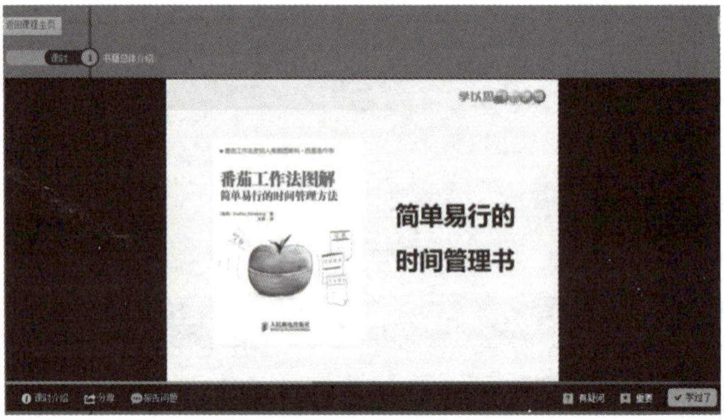

图 2-76　播放课程视频

（10）若学习过程中断，在下次进入该课程学习环境时，将显示“继续学习”按钮，单击该按钮，即可从上次结束点观看课程视频，如图 2-77 所示。

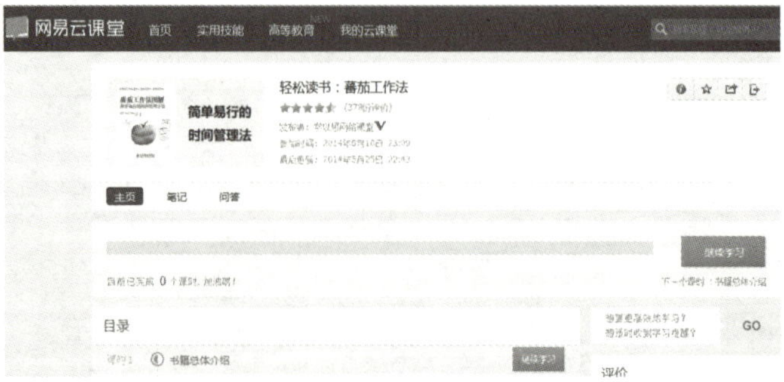

图 2-77　显示“继续学习”按钮

4. 讨论、思考并回答以下问题

（1）线上学习与线下学习的区别是什么？

（2）如何选择线上学习内容？

（3）线上学习能够替代线下教育吗？为什么？

做一做：利用网易学习平台强化本门课的学习。

任务 3 了解网络生活工具

在网络融入人们生活的今天，网上购物作为一种快捷、方便、时尚的消费方式，越来越受到人们的青睐。打开 PC，进入网上商城，各种商品应有尽有，网上购物既节省时间，又免去逛商场的劳累，使购物变得轻松快捷。互联网技术的发展和应用，催生了一种全新的购物消费方式——网上购物。网上购物是指顾客在互联网上浏览、选择商品，下订单确定购买，通过个人银行账户支付或货到付款给商家，商家通过物流公司将商品送货上门的购物方式。

任务说明

注册成网络商城的合法用户，就可以进入网络商城浏览、选择、购买自己需要的商品，不仅省时，也方便、省钱。本任务将从注册网络商城用户开始，帮助读者全面了解网上购物的全过程。

任务活动

1. 网上购物

（1）打开 IE 浏览器。在地址栏输入“http://www.jd.com”，按“Enter”键，打开“京东商城”首页，如图 2-78 所示。

图 2-78 “京东商城”首页

（2）单击“登录”链接，打开“登录京东”网页，如图 2-79 所示。

图 2-79 “登录京东”网页

（3）输入“京东账号”和“密码”即可登录到京东商城，如图 2-80 所示。借助 QQ 或微信，也可以通过扫描的方式登录京东商城。

图 2-80　进入京东商城

（4）若想购买图书，可单击“图书”链接，打开“图书”网页，如图 2-81 所示。

图 2-81　京东商城“图书”网页

（5）查找需要购买的书籍，选中后，单击“加入购物车”按钮，如图 2-82 所示。

图 2-82　商品加入购物车

（6）显示“商品已成功加入购物车”提示页面，如图 2-83 所示。

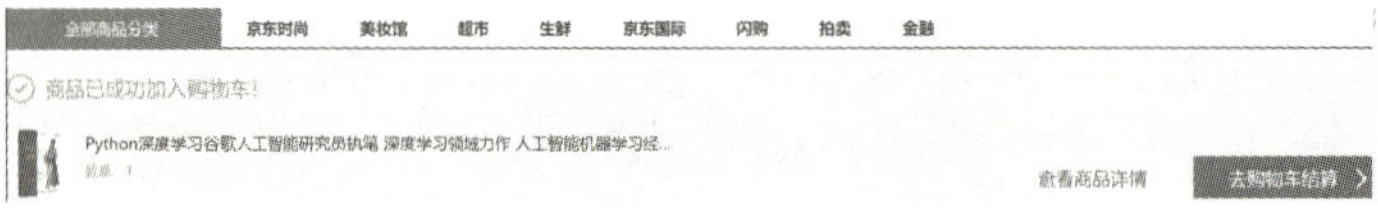

图 2-83　商品成功加入购物车

（7）单击“去购物车结算”链接，进入“我的购物车”页面，如图 2-84 所示。

图 2-84　“我的购物车”页面

（8）确认选购商品无误后，单击“去结算”按钮，进入“填写并核对订单信息”页面，如图 2-85 所示。

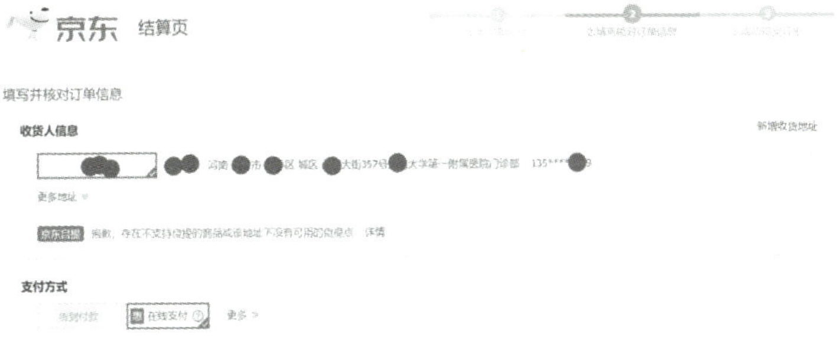

图 2-85　“填写并核对订单信息”页面

（9）填写收货人信息，支付方式选择“货到付款”，选择配送方式、填写发票信息等，确认信息无误后，单击“提交订单”，显示“订单提交成功”信息。

（10）收到货物并付款，交易完成。

2. 了解网上支付

在网上购物时，除了用“货到付款”方式外，还可以通过网上银行或第三方支付平台（如支付宝等）给商家付款。

支付宝是全球领先的第三方支付平台，成立于 2004 年 12 月，最初作为淘宝网公司为了解决网络交易安全问题所设的一个功能出现，该功能为“第三方担保交易模式”。首先，由买家将货款打到支付宝账户，由支付宝通知卖家发货，买家收到商品确认后，再通知支付宝将货款打给卖家，至此完成一笔网络交易。支付宝网络技术有限公司旗下有“支付宝”与“支付宝钱包”两个独立品牌。自 2014 年第二季度开始，该公司成为当前全球最大的移动支付厂商。

支付宝主要提供支付及理财服务，包括网购担保交易、网络支付、转账、信用卡还款、手机充值、水电气缴费、个人理财等多个领域。在进入移动支付领域后，为零售百货、电影院线、连锁商超和出租车等多个行业提供服务。此外，支付宝网络技术有限公司还推出了余额宝等理财服务。支付宝与国内外 180 多家银行及 VISA、MasterCard 国际组织等机构建立了战略合作关系，成为金融机构在电子支付领域最为信任的合作伙伴。

3. 注册支付账号

（1）打开 IE 浏览器，在地址栏输入“https://www.alipay.com”，按“Enter”键，打开“支付宝”官网主页，如图 2-86 所示。

图 2-86　“支付宝”官网主页

（2）单击“立即注册”链接，显示使用手机号注册页面，如图 2-87 所示。

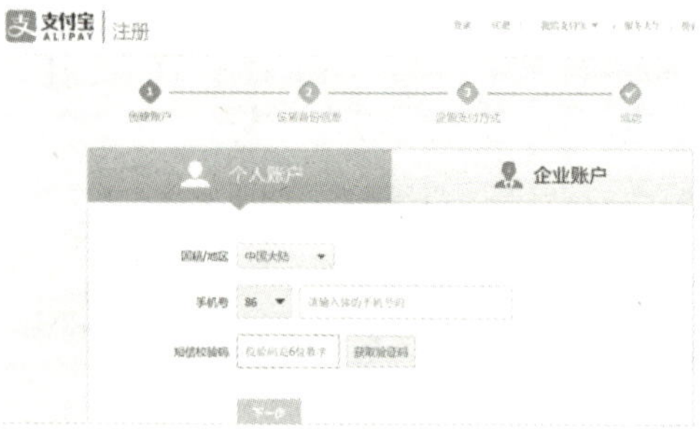

图 2-87　使用手机号注册页面

（3）若想使用电子邮箱注册，可单击“使用邮箱注册”链接，显示如图 2-88 所示。

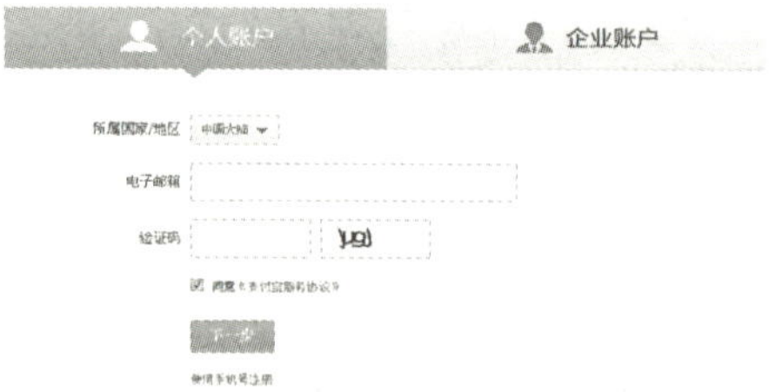

图 2-88　使用邮箱注册页面

（4）输入手机号（或电子邮箱）及验证码，单击“下一步”按钮，按提示设置身份信息和支付方式，完成账号注册。

4. 给支付宝充值

（1）在“支付宝”官网主页（https://www.alipay.com）输入支付宝账号和密码登录支付宝，打开“我的支付宝”页面，如图 2-89 所示。

图 2-89　“我的支付宝”页面

（2）单击账户余额后的“充值”按钮，打开支付宝充值页面，如图 2-90 所示。

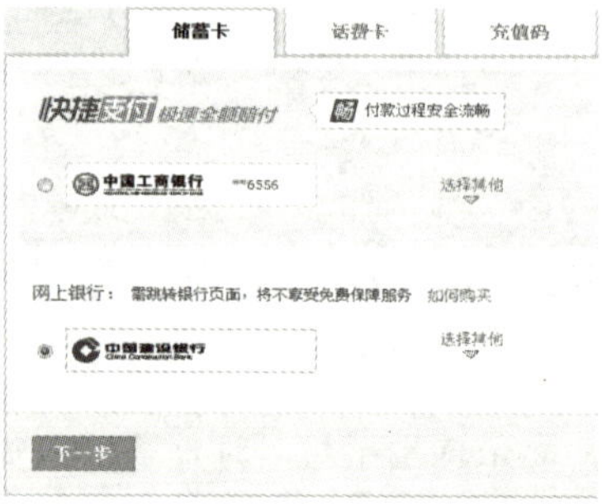

图 2-90　支付宝充值页面

（3）选择充值网银，单击“下一步”按钮，打开支付宝充值金额输入页面，如图 2-91 所示。

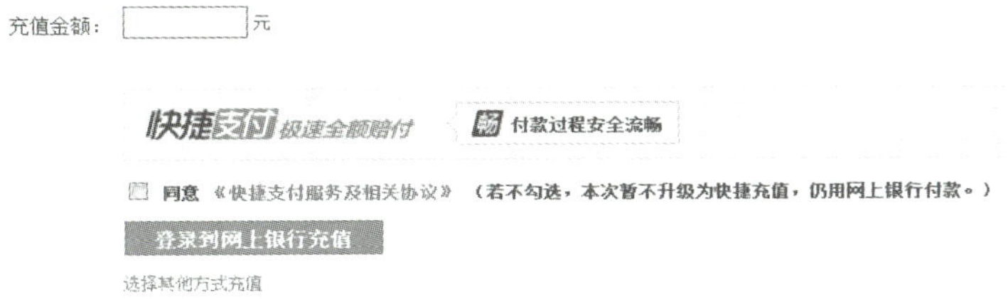

图 2-91　支付宝充值金额输入页面

（4）输入充值金额，单击“登录到网上银行充值”链接，按提示打开网银，给支付宝充值。

5. 用支付宝支付

（1）在淘宝网上购物，提交订单后，选择支付宝支付，进入支付页面，如图 2-92 所示。

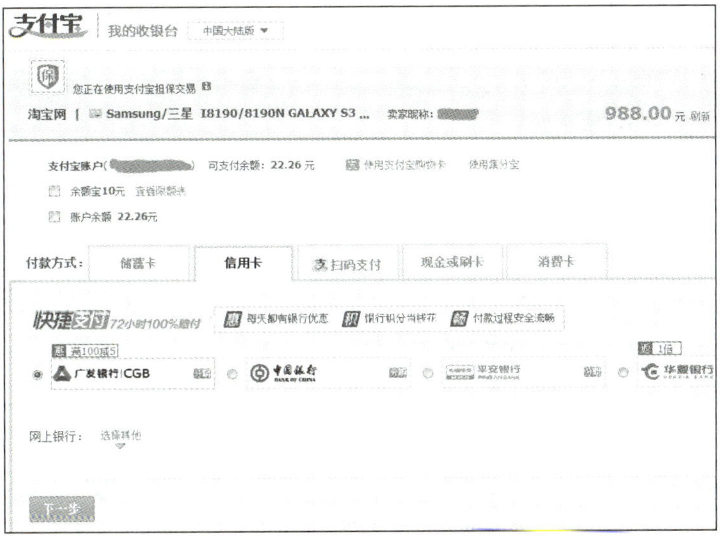

图 2-92　支付宝支付页面

（2）可勾选余额宝、账户余额，输入支付宝支付密码支付货款；若账户余额不够支付货款，可继续选择网上银行支付货款余额。支付流程如图 2-93 所示。

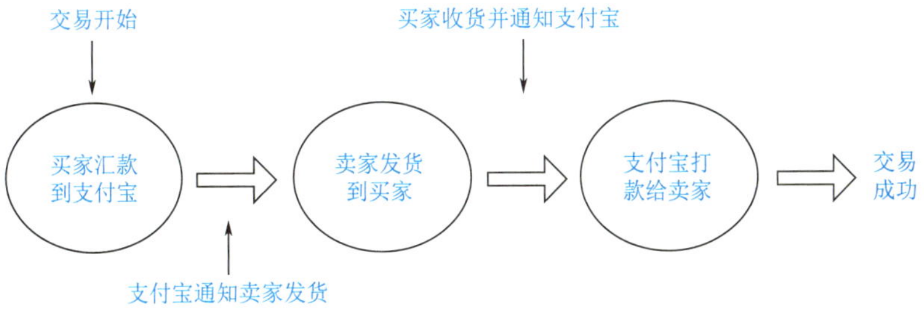

图 2-93　支付宝支付流程

6. 讨论、思考并回答以下问题

（1）常用的网上商城有哪些？

（2）为什么网上商城需要注册后才能使用？

（3）如何才能保证网上购物不被欺骗？

做一做：将自己注册成淘宝或京东商城的合法用户。

项目 6　了解物联网

物联网是指通过信息传感器、射频识别技术等各种装置与技术，实时采集连接设备的各种信息，实现对物品和过程的智能化感知、识别和管理。物联网是一个基于互联网、传统电信网等信息载体，能够被独立寻址的普通物理对象互联互通的网络。

项目目标

- 了解物联网技术和智慧城市相关知识。
- 了解物联网设备及典型应用。

任务 1　认识物联网

物联网即"万物相连的互联网"，是在互联网基础上延伸和扩展的网络，是将各种信息传感设备与互联网结合而形成的一个巨大网络，也是能够实现任何时间、任何地点，人、机、物互联互通的网络。

任务说明

物联网技术是重要的新一代信息技术，物联网应用也是未来重要的网络应用内容，现在越来越多的家用电器正成为物联网中的一员，因此有必要全面认识物联网，详细了解物联网应用。本任务将从物联网的基本概念开始，帮助读者全面认识物联网。

任务活动

1. 了解物联网的起源

物联网是"物与物相连的互联网"包含两层含义。一是物联网的核心和基础仍然是互联网，是在互联网基础上延伸和扩展的网络；二是物联网用户端延伸和扩展到了物品与物品之间的信息交换和通信。

1991 年，美国麻省理工学院的 Kevin Ashton 教授首次提出物联网的概念，1999 年，MIT 建立了"自动识别中心（Auto-ID Center）"，提出"万物皆可通过网络互联"，阐明了物联网的基本含义。2005 年 11 月，国际电信联盟发布《ITU 互联网报告 2005：物联网》，引用了"物联网"的概念，物联网的定义和覆盖范围有了较大的拓展，不再只是指基于 RFID 技术的物联网。2009 年 1 月，IBM 首次提出"智慧地球"的概念，建议新政府投资新一代的智慧型基础设施。

无锡市率先建立了"感知中国"研究中心，中国科学院、运营商、多所大学在无锡建立了物联网研究院。其后，物联网被正式列为国家五大新兴战略性产业之一，写入十一届全国人大三次会议政府工作报告。

"物联网"颠覆了人类之前物理基础设施和 IT 基础设施截然分开的传统思维，将具有自我标识、感知和智能的物理实体基于通信技术有效地连接在一起，使政府管理、生产制造、社会管理，以及个人生活实现互联互通，物联网也成为继计算机、互联网之后，掀起的世界信息产业的第三次浪潮。

2. 了解物联网的发展

物联网发展大致经历的 3 个阶段。

第一阶段：大规模建立物联网连接阶段。越来越多的设备被放入通信模块，然后通过移动网络、Wi-Fi、蓝牙、RFID、ZigBee 等技术连接入网。在此阶段，网络基础设施建设、设备连接、终端智能化管理是核心内容。

第二阶段：设备、数据剧增阶段。大量接入设备产生海量数据，形成了物联网大数据应用环境。在此阶段，传感器、计量器等进一步智能化，多样化的数据被感知和采集，汇集到云平台进行存储、分析和分类处理。

第三阶段：信息处理智能阶段。信息处理初步实现智能化，物联网数据的智能分析和物联网行业应用及服务的价值越来越大，物联网数据的应用规模越来越大。

3. 了解物联网的系统架构

标准物联网系统架构大致分为感知层、网络层、应用层 3 层，如图 2-94 所示。

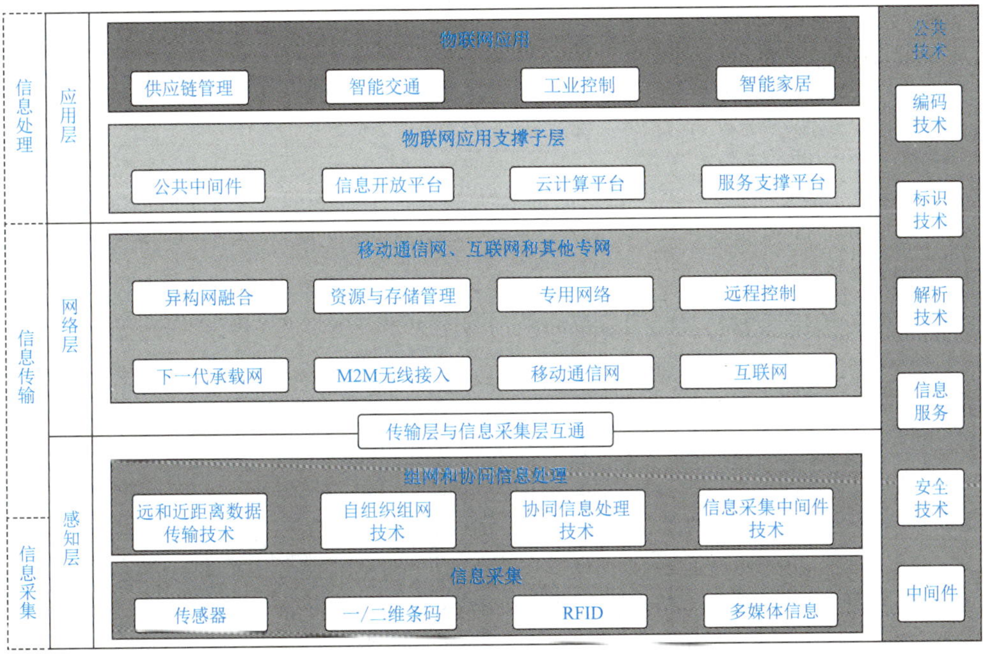

图 2-94　标准物联网系统架构

1）感知层

感知层位于物联网模型的最底端，是所有上层的基础。该层有成千上万个传感器，形成一定规模的传感网。通过传感器，感知物体周围的环境信息，

2）网络层

网络层是物联网最重要的基础设施之一。网络层负责向上层传输感知信息和向下层传输控制命令。该层利用互联网、无线宽带网、无线低速网、移动通信网等传递感知到的海量信息。

3）应用层

应用层是物联网的顶层，直接面向用户的各类应用。物联网应用以“物”或者物理世界为中心，涵盖了现在常听到的新鲜词汇，如物品追踪、环境感知、智能物流、智能交通、智能电网等。

4. 了解物联网的主要技术

“物联网技术”的核心和基础仍然是“互联网技术”，它是对互联网技术的延伸和扩展，在物联网应用中主要涉及 4 项关键技术。

1）网络通信技术

在物联网通信技术中 M2M（Machine-to-Machine）是核心关键技术，基于该技术实现了机器与机器的连接与通信，M2M 是万物互联的基础。

2）传感器技术

传感器是感知信息的关键器件，它是物联网中不可缺少的信息采集部件。目前，传感器技术

已渗透到科学和国民经济的各个领域，在生产、科学研究及改善民生等方面，起着越来越重要的作用。

3）RFID 标签

也称射频识别技术，该技术利用射频信号实现无接触信息传递，并通过所传递的信息实现物体识别。由于 RFID 具有无接触、自动化程度高、耐用可靠、识别速度快、适应各种工作环境、可实现高速和多标签同时识别等优势，因此，RFID 在自动识别、物品物流管理中有着广阔的应用前景。

4）嵌入式系统技术

嵌入式系统技术是集计算机软硬件、传感器、集成电路、电子应用技术为一体的复杂技术。经过几十年的演变，以嵌入式系统为特征的智能终端产品随处可见。如果把物联网比作人体，那么，传感器相当于人的眼睛、鼻子、皮肤等感官，网络就如同神经系统用于传递信息，嵌入式系统则像人的大脑，接收信息并进行分类处理。

5. 了解中国物联网发展现状

早在 1999 年，中科院就启动了对传感网技术的研究，并取得了一系列的科研成果。2009 年以后，国内出现了对物联网技术集中研究的浪潮。2010 年，物联网被写入了政府工作报告，物联网建设提升到发展战略的高度。“十二五”时期，我国在物联网发展政策环境、技术研发、标准研制、产业培育及行业应用方面取得了显著成绩；国家“十三五”规划纲要明确提出“积极推进云计算和物联网发展”，加强通用协议和标准的研究，推动物联网不同行业不同领域应用间的互联互通、资源共享和应用协同。近年来，在“互联网+”等带动下，物联网产业呈现蓬勃生机。

中国物联网产业规模从 2009 年的 1700 亿元到 2020 年将突破的 1.5 万亿元，年复合增长率超过 25%。未来几年，物联网市场仍将保持高速增长态势。预计到 2022 年，中国物联网整体市场规模在 3.1 万亿元，年复合增长率在 22%左右，并将在智能穿戴设备、无人机等领域出现龙头企业。

目前，国内在物联网领域已经建成一批重点实验室，汇聚整合多行业、多领域的创新资源，基本覆盖了物联网技术创新各环节，物联网专利申请数量逐年增加。2017 年，工信部正式确定组网方案及推广计划，国内三大基础电信企业均已启动窄带物联网（NB-IOT）网络建设。

6. 了解中国物联网行业发展趋势

1）产值效益更加巨大

随着连网技术的进步、标准体系的不断成熟，物联网应用领域不断扩大，新的应用场景不断涌现。未来几年，物联网产业将在智能电网、智能家居、数字城市、智能医疗、智能物流、车用传感器等领域率先得到普及，成为产业革命重要的推动力。

2）区域格局更加明显

目前，物联网产业已初步形成环渤海、长三角、珠三角及中西部地区四大区域集聚发展的总体产业空间格局，未来区域优势更加明显。

3）技术融合更加紧密

物联网与 5G、大数据、云计算、人工智能、区块链等新一代信息技术的融合将进一步加深。作为新一代信息技术的重要组成部分，物联网的跨界融合、集成创新和规模化发展，在促进传统产业转型升级方面将起到巨大作用。

7. 了解智慧城市

随着技术的发展，智慧城市先后经历了以“PC+互联网为基础、电子政务和电子商务为主要应用场景”的 1.0 时代，以“智能手机+移动互联网为基础、移动支付为主要应用场景”的 2.0 时代，实现了城市“以人为中心”的高度信息化。随着移动物联网的窄带连接技术发展，智慧城市开始进入以“物联网为城市神经网络、人工智能为城市大脑”的 3.0 新时代，以实现城市“物与物、人与物”的全面信息互联，其主要应用场景为智慧水务、智慧环保、智慧消防、智慧交通、智慧照明等。移动物联网是实现智慧城市 3.0 的基础，在中央和地方的推动下，我国物联网产业正逐步进入起步期，初步形成环渤海、长三角、珠三角、中西部四大智慧城市群。智慧城市对医疗、交通、物流、金融、通信、教育、能源、环保等领域的发展具有明显的带动作用，将给城市和经济可持续发展提供支持。

1）智慧城市的特征

智慧城市具有以下重要特征：

系统感知。全面、系统的感知是智慧城市发展的基础和基本特性。只有拥有发达的感知系统，才能满足随时获得所需信息和数据的要求。

传递可靠。完成全面连接后，保证信息可靠传递是最重要的要求。只有信息安全可靠传递，才能保证设备和设施的工作正常。

高度智能。智能化的信息管控能力是智慧城市的又一基本特征，对收集到的各类信息进行快速、准确、高效、智能处理，是智慧城市追求的基本目标。

2）智慧城市发展面临的挑战

尽管智慧城市前景美好、项目众多，但仍面临三大方面的挑战。

连接技术的挑战。城市的“物”遍布城市的每个角落，大到楼宇、街道，小到楼道转角、地下室，深到地下管网等，因此对网络信号的覆盖有较高的要求，现有的 4G/5G 的信号难以做到全场景覆盖。另外，Wi-Fi、蓝牙、RFID 等，又存在覆盖范围小、深度覆盖差、取电难、安全性差、易干扰等问题。传统的连接技术无法满足智慧城市对于广覆盖、低功耗、低成本的海量连接需求。

物联网管理平台的挑战。目前，智慧城市物联网的许多服务由行业提供，势必出现应用管理系统孤立、接口标准和数据格式特殊，甚至网络独立，因此无法实现大范围的互联互通，难以为城市决策提供全面的数据支撑。

商业模式的挑战。智慧城市的应用场景主要涉及公共设施和公用事业，这类应用场景具有明显的社会效益，但相关项目的初期投资大、商业价值不明显。所以，找出让政府、行业运营商、电信运营商、设备厂商等多方共赢的商业模式，以降低准入门槛、实现社会效益和商业价值之间的平衡，成为制约智慧城市爆发性增长的关键问题。

8. 讨论、思考并回答以下问题

（1）你理解的物联网是什么形式？

（2）物联网存在哪些安全问题？

（3）未来物联网的发展趋势是怎样的？

说一说：叙述一下自己在日常生活中见到过哪些物联网实例。

任务 2　了解常见的物联网设备与应用

一般来说，组建物联网涉及的所有设备都是物联网设备，但是从用户的角度出发，物联网设备多指物联网终端设备。物联网终端是物联网中连接传感网络层和传输网络层，实现数据采集向网络层发送的设备。它担负着数据采集、初步处理、加密、传输等多种功能。物联网各类终端设备总体上可以分为情景感知层、网络接入层、网络控制层及应用/业务层。

任务说明

了解物联网设备和应用，可以加深对物联网的认识和理解，也能够更好地帮助读者感受物联网应用带来的良好体验。本任务将从物联网终端设备和物联网应用领域两个方面介绍物联网，进一步强化读者对物联网的理解。

任务活动

1. 了解物联网终端设备

物联网终端属于传感网络层和传输网络层的中间设备，也是物联网的关键设备，利用它才能采集、转换各种外部感知数据，并将汇集的数据通过各种网络接口传输到互联网中。如果没有终端设备的存在，感知数据将无法送到指定位置，“物”的联网将不复存在。

1）家电类物联网终端

现在的大多数家电，如电视、空调、冰箱、洗衣机等都具有联网功能，能够实现远距离传输、控制。购买具有网络功能的家电，不仅可以自己远程控制，更能享实远程自动升级、维护等服务。

2）智能家居类终端

常用的智能家居类终端有智能门锁、远程监控设备、智能门窗控制、温度控制等，使用具有网络功能的智能终端，居家生活的舒适度会有很大改善。

3）车载智能终端

使用车载智能终端不仅能够选择快速通行的道路，提高交通效率，也能进行行车安全监控管理，提高安全行车的质量。将车载智能终端用于公共交通，将在提升服务质量管理、强化智能集中调度管理、高效电子站牌控制管理等方面发挥重要作用。

2. 了解物联网应用领域

物联网技术主要应用于物流、交通、安防、能源、医疗、建筑、制造、家居、零售和农业等领域。

1）智慧物流

智慧物流指的是以物联网、大数据、人工智能等信息技术为支撑，在物流的仓储、运输、配送等各个环节实现系统感知、分析及处理等。智能物流主要应用于仓储、运输监测及快递终端 3 方面，通过物联网技术实现对货物、运输车辆监测，包括货物车辆位置、状态及货物温、湿度，油耗及车速等的监测，使用物联网技术能提高运输效率，提升整个物流行业的智能化水平。

2）智能交通

智能交通是物联网的一种重要应用形式，利用信息技术将人、车和路紧密结合起来，改善交通运输环境、保障交通安全、提高道路资源利用率。智能交通的具体应用包括智能公交、共享单车、车联网、充电桩监测、智能红绿灯和智慧停车等。其中，车联网是近年来各大厂商及互联网企业看好的应用项目。

3）智能安防

传统安防对人员的依赖性比较大，非常耗费人力，而智能安防能够通过设备实现智能判断。目前，智能安防最核心的部分是智能安防系统，该系统能够对拍摄的图像进行传输、存储、分析、处理。一个完整的智能安防系统主要包括门禁、监控和报警 3 部分。

4）智能医疗

利用物联网技术获取的数据，能有效地帮助医院实现对人和物的智能化管理。其中，对人的智能化管理指的是通过传感器对人的生理状态（如心跳频率、体力消耗、血压高低等）进行监测，利用医疗可穿戴设备，将获取的数据记录到电子健康文件中，方便医生查阅。通过 RFID 技术还能对医疗设备、物品进行监控与管理，实现医疗设备、用品可视化，打造数字化医院。

5）智慧建筑

当前智慧建筑的智慧主要体现在节能方面。利用设备感知、传输并实现远程监控，不仅能够节约能源，同时也能减少楼宇运维人员。智慧建筑中的主要应用有照明、消防监测、智慧电梯、楼宇监测等。

6）智慧农业

智慧农业指的是利用物联网、人工智能、大数据等现代信息技术与农业进行深度融合，实现农业生产全过程的信息感知、精准管理和智能控制的一种全新的农业生产方式，具有农业可视化诊断、远程控制及灾害预警等功能。智能农业主要应用在农业种植和畜牧养殖两个方面。

农业种植是通过传感器、摄像头和卫星等收集数据，实现农作物数字化和机械装备数字化（农机车联网）发展；畜牧养殖指的是利用传统的耳标、可穿戴设备及摄像头等收集畜禽数据，运用算法判断畜禽产品健康状况、喂养情况、位置信息等，进而进行精准管理。

考核评价

本章可根据教师教学的组织情况，进行合作学习和知识、技能考核，任务活动评价包括自评、互评和教师点评，最终形成个人和学习小组任务完成情况总体评价。合作学习考核内容可参见第一章的要求，知识技能考核点的具体内容和要求如下。

（1）对网络技术发展和网络工作原理的了解。能清楚描述网络技术的发展过程，对网络与社会发展的关系有正确的认识，理解互联网的基本工作原理。

（2）对网络配置操作的熟悉程度。会连接网络并配置网络环境，对简单网络故障能辨识和排除。

（3）对获取网络资源的了解。能识别网络资源类型，会辨识不良信息，有知识产权保护意识，能合法使用网络资源。

（4）对网络交流与信息发布的熟悉程度。能合法利用网络共享资源，能熟练使用网络通信工具获取、发布信息。

（5）对网络工具运用的熟练程度。会利用网络传送、共享资料，能熟练利用网络学习、生活。

（6）对物联网和智慧城市的了解。能清楚描述物联网的发展历程和物联网主要技术的特点和应用，了解智慧城市的特点、建设内容和存在的问题，能举例说明物联网在当今社会的具体应用。

习题

1. 选择题

（1）在计算机网络发展过程中，ARPANET 是属于______的里程碑。

A．面向终端　　B．局域网阶段　　C．网络互联阶段　　D．信息互联阶段

（2）OSI 参考模型中负责电气部分管理的是______。

A．物理层　　B．数据链路层　　C．网络层　　D．回话层

（3）传输层中面向可靠连接的协议是______。

A．FTP　　B．DNS　　C．TCP　　D．UDP

（4）C 类 IP 地址的主机地址范围是______。

A．2^8-2 个　　B．$2^{24}-2$ 个　　C．2^7-2 个　　D．$2^{16}-2$ 个

（5）普通的网络交换机属于______设备。

A．网络层　　B．物理层　　C．数据链路层　　D．网际层

（6）用于跟踪网络的工具是______。

A．ipconfig　　B．ping　　C．netstat　　D．tracert

（7）以下______是局域网内的 IP 地址。

A．202.5.3.102　　B．192.168.5.7　　C．126.189.25.31　　D．58.209.7.145

（8）网卡的种类繁多，超薄笔记本网卡是______。

A．有线网卡　　B．无线网卡　　C．USB 网卡　　D．蓝牙

（9）具有网络互联、网络隔离、流量控制等功能的网络设备是______。

A．集线器　　B．交换机　　C．路由器　　D．网桥

（10）随着互联网的发展，家庭常用的网络互联方式是______。

A PC——路由器　　B．交换机——路由器

C．路由器——路由器　　D．服务器——交换机

（11）127.0.0.1 作为本地循环地址，是为了检测______。

A．网卡与交换机的连通性　　B．交换机与路由器的连通性

C．本地网络自检　　D．以上都不对

（12）在局域网内，如何进行网络资料的共享？______

A．使用云盘　　B．使用系统自带的共享功能

C．使用文件传输软件　　D．使用隔空投递功能

（13）在众多多媒体资源库中，属于在线课程的是______。

A．直播　　B．微课　　C．千聊　　D．网易云课堂

（14）网络信息发布平台种类繁多，以下______是用于日常交流的信息平台。

A．淘宝　　B．京东　　C 微信　　D．126 邮箱

（15）标准物联网系统架构由 3 层组成，用于解决数据如何存储的是______。

A．感知识别层　　B．网络管理服务层 C．网络构建层　　D．综合应用层

（16）智能灯泡属于______智能设备。

A．智能安防　　B．智能医疗　　C．智能制造　　D．智能家居

2．判断题

（1）网络技术是一个有机整体，实现了资源之间的共享及协作，这些资源包括：高性能计算、信息资源、存储资源、网络、数据库、文件等。（ ）

（2）计算机网络发展经历了 4 个阶段，分别为面向终端、面向计算机网络、面向互联网及面向信息高速互联阶段。（ ）

（3）OSI 参考模型与 TCP/IP 协议体系结构之间的区别是理论与实践的区别。（ ）

（4）千兆局域网使用超五类双绞线实现终端设备与互联网互联。（ ）

（5）在网络配置故障中，硬件故障最难以判断。（ ）

（6）网络资源包括软性资源和硬性资源。（ ）

（7）网络远程操作就是网络远程控制，作为 B/S 架构的远程操作应用程序，是利用无线信号对远端设备通过网络进行操作。（ ）

（8）Windows 系统自带的共享功能可以实现局域网内用户设备之间的资源共享。（ ）

（9）数字化学习资源突出的特点是可操作性强，获取与利用学习资源能力重点在于应用信息技术的能力。（ ）

（10）物联网是新一代信息技术的重要组成部分，是将各种信息传感设备与互联网结合起来而形成的一个巨大网络。（ ）

3．操作题

（1）针对一特定内容使用多种方法进行网络检索，并总结其中的技巧。

（2）系统参加一门网课学习，总结收获。

（3）发布、关注、转发微博，建立自己的好友圈。

（4）体验淘宝购物。

（5）在中国铁路 12306 网站上购买火车票。

第三章　图文编辑

图文编辑在日常生活中无处不在。遍布大街小巷的广告牌、商业公司的宣传页、考试使用的试卷、求职使用的个人简历、名片等，都是使用图文编辑软件制作的成果。

图文编辑是使用图文编辑软件，将文字、表格、图片、图形、图表等可视化信息元素在版面上进行混合编排和版式设计，使版面布局更加合理、美观，以达到展示、打印的要求。目前，图文编辑除了用于制作传统印刷品之外，还用于处理电子书、电子杂志等。

项目1　了解操作图文编辑软件

常见的图文编辑软件有很多，其中基于桌面平台的有微软公司的 Microsoft Office 系列、金山软件股份有限公司的 WPS Office 系列等；基于移动终端（如手机）平台的有秀米、易企秀等。基于网络平台的在线编辑软件，基于云平台、多用户实时协作的金山文档在线 Office 等，在满足多用户协作的同时，允许在计算机网页、微信小程序、钉钉等环境中跨平台使用。

项目目标

- 了解常用图文编辑软件。
- 掌握常用图文编辑软件的基本操作。
- 掌握文档的校对和修订方法。
- 掌握文档的加密和保护方法。

任务1　了解图文编辑软件

了解图文编辑软件，首先应了解主流图文编辑软件的概念、主要技术，在此基础上，再全面了解不同的图文编辑软件及其主要功能，进一步加深对图文编辑软件应用的理解。

任务说明

在日常生活中，使用图文编辑软件制作出来的各种作品随处可见。人们在利用这些作品快捷获取信息的同时，也会对制作作品的软件产生兴趣，想了解什么是图文编辑？常见的图文编辑软件有哪些？常见的图文编辑软件的基本功能是什么？本任务将从图文编辑的基本概念开始，逐步讲解图文编辑软件，帮助读者解决这些疑惑。

任务活动

1. 了解图文编辑处理的内容

图文编辑又称图文处理，是指对输入计算机、手机等设备的文字、表格、图片、图形、图表等元素进行编排和版式设计，形成作品，以达到使人们更直观地了解制作者意图的一种技术。

1）处理文字

在图文编辑软件中，可以对输入的文字进行必要处理，主要包括改变字体、字号、颜色等各种文字格式，调整行间距、对齐方式等各种段落格式。

对输入的数字，除了可以使用文字处理技术对其加工，还可以使用各种函数对其进行计算、排序、筛选等。

2）处理表格

在计算机、手机等终端中，可以绘制或插入表格，并进行美化处理，主要包括修改表格样式、更改表格底纹的颜色、显示或隐藏表格部分边框、更改边框的线条宽度等，还可以对表格布局进行调整，如插入或删除行和列、合并或拆分单元格、调整单元格的大小、更改文字在单元格中的方向和对齐方式等。

3）处理图片、图形、图表

对输入计算机、手机等终端的图片进行处理的技术，主要包括移动图片在整个作品中的位置、改变大小、裁剪局部、调整亮度和对比度、更改颜色饱和度和色度、添加素描等各种强化艺术效果的操作；对绘制或插入的图形形状，如线条、图形、星型、公式、流程图等，可以进行格式（如填充颜色、边框颜色、文字样式）编辑修改；对插入的图表模板可以进行关联数据、调整图表布局、修改表格格式等操作。

2. 了解常见的图文编辑软件

不同时期，有不同的基于各种平台的图文编辑软件。早期基于桌面平台的图文编辑软件，主要是微软公司的 Microsoft Office 系列、金山软件公司的 WPS Office 系列。随着网络应用普及率提升，出现了网络平台在线编辑软件。移动互联网技术的快速发展，促生了新的移动终端（如手机）平台的编辑软件，传统图文编辑软件也在与网络、移动、云等应用环境关联。

1）微软公司的 Microsoft Office 系列

早期的计算机只能对输入的数字进行处理。随着视窗操作系统的出现，图文编辑软件也得到快速发展，其中的代表是微软公司的图文编辑软件 Microsoft Office。该软件早期版本在 20 世纪 90 年代出现，只有字处理功能。1992 年，Microsoft Office 3.0 发布，含有 Word、Excel、PowerPoint 等功能组件。随后，又发布了 Office 97、Office 2000、Office 2010 等各种版本，功能组件也随之增多，其最新版本是 Office 365。

该系列软件随着 Windows 操作系统的发展，在世界范围内普及使用，目前拥有广泛的用户群。Office 产品功能相当强大，是订阅式的跨平台软件，基于云平台能提供多种服务。其版本覆盖了从家庭到企业、从桌面到 Web 及中间设备、移动终端，功能组件包括具有图文编辑功能的 Word、PowerPoint、Excel 等多种。

2）金山软件公司的 WPS Office 系列

1989 年，金山公司发布了 WPS 1.0，也是只有文字处理功能。1999 年，金山公司发布了 WPS 2000，开始集成文字办公、电子表格、多媒体演示文稿制作和图形处理等多种功能。2019 年，金山公司发布了 WPS Office 2019，该版本是基于云平台、多用户实时协作的在线 Office，允许多环境跨平台使用。

该系列软件全面兼容 Microsoft Office 文件，最大优势是对个人用户免费。

3）各种在线编辑软件及移动终端 App

随着互联网和移动互联技术的迅猛发展，特别是自媒体的出现，各种在线图文编辑软件、移动终端使用的图文编辑软件大量出现。在线图文编辑软件，如美图秀秀网页版等，具有免安装、网络使用的优势，用户随时随地打开网页即可使用。各种自媒体包括微信公众号、微博等也开始使用图文编辑软件、小插件等一些小工具。这些编辑工具的功能集合度高、使用简便，多属于“傻瓜”式操作，便于非专业人员使用。

3. 了解常见图文编辑软件的基本功能

1）文字处理

文字作为传递信息最有效的载体，在工作、生活中广泛使用。对文字进行处理，是图文编辑软件最基本、最常用的功能之一，如国家党政部门发布的各类公文、学生考试使用的试卷、个人的求职简历等，都需要按照一定的排版要求，使用图文编辑软件对其中的文字格式、段落格式进行处理，以显示其科学性、严谨性。

2）制作表格

图文编辑软件具有制作表格的功能，不但可以对新建的表格进行样式、边框底纹、页面布局编辑，还具有强大的数据处理功能，可以对输入的数据进行函数运算，可以按照一定的要求进行数据排序、筛选等。

3）绘制图形

图文编辑软件具有强大的图形处理功能。软件一般都自带有各种图形、图表模板，可以在模板上进行格式、关联数据等操作，也可以按照需求绘制新的图形，如数学公式、结构图、二维和三维模型图等。

4）图文混排

图文混排是指在平面文档中，对图片、图形、图表、文字等要素，使用图文编辑技术进行处理，形成混合排列版面。相对于文字来说，图像、图形、图表在传递信息上具有直观、高效等特性。图文混排制作出的文稿，不仅层次分明、版面美观，添加的图片、图形或图表，也有助于强化文字效果、降低理解难度。

4. 讨论、思考并回答以下问题

（1）不同图文编辑软件的优点是什么？

（2）使用微信公众号等自媒体，如何编辑、发布信息？

（3）常用图文编辑软件的功能有哪些？

说一说：除了文中介绍的图文编辑软件，还有什么图文编辑软件？

任务2 制作个人简历

个人简历是指包含个人基本信息，如姓名、性别、年龄、民族、籍贯、自我评价、工作经历、荣誉与成就等内容的文档，主要用于求职者提供给招聘单位，或在特定场合介绍自己。

任务说明

本任务将以 Microsoft Office 2010 中的 Word 2010 组件为工具，通过制作图 3-1 所示个人简历，学习 Word 2010 的基本操作，帮助读者认识 Word 操作窗口，掌握 Word 2010 的基本操作方法。

任务活动

1. 启动及退出 Word 2010

（1）单击“开始”菜单，在“所有程序”中找到并依次单击“Microsoft Office”→“Microsoft Word 2010”，即可启动 Word 2010，启动操作过程如图 3-2 所示，启动后的操作窗口如图 3-3 所示。

（2）单击窗口右上角的“关闭”按钮，可退出 Word 2010。

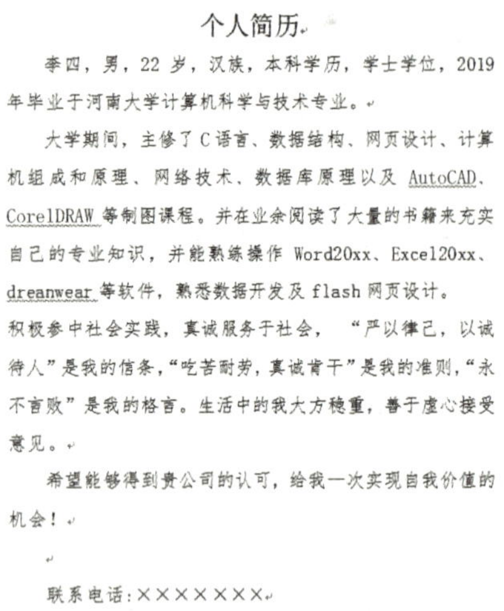

个人简历

李四，男，22 岁，汉族，本科学历，学士学位，2019 年毕业于河南大学计算机科学与技术专业。

大学期间，主修了 C 语言、数据结构、网页设计、计算机组成和原理、网络技术、数据库原理以及 AutoCAD、CorelDRAW 等制图课程。并在业余阅读了大量的书籍来充实自己的专业知识，并能熟练操作 Word20xx、Excel20xx、dreanwear 等软件，熟悉数据开发及 flash 网页设计。

积极参中社会实践，真诚服务于社会，“严以律己，以诚待人”是我的信条，“吃苦耐劳，真诚肯干”是我的准则，“永不言败”是我的格言。生活中的我大方稳重，善于虚心接受意见。

希望能够得到贵公司的认可，给我一次实现自我价值的机会！

联系电话：×××××××

图 3-1　个人简历样本

图 3-2　利用“开始”菜单启动 Word 2010

图 3-3　Word 2010 操作窗口

2. 认识 Word 2010 操作窗口

Word 2010 操作窗口与以前的版本相比，增添了很多新功能，操作界面也更加人性化、使用更加方便。

（1）标题栏。显示正在编辑文档的文件名，及所使用的软件名，如图 3-4 所示。如果是新建文档，系统则自动给出文件名“文档 1”。

图 3-4　Word 2010 标题栏

（2）功能区。主要包括“开始”“插入”“页面布局”“引用”“邮件”“审阅”“视图”等选项卡，如图 3-5 所示。

图 3-5 Word 2010 功能区

（3）快速访问工具栏。其中包括一些常用命令按钮，如“保存”“撤销”“恢复”“快速打印”等，如图 3-6 所示。快速访问工具栏右端有一个下拉按钮，单击此按钮，在弹出的下拉列表中可以添加其他常用命令按钮或自己需要的命令按钮。

图 3-6 Word 2010 快速访问工具栏

（4）文档编辑区。位于功能区和快速访问工具栏下方，是整个窗口的主要部分，主要用于编辑和显示文档的内容。

（5）水平标尺和垂直标尺。在文档编辑区的上方和左右两侧，用来设置或查看段落缩进、制表位、页面边界和栏宽等信息。

（6）状态栏。位于整个窗口的下方左侧，用于显示正在编辑的文档的相关信息。

（7）视图切换区。位于整个窗口的下方右侧，用于更改正在编辑的文档的显示模式（主要包括页面视图、阅读版式视图、Web 版式视图、大纲视图、草稿等），以符合用户的要求。

（8）显示比例。位于整个窗口的右下角，用于调整正在编辑的文档的显示比例。

3. 制作个人简历

（1）启动 Word 2010，依次单击“文件”→“新建”→“空白文档”→“创建”，创建一个新的文档。

（2）根据需要选择输入法，按照样本输入所有文本内容。每行结束后按回车键，可将光标移至下一行。

（3）选中第一行，单击“段落”组中的“居中”按钮，使选中的文字居中对齐，在“字体”下拉列表中选择“宋体”，在“字号”下拉列表中选择“二号”，效果如图 3-7 所示。

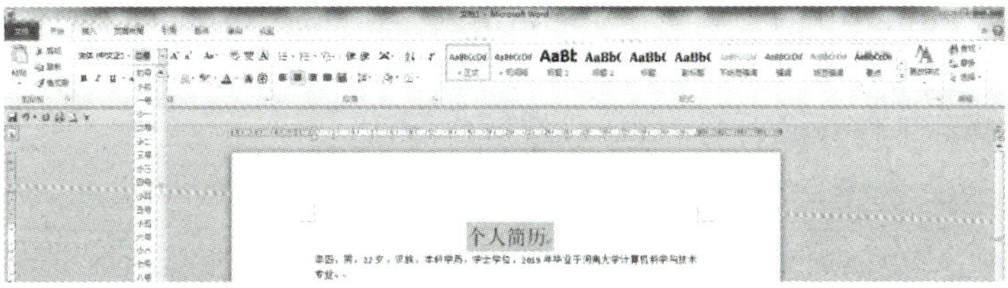

图 3-7 文本基本格式设置

（4）选中除第一行以外的所有文本，单击“段落”组右下角的“显示‘段落’对话框”按钮。在弹出的“段落”对话框中，单击“特殊格式”文本框右边的下拉箭头，在下拉列表中选择“首行缩进”，“磅值”设置为 2 个字符，如图 3-8 所示。

（5）在“字体”下拉列表中选择“仿宋”，在“字号”下拉列表中选择“三号”，制作完成后的个人简历如图 3-9 所示。

（6）单击“快速访问工具栏”中的“保存”按钮，打开“另存为”对话框，在“保存位置”下拉列表中找到保存文件的位置，在“文件名”文本框中输入“个人简历”。单击“保存”按钮，文件将保存在指定的位置。

4. 讨论、思考并回答以下问题

（1）还有其他启动 Word 2010 的方法吗？怎样操作？

（2）Word 2010 操作窗口还有哪些内容？

（3）如果想放大显示一篇文档的内容，该如何操作？

做一做： 自定义快速访问工具栏，使之符合自己的需要。

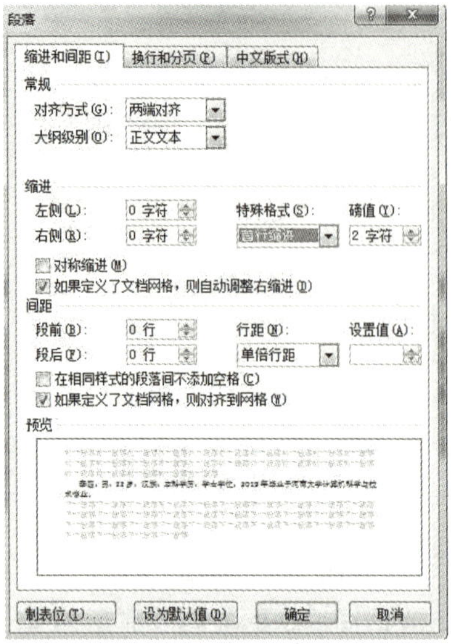

图 3-8　“段落”对话框

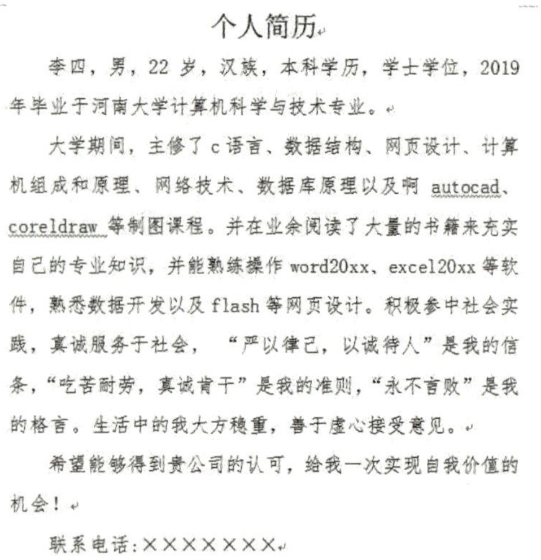

个人简历

李四，男，22 岁，汉族，本科学历，学士学位，2019 年毕业于河南大学计算机科学与技术专业。

大学期间，主修了 c 语言、数据结构、网页设计、计算机组成和原理、网络技术、数据库原理以及啊 autocad、coreldraw 等制图课程。并在业余阅读了大量的书籍来充实自己的专业知识，并能熟练操作 word20xx、excel20xx 等软件，熟悉数据开发以及 flash 等网页设计。积极参中社会实践，真诚服务于社会，“严以律己，以诚待人”是我的信条，“吃苦耐劳，真诚肯干”是我的准则，“永不言败”是我的格言。生活中的我大方稳重，善于虚心接受意见。

希望能够得到贵公司的认可，给我一次实现自我价值的机会！

联系电话：×××××××

图 3-9　个人简历效果图

任务 3　审阅个人简历

在完成文档输入并设置基本格式后，会发现在一些字符下面出现了波浪线，如图 3-9 中的“autocad”等，这是因为系统认为该字符拼写错误，需要检查确认。若在完成文档的基本编辑操作后，想请别人帮助检查、修订文档，可使用审阅修订功能。

任务说明

本任务是利用 Word 2010 的“审阅”功能，请别人帮助检查、修订“个人简历”文档，在别人完成修订任务后，自己可以根据需要选择接受或撤销别人的修改。掌握此功能操作，对高效率完成文档的校对、修订工作有极大的帮助。

任务活动

1. 审阅个人简历

（1）双击“个人简历.doc”文件，打开个人简历文档。

（2）选择“审阅”选项卡，单击“拼写和语法”按钮，启动后的操作窗口如图 3-10 所示。

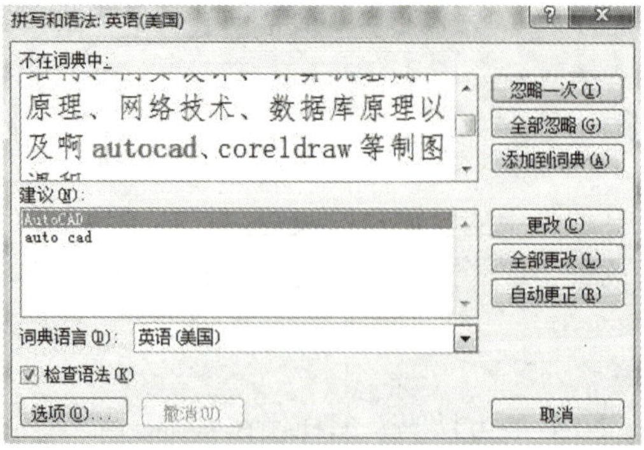

图 3-10　“拼写和语法”操作窗口

（3）根据提示建议，选择“AutoCAD”，单击“更改”按钮，结果如图 3-11 所示。

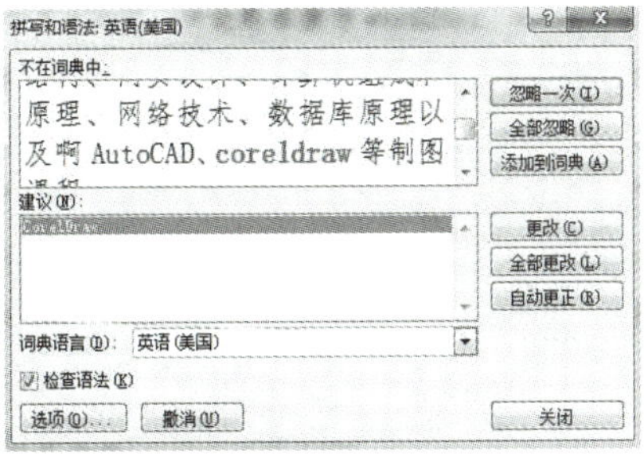

图 3-11 “拼写和语法”更改结果

（4）相同的操作可完成对“coreldraw”等其他标注的更改，也可单击“全部更改”按钮完成对全文的更改，结果如图 3-12 所示。

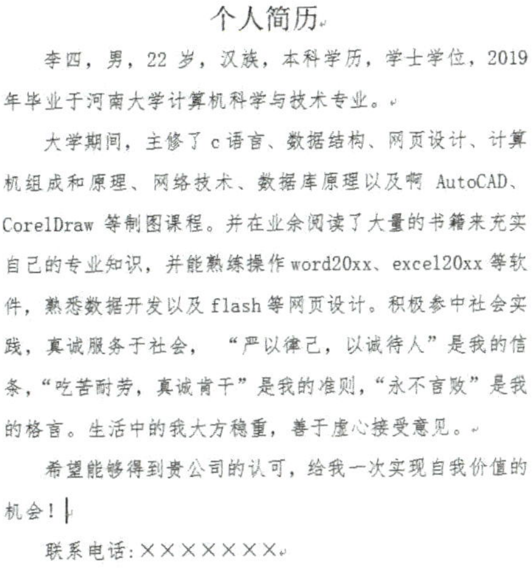
个人简历

李四，男，22 岁，汉族，本科学历，学士学位，2019 年毕业于河南大学计算机科学与技术专业。

大学期间，主修了 c 语言、数据结构、网页设计、计算机组成和原理、网络技术、数据库原理以及啊 AutoCAD、CorelDraw 等制图课程。并在业余阅读了大量的书籍来充实自己的专业知识，并能熟练操作 word20xx、excel20xx 等软件，熟悉数据开发以及 flash 等网页设计。积极参中社会实践，真诚服务于社会，“严以律己，以诚待人”是我的信条，“吃苦耐劳，真诚肯干”是我的准则，“永不言败”是我的格言。生活中的我大方稳重，善于虚心接受意见。

希望能够得到贵公司的认可，给我一次实现自我价值的机会！

联系电话：×××××××

图 3-12 全部更改结果

（5）若想更慎重地对待修改结果或帮助别人修改文档时，可以选择“审阅”选项卡，单击“修订”按钮，进入文档“修订”模式，此时“修订”按钮黄色高亮显示，如图 3-13 所示。

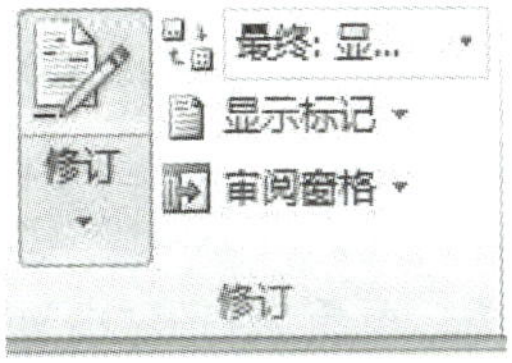

图 3-13 文档修订模式

（6）选中文字“word20xx”，按键盘“删除”键，然后输入“Word2010”，结果如图 3-14 所示。依次可完成“excel20xx”等其他文字内容的修订。

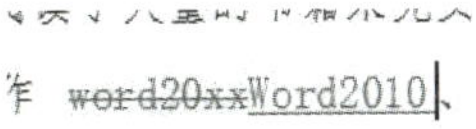

图 3-14 修订文字“word20xx”

（7）收到修改后的文档时，可以查看修改结果。选中红色文字，单击鼠标右键，出现如图 3-15 所示的快捷菜单，接受或拒绝修订。单击“接受修订”菜单项，即可完成修订。

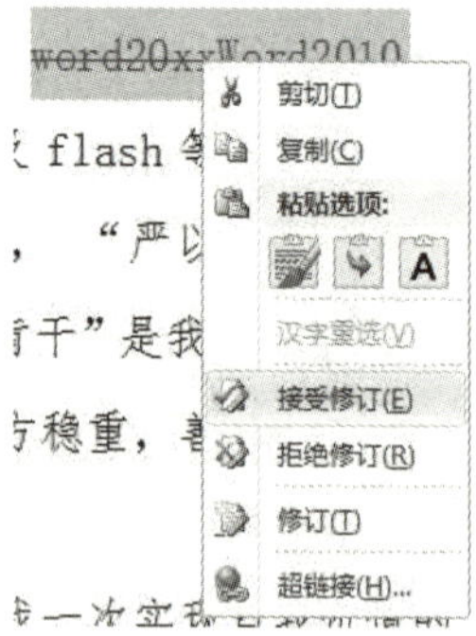

图 3-15　快捷菜单

2. 讨论、思考并回答以下问题

（1）审阅文档主要有哪些作用？

（2）文档中标注的波浪线有几种颜色？

（3）“拼写和语法”与“修订”功能有何区别？

做一做：在文档中输入一段文字，并对该段文字进行修订。

任务 4　保护文档

制作完成的电子文档，在默认状态下，任何人都可以进行修改操作。为保证文档内容不被轻易修改，需要将其设置为限制编辑状态。对于涉及个人信息的电子文档，若只能允许特定人查看，需要对该电子文档设置保护密码。

任务说明

对电子文档设置保护密码，是限制别人查看、编辑特定文档的主要手段。本任务是对“个人简历”文档设置保护密码，限制没有密码的人打开或编辑该文档。掌握相关操作能够帮助读者有效保护电子文档的安全性。

任务活动

1. 设置电子文档“个人简历”的保护密码

（1）双击“个人简历.doc”文件，打开个人简历文档。

（2）依次单击“开始”→“信息”→“保护文档”→“限制编辑”，在“限制格式和编辑”窗口中，依次选中“格式设置限制”“编辑限制”复选框，如图 3-16 所示。单击“是，启动强制保护”按钮，在“强制保护输入密码”对话框，按要求输入密码，单击“确定”按钮，完成设置。

（3）单击“保存”按钮，关闭文档。再重新打开文档时，文档可以查看，但不能进行格式的更改或内容的编辑，“保护文档”按钮旁提示信息如图 3-17 所示。若要对文档进行重新编辑，需要在“限制编辑”对话框里单击“停止保护”按钮，按照提示输入设定的密码即可重新进入编辑状态。

（4）若不允许别人打开文档，可依次单击“开始”→“信息”→“保护文档”→“用密码进行加密”，打开“加密文档”对话框，输入保护密码，如图 3-18 所示。

（5）单击“保存”按钮。关闭文档后再重新打开，会弹出“密码”对话框，正确输入密码后，单击“确定”按钮，才能打开文档，如图 3-19 所示。

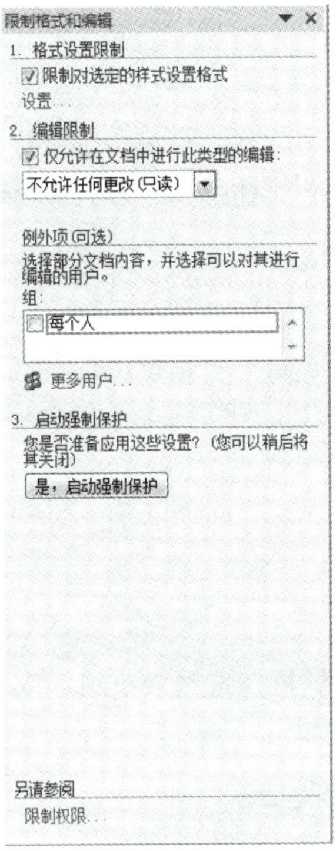

图 3-16 “限制格式和编辑”窗格

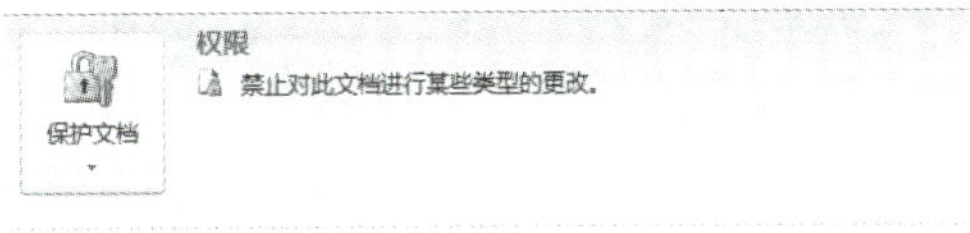

图 3-17 禁止对文档进行某些更改

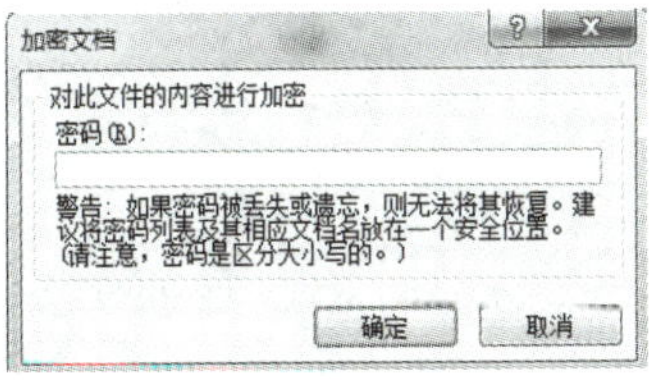

图 3-18 “加密文档”对话框

图 3-19 “密码”对话框

2. 讨论、思考并回答以下问题

（1）“限制编辑”功能和“用密码进行加密”功能有什么区别？

（2）对一篇文档设置密码保护的前提是什么？

（3）还有哪些方法可以保护文档？

做一做：给自己的重要文档，设置保护密码。

项目 2 设置、打印文档

完成编辑排版的电子文档，很多时候需要转换成纸质文档，Word 2010 具有强大的文档打印功能。在打印前，用户可使用 Word 中的“页面设置”功能，对文档的文字方向、页边距、纸张方向、纸张大小等进行设置，并通过“打印预览”功能，在计算机屏幕上观看效果，对不满意的内容可以进行修改。

项目目标

- 掌握文档页面的设置方法。
- 掌握文档的打印方法。

任务 1　设置文档页面

设置文档页面是版面设计的基本操作，主要是指对纸张、版式、页边距等进行设置。这些设置一方面可以决定文档的基本版面属性，同时也会影响显示和打印效果。因此，掌握页面设置技巧是高质量编辑图文的基本要求之一。

任务说明

设置页面是改变页面外观的基本操作，可以通过“页面设置”对话框进行设置，操作内容主要涵盖页边距、纸张大小和方向等页面元素。本任务是对项目 1 制作的个人简历文档的页面进行设置，希望得到页面布局合理、满足打印需求的文档。

任务活动

1. 设置电子文档“个人简历”的页面

（1）双击“个人简历.doc”文件，打开个人简历文档。

（2）选择“页面布局”选项卡，打开“页面设置”对话框，选择“页边距”选项卡，设置“上”“下”“左”“右”页边距，如图 3-20 所示。

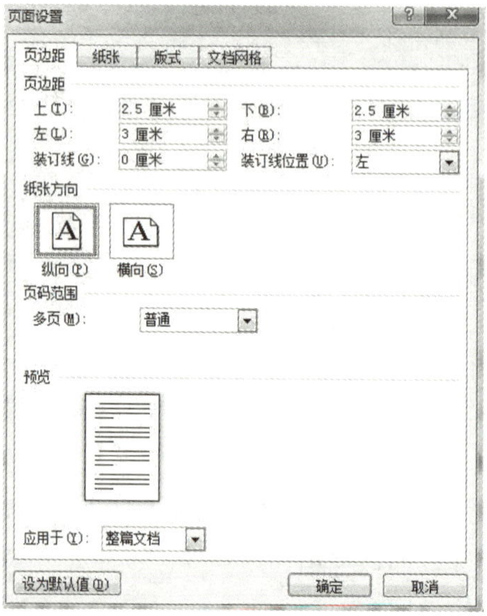

图 3-20　“页边距”选项卡

（3）将光标移至文字“个人简历”上方空白处并双击，显示“页眉和页脚工具设计”选项卡，如图 3-21 所示。在页眉位置输入“和谐社会 共同发展”，单击“转至页脚”按钮，输入“天生我材必有用”，并将文字居中。单击选项卡中“关闭页眉和页脚”，即可完成页眉页脚设置。页眉如图 3-22 所示，页脚如图 3-23 所示。

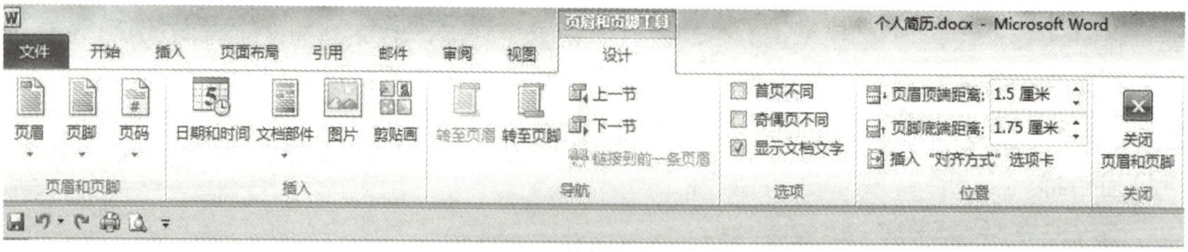

图 3-21　“页眉和页脚工具设计”选项卡

图 3-22　页眉

图 3-23　页脚

（4）在“页面设置”对话框中选择“文档网格”选项卡，在“网格”组中选择“指定行和字符网格”，将每行的字数设置为 30，行数每页设置为 40，单击“确定”按钮后，文档中的行、页字符数自动按设置进行调整，使文档中的文字基本布满整个页面，结果如图 3-24 所示。单击“快速访问工具栏”中的“保存”按钮，保存设置。

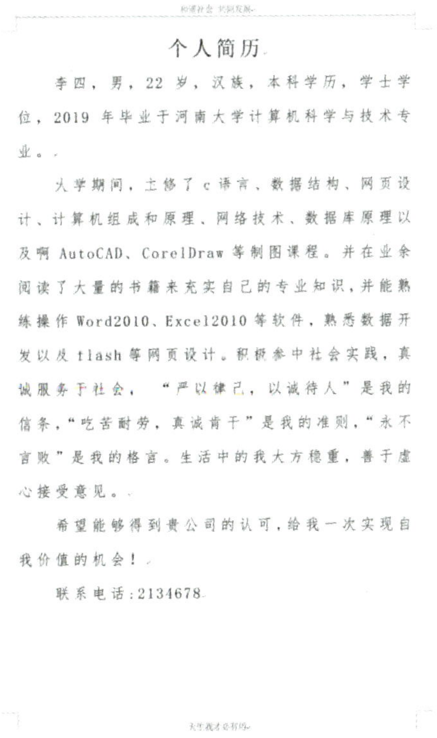
和谐社会 共同发展

个人简历

李四，男，22 岁，汉族，本科学历，学士学位，2019 年毕业于河南大学计算机科学与技术专业。

大学期间，主修了 c 语言、数据结构、网页设计、计算机组成和原理、网络技术、数据库原理以及啊 AutoCAD、CorelDraw 等制图课程。并在业余阅读了大量的书籍来充实自己的专业知识，并能熟练操作 Word2010、Excel2010 等软件，熟悉数据开发以及 flash 等网页设计。积极参中社会实践，真诚服务于社会，“严以律己，以诚待人”是我的信条，“吃苦耐劳，真诚肯干”是我的准则，“永不言败”是我的格言。生活中的我大方稳重，善于虚心接受意见。

希望能够得到贵公司的认可，给我一次实现自我价值的机会！

联系电话：2134678

天生我材必有用

图 3-24　设置“文档网格”版面效果

2. 讨论、思考并回答以下问题

（1）添加“页眉”和“页脚”的作用有哪些？

（2）什么情况下文档的纸张方向应为横向？

（3）如何使有限的文字在一张页面内平均分布？

做一做：上网查询一般公文页面的设置有何规定？

任务 2　打印文档

打印文档是将电子文档转换成纸质文档的过程。在打印文档之前，应确保计算机已正确连接了打印机，并安装了相应的打印机驱动程序。不同种类打印机的打印效果存在差异，办公环境常用激光打印机。为了节省耗材，保证一次打印成功，应预览打印效果，并正确设置打印参数和打印机属性。

任务说明

正确打印文档是编辑文档的一项重要工作。本任务是打印个人简历，帮助读者学会打印满足需要的纸质文档。

任务活动

1. 打印“个人简历”电子文档

（1）打开“个人简历”电子文档，单击“文件”→“打印”命令，如图 3-25 所示。在打开的“打印”窗口右侧预览区域，可以查看 Word 2010 文档的打印效果，用户设置的纸张方向、页面边距等都可以通过预览区域查看，用户还可以通过调整预览区下面的滑块改变预览视图的大小。

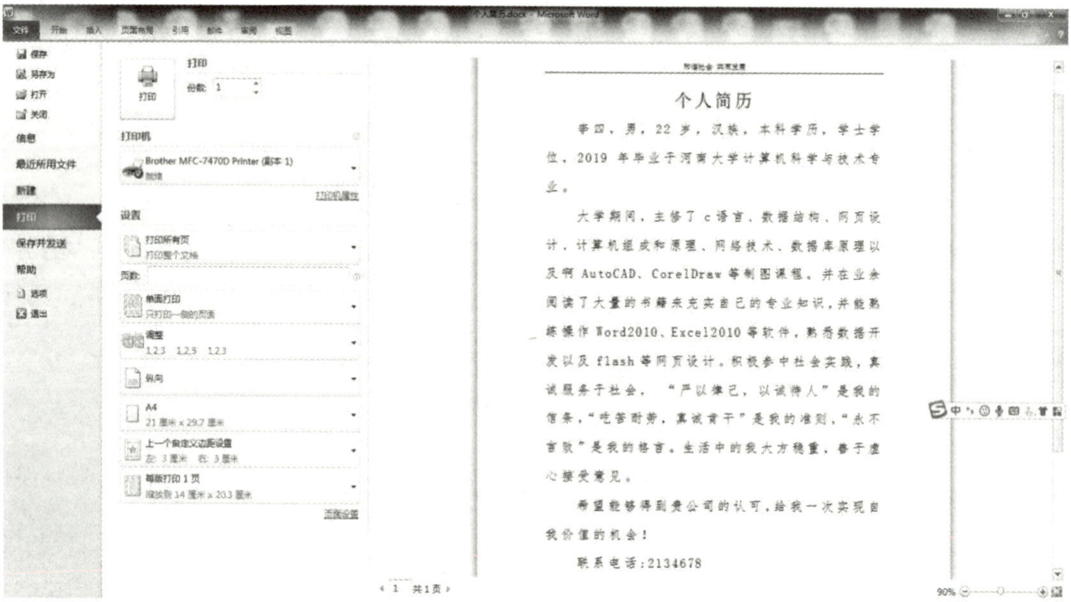

图 3-25　Word 2010 的打印预览

（2）完成预览并修正预览发现的错误后，在“打印”选项的“份数”框中输入或调整打印份数；在“打印机名称”下拉列表中，选择打印机并查看打印机的状态、类型、位置等信息。单击“打印机属性”，打开“打印机属性”对话框，在该对话框中对打印机的属性进行设置。

（3）在“设置”选项中可设置打印的范围、单面或双面打印、调整页边距、选择纸张方向和大小等。设置完成后，单击“打印”按钮，即可打印文档。

2. 讨论、思考并回答以下问题

（1）打印文档前，应做哪些准备工作？

（2）节约打印耗材的做法有哪些？

（3）如何才能更快、更好地打印文档？

做一做： 打印一份自己需要的文档。

项目 3 制作表格

在工作和生活中，人们经常需要与表格打交道，如制作上课用的课程表、统计学习成绩的学生成绩表、管理工资的财务报表等。有时，为了强化表格数据的展示效果，还需要修饰表格，把表格与文本相互转换等。掌握表格处理的基本方法和技巧也是学习字处理软件的基本要求之一。

项目目标

- 了解简单表格的绘制方法。
- 掌握制作、修饰表格的方法。
- 掌握表格与文本的转换方法。

任务 1 绘制表格

字处理软件提供了多种绘制表格的方法，手工绘制表格、插入表格是常用的基本方法，此外还有将“文本转换成表格”、插入“Excel 电子表格”等。由于每种方法都有其优点或不足，所以选择哪种方法应视具体情况而定。

任务说明

本任务是使用 Word 2010 绘制如图 3-26 所示的“金明区汽车维修厂车辆维修结算表”。绘制表格有很多种方法，利用“插入”选项卡的插入表格功能，可以完成制作表格的任务。

金明区汽车维修厂车辆维修结算表

车牌号码			车型		
维修项目					
配件名称	产地	型号	数量	单价	金额
合计					

图 3-26 金明区汽车维修厂车辆维修结算表

任务活动

1. 绘制“金明区汽车维修厂车辆维修结算表”

（1）新建一个名称为“金明区汽车维修厂车辆维修结算表”的 Word 文档，并保存。

（2）输入标题“金明区汽车维修厂车辆维修结算表”，设置格式为“宋体、二号字、居中”。

（3）选择“插入”选项卡，单击“表格”组中的“表格”按钮，在弹出的下拉列表中选择“插入表格”项，如图 3-27 所示。

（4）在弹出的“插入表格”对话框的“列数”文本框中，输入“6”，在“行数”文本框输入“8”，单击“确定”按钮，插入一个 8 行 6 列的表格，如图 3-28 所示。

图 3-27　插入表格

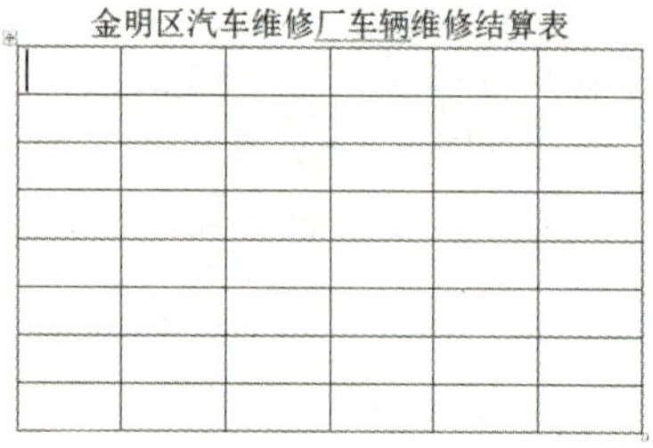

图 3-28　插入 8 行 6 列的表格

（5）选择“设计”选项卡，在“绘图边框”组中单击“擦除”按钮，此时鼠标变为“橡皮”形状。将鼠标移至第 1 行第 2、3 单元格中间的线上并单击，擦除线段，两个单元格合并为一个单元格，如图 3-29 所示。

（6）参照图 3-26 样例，用同样的方法合并其余单元格，效果如图 3-30 所示。

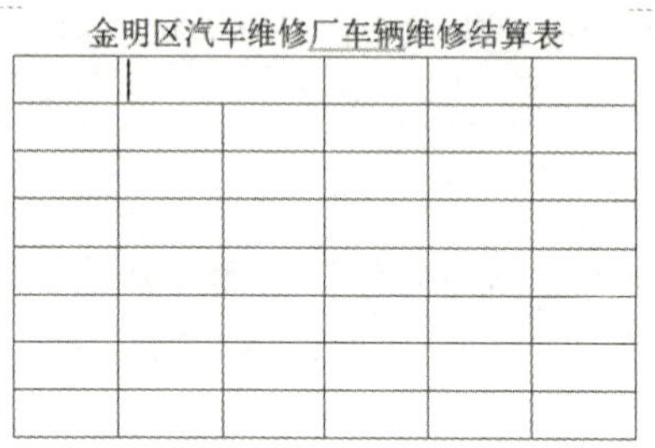

图 3-29　合并第 1 行第 2、3 单元格

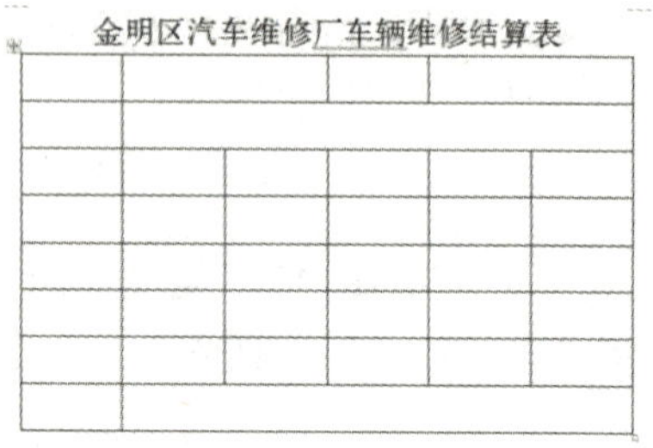

图 3-30　合并其他单元格

（7）参照样例输入文字。

（8）单击“保存”按钮，保存电子表格。

2. 讨论、思考并回答以下问题

（1）绘制表格的方法有很多，哪个更好用？

（2）怎样才能快速完成绘制表格任务？

（3）完成样例表格涉及哪些操作？

做一做：使用“绘制表格”工具制作课程表。

任务 2　绘制有斜线表头的表格

插入表格只能制作较为规范的表格，若有特殊要求，如包含斜线表头，则需要使用绘制表格工具，根据需要绘制表格。

任务说明

制作××职业技术学院 2018 级计算机应用 2 班的课程表，样表如图 3-31 所示。表中操作涉及绘制表格、设置表格边线、绘制斜线表头、输入文字、设置表格对齐方式、给单元格添加底纹等操作，帮助读者掌握制作较为复杂表格的能力。

课程表

2018 级计算机应用 2 班

时间		星期 / 节次 / 课程	星期一	星期二	星期三	星期四	星期五
上午	8:10-8:55	第一节	语文（Ⅱ）	网页设计	语文（Ⅱ）	组装与维护	英语（Ⅱ）
	9:05-9:50	第二节	语文（Ⅱ）	网页设计	语文（Ⅱ）	组装与维护	英语（Ⅱ）
	10:10-10:55	第三节	计算机网络	体育	计算机网络	体育	数学（Ⅱ）
	11:05-11:50	第四节	计算机网络	体育	计算机网络	体育	数学（Ⅱ）
下午	14:30-15:15	第五节	英语（Ⅱ）	数学（Ⅱ）	电子商务	网页设计	电子商务
	15:25-16:10	第六节	英语（Ⅱ）	数学（Ⅱ）	电子商务	网页设计	电子商务

图 3-31　课程表样例

任务活动

1. 制作课程表

（1）新建一个文件名为“课程表”的 Word 文档。

（2）双击打开该文档，选择“页面布局”选项卡，依次单击“纸张方向”→“横向”按钮，将页面切换至横向布局。

（3）输入“课程表”三个字，将其格式设置为“黑体、二号、居中”，换行输入“2018 级计算机应用 2 班”，将其格式设置为“宋体、三号、右对齐”。

（4）换行，选择“插入”选项卡，依次单击“表格”→“绘制表格”按钮，此时鼠标指针变为“画笔”形状。将鼠标定位在第 3 行最左侧，向右下角拖动鼠标，绘制出课程表的边框。如图 3-32 所示。

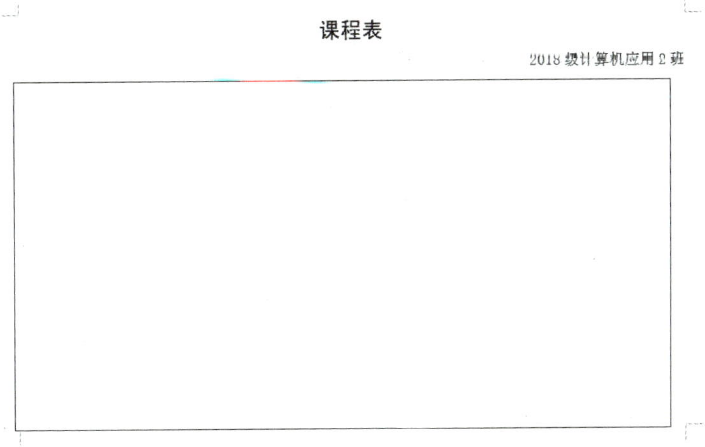

图 3-32　绘制课程表边框

（5）拖动鼠标绘制课程表的第 1 行，拖动鼠标绘制课程表的第 1 列，如图 3-33 所示。同样的方法绘制其余行、列，形成 7 行 8 列表格。

（6）按“Esc”键，释放“画笔”，鼠标恢复原状。选中整个表格，选择“表格工具”中的“布局”选项卡，在“对齐方式”组中，单击“水平居中”按钮，使输入的文字在单元格内水平垂直方向都居中；在“单元格大小”组中，分别单击“分布行”按钮、“分布列”按钮，使每个单元格大小保持一致；选择“开始”选项卡，在字体组中设置格式为“宋体、四号”。

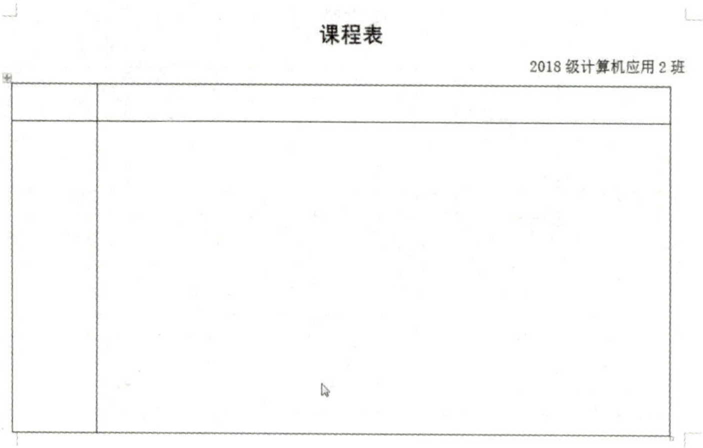

图 3-33 绘制课程表第一行第一列

（7）选中第 1 行第 1～2 个单元格，单击“合并”组中的“合并单元格”按钮，将两个单元格合并为一个。用同样的方法合并第 1 列的第 2～5 个单元格和第 6～7 个单元格。

（8）选择“插入”选项卡，单击“形状”按钮，选择“线条”形状中的“直线”，将鼠标定位在第 1 行第 2 单元格的左上角，向下拖动鼠标，绘制出第 1 条斜线。

（9）利用同样的方法绘制第 2 条斜线。

（10）插入三个文本框，位置参照样例，分别输入“星期”“课程”和“节次”。

（11）选中文本框，在“绘图工具”的“格式”选项卡“形式样式”组中，设置格式为“无填充、无线条”。

（12）参照样表，将文字输入表格中，结果如图 3-34 所示。

课程表

2018 级计算机应用 2 班

时间		星期 节次 课程	星期一	星期二	星期三	星期四	星期五
上午	8:10-8:55	第一节	语文（Ⅱ）	网页设计	语文（Ⅱ）	组装与维护	英语（Ⅱ）
	9:05-9:50	第二节	语文（Ⅱ）	网页设计	语文（Ⅱ）	组装与维护	英语（Ⅱ）
	10:10-10:55	第三节	计算机网络	体育	计算机网络	体育	数学（Ⅱ）
	11:05-11:50	第四节	计算机网络	体育	计算机网络	体育	数学（Ⅱ）
下午	14:30-15:15	第五节	英语（Ⅱ）	数学（Ⅱ）	电子商务	网页设计	电子商务
	15:25-16:10	第六节	英语（Ⅱ）	数学（Ⅱ）	电子商务	网页设计	电子商务

图 3-34 输入完成后的效果

（13）选中整个表格，单击鼠标右键，在弹出的快捷菜单中单击“边框和底纹”菜单项，在“边框”选项卡中设置“虚框”，宽度值为“1.5 磅”，加粗边框，如图 3-35 所示。

（14）在“绘图边框”组中将“笔样式”选择为“直线”，“笔划粗细”为“1.5 磅”，单击“绘制表格”按钮，当鼠标变为“画笔”形状时，把鼠标放在表格第 1 行的下边线，沿线走向拖动鼠标，将下边线修改为 1.5 磅粗的直线，效果如图 3-36 所示。

（15）选中第 1 行，单击“表格样式”组中的“底纹”按钮，在弹出的“主题颜色”列表中选择“白色，背景 1，深色 15%”；用同样的办法设置第 1 列的底纹，效果如图 3-37 所示。

（16）单击“保存”按钮，完成课程表制作。

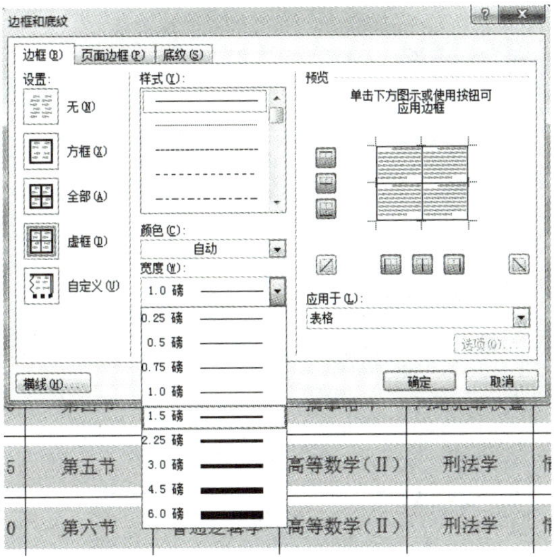

图 3-35　调整边框宽度值

课程表

2018 级计算机应用 2 班

时间		星期 节次 课程	星期一	星期二	星期三	星期四	星期五
上午	8:10-8:55	第一节	语文（Ⅱ）	网页设计	语文（Ⅱ）	组装与维护	英语（Ⅱ）
	9:05-9:50	第二节	语文（Ⅱ）	网页设计	语文（Ⅱ）	组装与维护	英语（Ⅱ）
	10:10-10:55	第三节	计算机网络	体育	计算机网络	体育	数学（Ⅱ）
	11:05-11:50	第四节	计算机网络	体育	计算机网络	体育	数学（Ⅱ）
下午	14:30-15:15	第五节	英语（Ⅱ）	数学（Ⅱ）	电子商务	网页设计	电子商务
	15:25-16:10	第六节	英语（Ⅱ）	数学（Ⅱ）	电子商务	网页设计	电子商务

图 3-36　修改第 1 行下边线

课程表

2018 级计算机应用 2 班

时间		星期 节次 课程	星期一	星期二	星期三	星期四	星期五
上午	8:10-8:55	第一节	语文（Ⅱ）	网页设计	语文（Ⅱ）	组装与维护	英语（Ⅱ）
	9:05-9:50	第二节	语文（Ⅱ）	网页设计	语文（Ⅱ）	组装与维护	英语（Ⅱ）
	10:10-10:55	第三节	计算机网络	体育	计算机网络	体育	数学（Ⅱ）
	11:05-11:50	第四节	计算机网络	体育	计算机网络	体育	数学（Ⅱ）
下午	14:30-15:15	第五节	英语（Ⅱ）	数学（Ⅱ）	电子商务	网页设计	电子商务
	15:25-16:10	第六节	英语（Ⅱ）	数学（Ⅱ）	电子商务	网页设计	电子商务

图 3-37　为第 1 行第 1 列添加底纹

2. 讨论、思考并回答以下问题

（1）如何设置单个指定单元格内的文字格式？

（2）绘制斜线表头会遇到什么问题？

（3）如何改变一个表格中指定单元格的底色？

做一做： 制作本学期本班级的课程表。

任务 3　表格与文本相互转换

在工作和生活中，往往会遇到需要把表格中的内容转换为文本格式，或者把文本内容转换为表格，实现两者的直接转换可以解决不同环境录入重复数据的问题。

任务说明

将如图 3-38 所示的河南电子职业技术学院计算机 2 班部分学生的个人情况汇总表，转化为文本格式，可以避免重复输入大量相关内容的麻烦。反过来，将文本数据转化为表格，也可以节约制作表格输入数据的时间。

河南电子职业技术学院计算机 2 班学生情况汇总

姓名	性别	年龄
李　飞	男	19
袁　帅	男	18
韩　超	男	19
李梦阳	男	19
陈　晨	男	18

图 3-38　个人情况汇总表样表

任务活动

1. 转换“个人情况汇总表”为文本形式

（1）双击打开“个人情况汇总表”Word 文档。

（2）选中该表格，选择“表格工具”的“页面布局”选项卡，单击“数据”组中的“转换为文本”按钮，打开“表格转换为文本”对话框，如图 3-39 所示。

（3）选中“逗号”单选钮，单击“确定”按钮，完成转换，结果如图 3-40 所示。此时，即可按照文本对内容进行编辑。

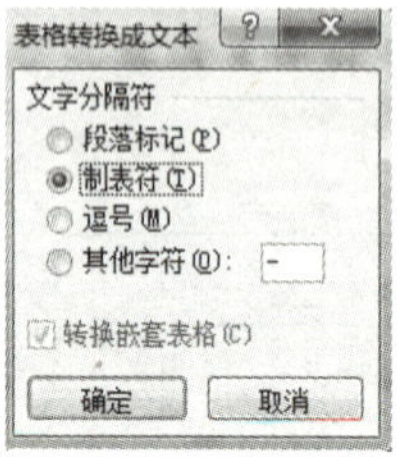

图 3-39　“表格转换为文本”对话框

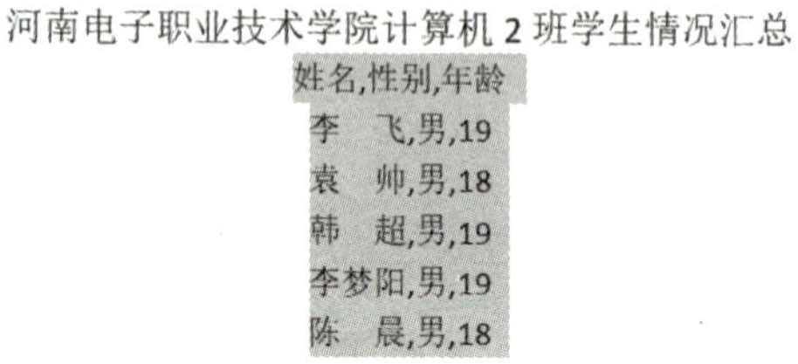
河南电子职业技术学院计算机 2 班学生情况汇总
姓名,性别,年龄
李　飞,男,19
袁　帅,男,18
韩　超,男,19
李梦阳,男,19
陈　晨,男,18

图 3-40　表格转换为文本结果

（4）选中图 3-39 的数据区域，选择“插入”选项卡，依次单击“表格”→“文本转换为表格”按钮，打开“文本转换为表格”对话框，如图 3-41 所示。根据需要进行参数设置，单击“确定”按钮，完成转换，结果如图 3-42 所示。注意，转换前需要加入文字分隔符，如“,”“制表符”等。完成转换后，可按照表格要求对内容进行处理。

2. 讨论、思考并回答以下问题

（1）表格转换为文本应该注意哪些问题？

（2）文本转换为表格应该注意哪些问题？

（3）哪些情况下需要进行文本和表格的互换？

说一说：使用文本和表格的优势分别是什么？

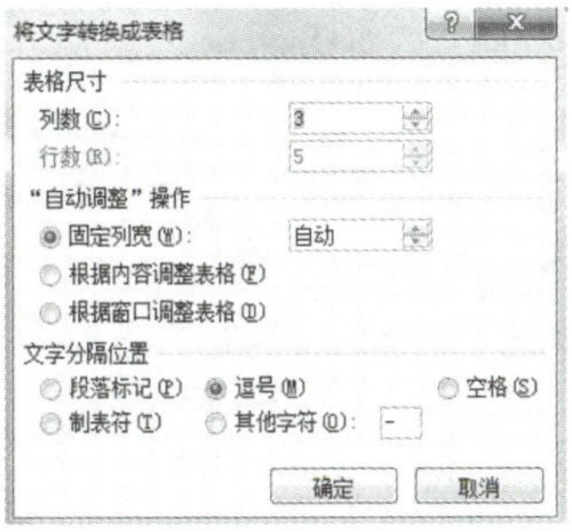

图 3-41　“将表格转换为文本”对话框

河南电子职业技术学院计算机 2 班学生情况汇总

姓名	性别	年龄
李　飞	男	19
袁　帅	男	18
韩　超	男	19
李梦阳	男	19
陈　晟	男	18

图 3-42　文本转换为表格结果

项目 4　绘制图形

字处理软件有强大的图形编辑功能，允许用户在编辑文档时，直接使用自带的各种形状、图表。若简单的形状不能满足需要，也可以由简单形状制作复杂的图形。若编辑对象中包含公式，需要插入公式对象，利用公式编辑功能可以制作数学、物理等试卷。

项目目标

- 掌握制作图形的方法。
- 掌握各种公式的输入、编辑方法。

任务 1　制作图形

如果文档中需要的图形不是一个简单的形状，可以考虑使用自带的形状拼接组合，形成满足需要的较为复杂的图形。

任务说明

利用系统自带的各种形状，可以制作出各种满足需要的图形。本任务是通过绘制图 3-43 所示的毕业生离校流程图为例，让读者了解 Word 2010 自带的形状，学会使用形状制作图形。

任务活动

1. 制作毕业生离校流程图

（1）新建一个名称为“流程图”的 Word 文档。

（2）双击打开该文档输入文字“毕业生离校流程图”，将其格式设置为“黑体、二号、居中”。

（3）选择“插入”选项卡，单击“插图”组中的“形状”按钮，出现 Word 2010 自带形状集，如图 3-43 所示。

（4）单击“流程图”下的“准备”形状，鼠标指针变成十字形。按住鼠标左键进行拖动，调整至合适的长宽比例。

（5）右键单击“准备”形状，在快捷菜单中点击“添加文字”菜单项，鼠标指针在形状内闪烁，按照样图输入文字。

（6）选择“格式”选项卡，单击“形状样式”组中的“彩色轮廓-橙色，强调颜色 6”按钮，设置“准备”形状的样式，结果如图 3-44 所示。

（7）参照样图，用同样的方法在文档中插入 1 个“决策”形状、2 个“过程”形状、1 个“终止”形状，并输入文字，设置样式，结果如图 3-45 所示。

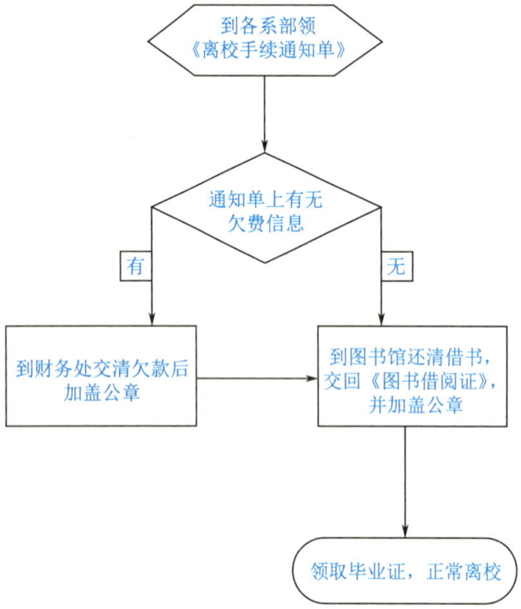

图 3-43　毕业生离校流程图样图

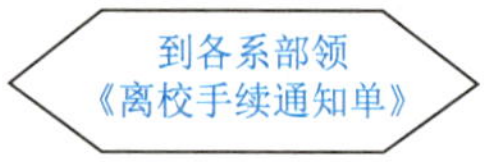

图 3-44　设置“准备”形状样式

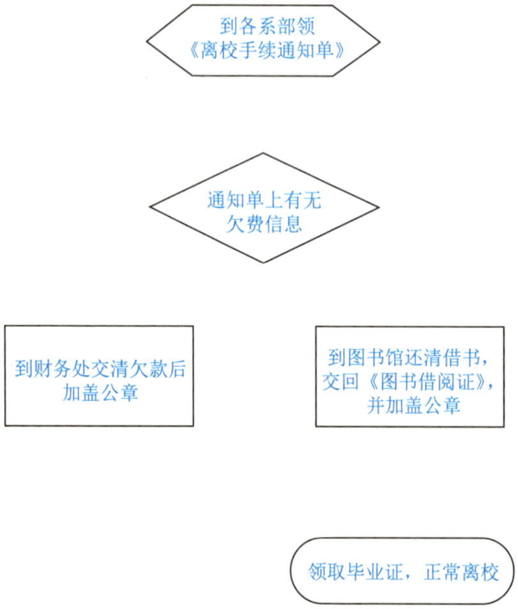

图 3-45　插入并设置其他形状

（8）选择“插入”选项卡，单击“插图”组中的“形状”按钮，在自带形状集中，点击“线条”下的“箭头”形状，参照样图，在相应的位置插入 5 个“箭头”形状。

（9）选择“插入”选项卡，单击“文本”组中的“文本框”按钮，出现 Word 2010 内置的文本框。单击“简单文本框”按钮，在文档中插入一文本框，并输入文字“有”。

（10）参照样图调整文本框大小并将其拖动至相应位置。同样的方法插入另一文本框，并输入文字、调整大小和位置。流程图制作完成。

2. 讨论、思考并回答以下问题

（1）使用 Word 2010 自带的形状集制作图形的优势是什么？

（2）Word 2010 自带的形状集都有哪些？

（3）组合不同形状的方法是什么？

做一做： 制作毕业生档案管理流程图。

任务 2 制作数学试卷

制作数学、物理、化学试卷最主要的难点是各种公式的编辑，Word 2010 提供了强大的公式编辑功能，完全能够满足制作理工科试卷的各种需求。

任务说明

学会使用 Word 制作公式既可以解决学习过程中记录学习笔记的问题，也可以制作试卷解决出考核题等一系列问题。本任务是通过制作如图 3-46 所示的数学试卷，帮助读者了解编辑公式的方法，学会制作包含公式的各种试卷。

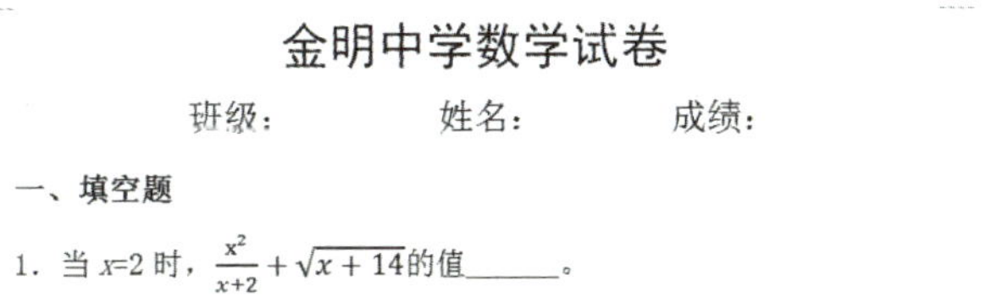

金明中学数学试卷

班级： 姓名： 成绩：

一、填空题

1. 当 x=2 时，$\frac{x^2}{x+2}+\sqrt{x+14}$的值______。

图 3-46 数学试卷样例

任务活动

1. 制作“金明中学数学试卷”

（1）新建一个名称为“数学试卷”的 Word 文档。

（2）按样例要求，利用所学的知识依次输入“金明中学数学试卷 班级：姓名：成绩： 一、填空题 1. 当 x=2 时，”等内容，并排版。

（3）选择“插入”选项卡，单击“符号”组中的“公式”按钮，如图 3-47 所示。在下拉列表中选择“插入新公式”，文档插入点处出现公式编辑区，如图 3-48 所示。

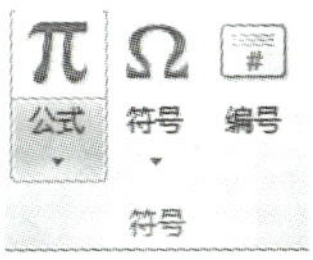

图 3-47 “公式”按钮

图 3-48 公式编辑区

（4）单击“公式编辑区”，菜单项出现“公式工具设计”选项卡，如图 3-49 所示。

（5）单击“公式工具设计”选项卡的“分数”按钮，在下拉列表中选“分数（竖式）”，如图 3-50 所示，公式编辑区会出现如图 3-51 所示的分数格式。单击上面或下面的虚线方格可分别输入分子或分母。

图 3-49 “公式工具设计”选项卡

图 3-50 “分数”下拉列表

图 3-51 分数（竖式）

（6）选中表示分子的方格，单击“结构”组的“上下标”按钮，打开“上标和下标”列表，如图 3-52 所示。选择“下标和上标”区的第 1 种上标样式，分子部分会出现上标形式，如图 3-53 所示。

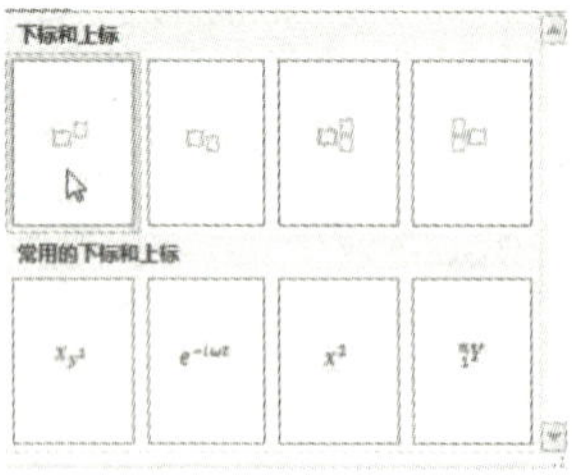

图 3-52 “上标和下标”列表

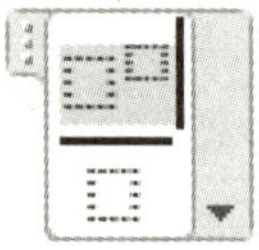

图 3-53 分子的上标形式

（7）将鼠标光标移至公式编辑区右侧，在“符号”组找到“+”号选择输入。单击“结构”组中的“根式”按钮，在弹出的下拉列表中选择“根式”区的第 1 种样式，打开根式输入样式，如图 3-54、图 3-55 所示。

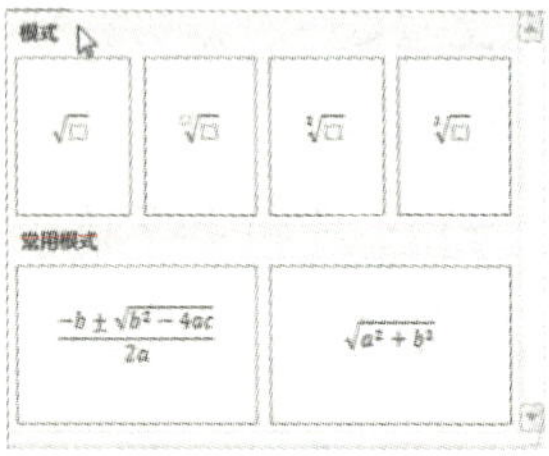

图 3-54 “根式”下拉列表

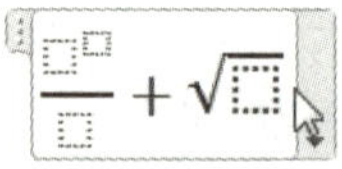

图 3-55 根式输入样式

（8）选中表示分母的虚线方格，输入“x+2”；同样的方法，在表示分子的虚线方格内输入“x”，并在上标虚线方格内，输入“2”，在表示根式的虚线方格内输入“x+14”。单击“公式编辑区”外任意一个地方，公式制作完成。按照样例输入其他文字。

（9）单击“保存”按钮，完成试卷制作。

2. 讨论、思考并回答以下问题

（1）制作一个数学公式，最重要的操作步骤是什么？

（2）如何显示“公式工具设计”选项卡？

（3）如何输入化学、物理公式？

做一做：在文档中插入$\sqrt[3]{x}+\frac{x}{3}$。

项目 5 编排图文

在完成文档的基本编辑后，还可以对文档的整体效果进行艺术处理，如添加图片、艺术字、图形图表、页眉页码等，达到图文并茂、层次分明的效果，进一步提升文档的表现力。在文档中增加图形图片不仅是为了解决单一文字的枯燥问题，有时也是文档要求的必备项目。因此，掌握图文编排处理技术也是学习 Word 2010 的最基本要求。

项目目标

- 学会使用目录、题注等文档引用工具。
- 掌握图文混排的基本方法。
- 学会使用数据表格和相应工具自动生成批量图文内容。

任务 1 制作论文文档

论文文档具有篇幅长、格式多、结构复杂的特点，且要求以统一的格式进行排版，编辑处理过程要比普通文档复杂，会涉及为章节和正文设置相应的格式、自动生成目录、为奇偶页添加不同的页眉、添加脚注尾注等。全面了解论文文档的编排方法，还可以对调查报告、实用手册、讲义、小说等长文档进行编辑处理。

任务说明

一篇完整的论文通常包括封面、目录及正文 3 大部分。制作论文文档除了需要对文档进行文字的基本编辑，还需要按照一定的要求为文档添加页码、制作目录，特别是在文档中图、表比较多的情况下，还需要为图或表添加题注。本任务以制作论文文档为例，介绍长文档的排版方法与技巧，帮助读者掌握页码、目录、题注等的设置方法。

任务活动

1. 制作论文文档

（1）打开“中职生的社会适应能力培养”Word 文档，对论文内容进行字体和字号的基本格式编辑。

（2）选择“插入”选项卡，单击“页眉和页脚”组中的“页眉”按钮，打开 Word 内置的页眉样式列表，如图 3-56 所示。

（3）选择第一个“空白”样式，进入页眉编辑状态，在“输入文字”处输入“毕业论文”，效果如图 3-57 所示。

（4）单击“关闭”组的“关闭页眉和页脚”按钮，退出页眉和页脚编辑状态，完成页眉编辑，可以看到，页眉呈灰色显示，此时为不可编辑状态。

（5）将光标分别放在“封面页”和“目录页”的最后一行，选择“页面布局”选项卡，单击“页面设置”组中的“分隔符”按钮，在下级列表中选择分节符的“下一页”，插入一个分节符，如图 3-58 所示。

（6）选择“插入”选项卡，单击“页眉和页脚”组中的“页码”按钮，在下拉列表中选择“页面底端”，在下级列表中选择“普通数字 2”，如图 3-59 所示。

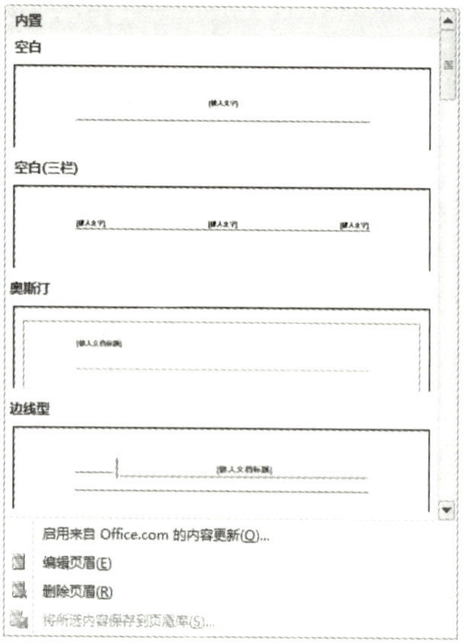

图 3-56　内置的页眉样式列表

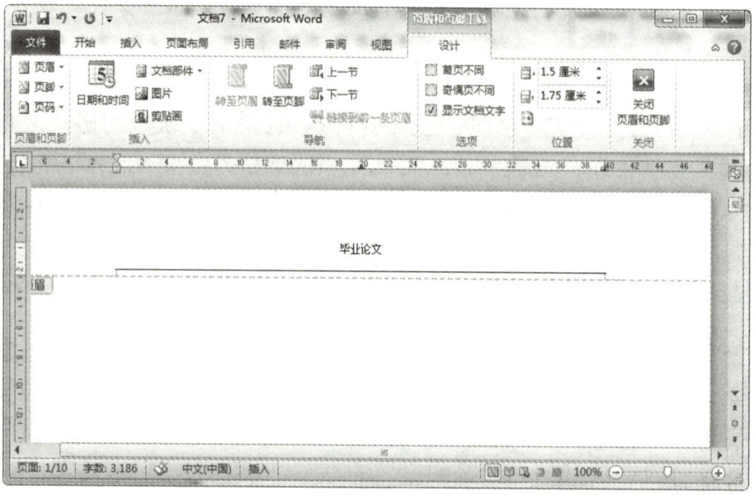

图 3-57　添加页眉后的效果

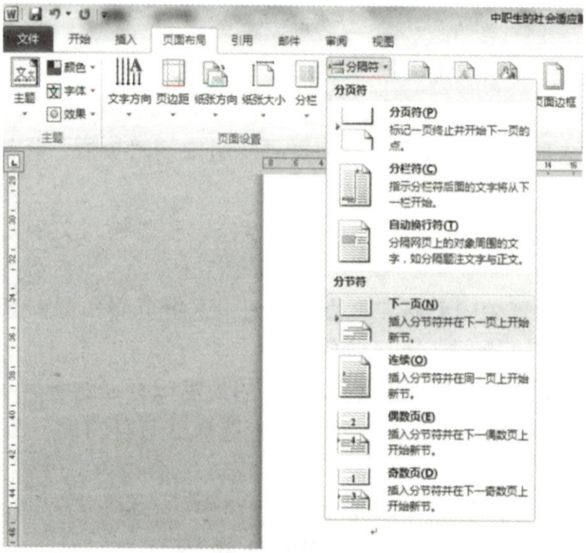

图 3-58　插入分页符

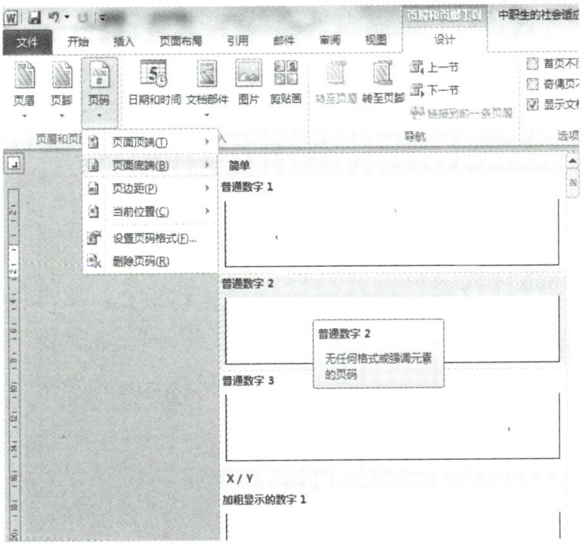

图 3-59　插入页码

（7）选中“目录页”的页码，选择“页眉和页脚”组中的“页码”按钮，在下拉列表中选择“设置页码格式”，打开“页码格式”对话框，在“编号格式”下拉列表中选择“Ⅰ，Ⅱ，Ⅲ”，页码编号选择为“起始页码”，如图 3-60 所示。

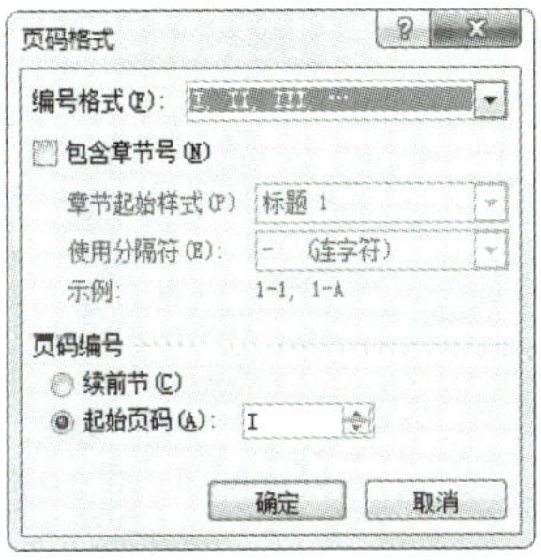

图 3-60　“页码格式”对话框

（8）选中“正文页”第 1 页的页码，单击“页眉和页脚”组中的“页码”按钮，在下拉列表中选择“设置页码格式”，打开“页码格式”对话框，在“编号格式”下拉列表中选择“1，2，3”形式，页码编号选择“起始页码”。

（9）选中“封面页”页码，选择“选项”组中的“首页不同”复选框，单击“关闭”组中的“关闭页眉和页脚”按钮，完成“封面页”无页码、“目录页”罗马页码、“正文页”数字页码的设置。

（10）选中正文中的 1 级标题，选择“开始”选项卡，单击“样式”组中的“标题 1”按钮，将正文中的 1 级标题设置为目录 1 级，如图 3-61 所示。

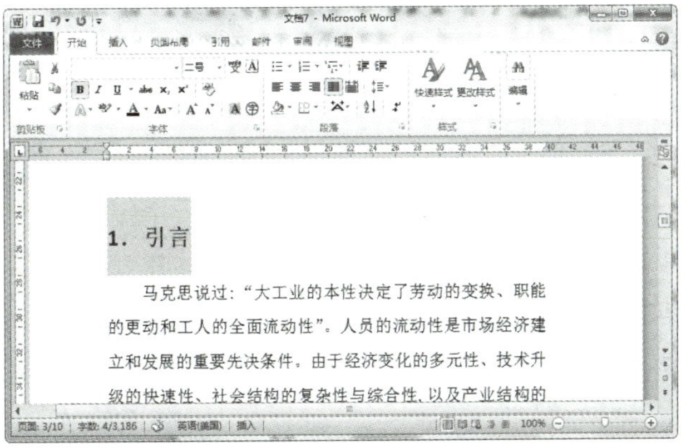

图 3-61　设置 1 级目录

（11）按同样的方法依次将正文中同级别的标题设置为目录 1 级。

（12）参照设置 1 级目录的方法将正文中的 2 级标题设置为 2 级目录。

（13）将光标定位在“目录页”，选择“引用”选项卡，单击“目录”组中的“目录”按钮，在下拉列表中选择“插入目录”，打开“目录”对话框，如图 3-62 所示。

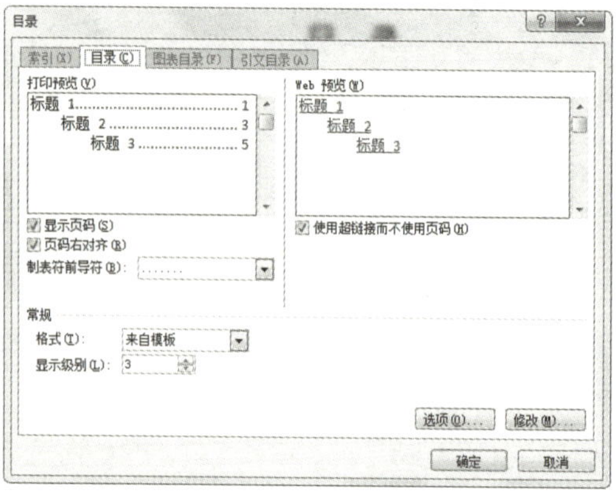

图 3-62 “目录”对话框

（14）单击“目录”选项卡中的“修改”按钮，可以对目录进行字体、字号的设置，完成设置后，单击“确定”按钮，目录自动插入到光标所在位置，如图 3-63 所示。

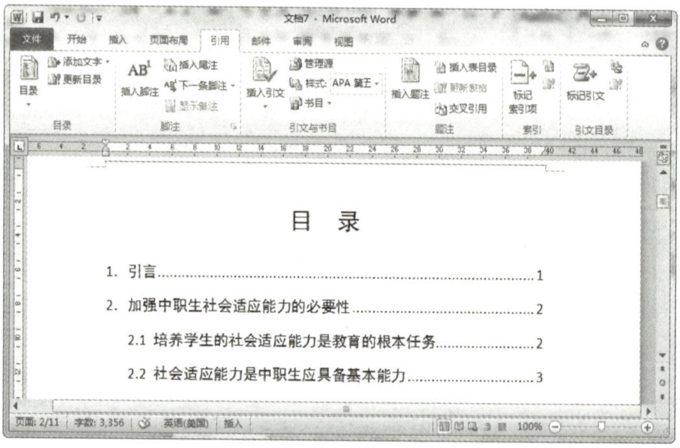

图 3-63 插入目录

（15）更新目录时，选中目录，单击鼠标右键弹出快捷菜单，选择“更新域”，打开“更新目录”对话框，如图 3-64 所示，根据需要选择目录的更新方式。

（16）选中文档的第 1 张图，选择“引用”选项卡，单击“题注”组中的“插入题注”按钮，打开“题注”对话框，如图 3-65 所示。

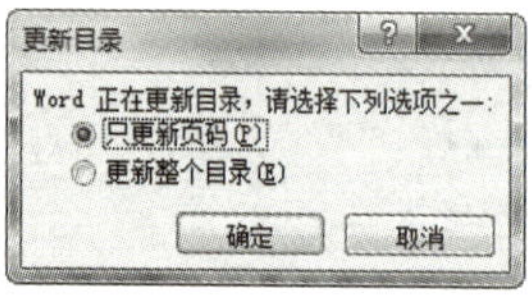

图 3-64 “更新目录”对话框

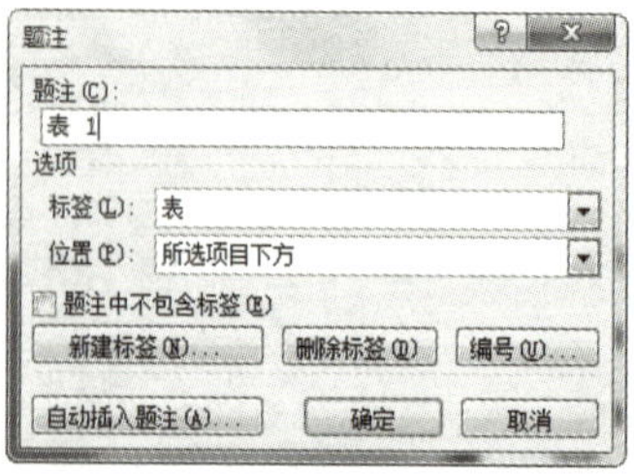

图 3-65 “题注”对话框

（17）在“题注”对话框中，单击“新建标签”按钮，打开“新建标签”对话框，在文本框中输入“图 1-”，单击“确定”按钮，新建一个标签“图 1-”，如图 3-66 所示。

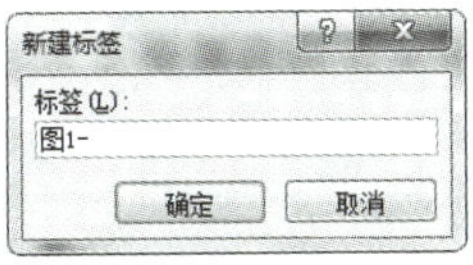

图 3-66 “新建标签”对话框

（18）完成题注设置后，在图的下方自动出现标签文字和序号，可以在序号后面加入图片说明。

（19）用同样的方法为其他图添加题注，Word 会自动按图在文档中的顺序进行编号，不用手工修改。

（20）以原文件名保存文档。

2. 讨论、思考并回答以下问题

（1）在什么情况下文档需要分页或分节？

（2）更新文档目录都有什么方法？

（3）当论文中的文字需要进一步说明时，如何增加注释？

做一做：对给定的长文档进行编辑排版。

任务 2 制作校报

编排图文是 Word 的特色功能之一，通过文字与图片的混合排列，不仅能达到图文并茂的效果，还能为文档增色添彩。熟练掌握 Word 的图文编排操作，也可以帮助大家快速方便地制作出海报、杂志、刊物等。

任务说明

如图 3-67 所示的“阳光校园”校报，不但包含文本信息，还有图片、艺术字和图表等元素。本任务将帮助读者了解文、图、表混合排版的基本技术，学会制作版面灵活的校报文档。

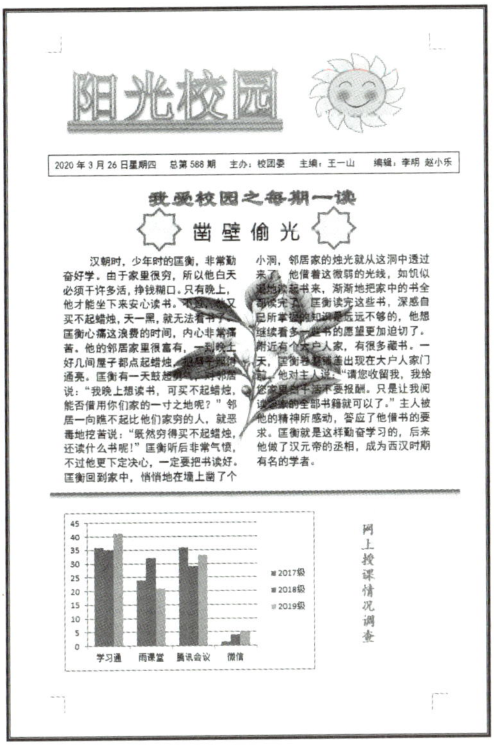

阳光校园

2020 年 3 月 26 日星期四　总第 588 期　主办：校团委　主编：王一山　编辑：李明 赵小乐

我爱校园之每期一读

凿壁偷光

汉朝时，少年时的匡衡，非常勤奋好学。由于家里很穷，所以他白天必须干许多活，挣钱糊口。只有晚上，他才能坐下来安心读书。[illegible]又买不起蜡烛，天一黑，就无法看[illegible]匡衡心痛这浪费的时间，内心非常[illegible]苦。他的邻居家里很富有，[illegible]好几间屋子都点起蜡烛，[illegible]通亮。匡衡有一天鼓起[illegible]说：“我晚上想读书，可买不起蜡烛，能否借用你们家的一寸之地呢？”邻居一向瞧不起比他们家穷的人，就恶毒地挖苦说：“既然穷得买不起蜡烛，还读什么书呢！”匡衡听后非常气愤，不过他更下定决心，一定要把书读好。匡衡回到家中，悄悄地在墙上凿了个小洞，邻居家的烛光就从这洞中透过来了，他借着这微弱的光线，如饥似[illegible]书来，渐渐地把家中的书全[illegible]匡衡读完这些书，深感自[illegible]远远不够的，他想继续看多[illegible]书的愿望更加迫切了。[illegible]大户人家，有很多藏书。一天，匡衡[illegible]出现在大户人家门[illegible]他对主人说：“请您收留我，我给[illegible]不要报酬。只是让我阅读[illegible]全部书籍就可以了。”主人被他的精神所感动，答应了他借书的要求。匡衡就是这样勤奋学习的，后来他做了汉元帝的丞相，成为西汉时期有名的学者。

图 3-67 “阳光校园”校报

任务活动

1. 制作校报

（1）新建一个 Word 文档，以“校报”为文件名保存。

（2）打开“边框和底纹”对话框，为文档添加页面边框，如图 3-68 所示。

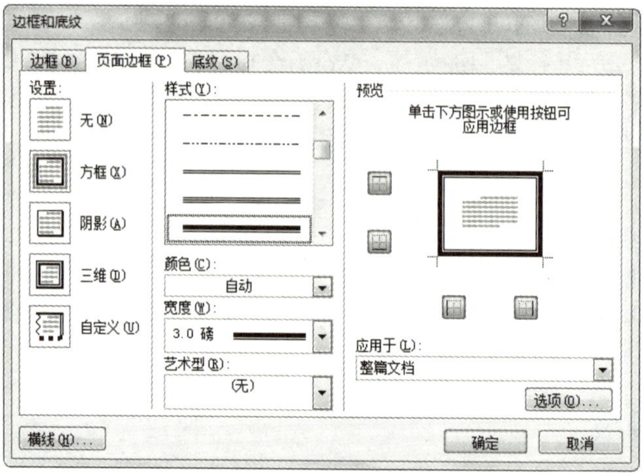

图 3-68 页面边框设置

（3）选择“插入”选项卡，单击“文本”组中的“艺术字”按钮，在“艺术字”下拉列表中选择第 3 行第 2 列样式，如图 3-69 所示。

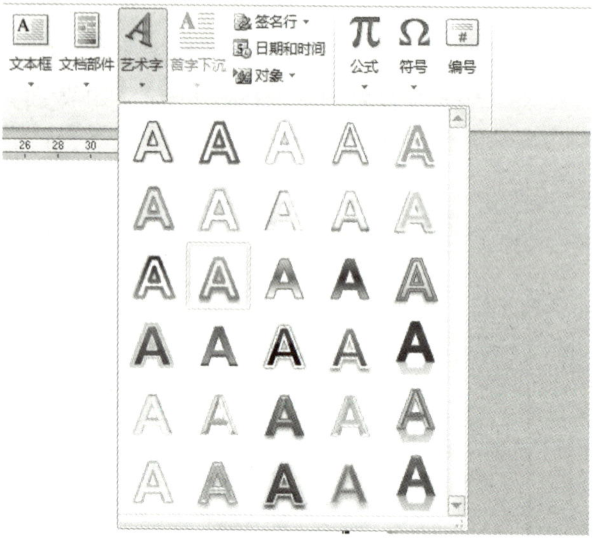

图 3-69 设置艺术字样式

（4）在文本框中输入“阳光校园”，字体设置为“宋体”，字号设置为“60”。选中“阳光校园”，单击“字体”组的“下画线”按钮，在下拉列表中选择“双下画线”，并移动文字位置至版面左上方，效果如图 3-70 所示。

图 3-70 设置“阳光校园”格式

（5）将光标定位在“阳光校园”右侧，选择“插入”选项卡，单击“插图”组的“图片”按钮，打开“插入图片”对话框，在光标位置插入一张图片，并调整图片大小，效果如图 3-71 所示。

图 3-71　插入图片

（6）选择“插入”选项卡，单击“文本”组的“文本框”按钮，选择“绘制文本框”，在文档中绘制一个横排文本框。在文本框中输入“2020 年 3 月 26 日星期四　总第 588 期　主办：校团委　主编：王一山　编辑：李明　赵小乐”，文本格式设置为“黑体，五号”。将文本框移动到“阳光校园”下方合适位置，效果如图 3-72 所示。

图 3-72　插入文本框

（7）在校报信息文本框的下面插入第 2 个艺术字，选择“艺术字”下拉列表中的第 3 行第 4 列样式，输入“我爱校园之每期一读”，文本格式设置为“隶书，一号”，并移动至合适位置，效果如图 3-73 所示。

图 3-73　插入第 2 个艺术字

（8）按样例输入“凿壁偷光”文字内容，其中标题文本格式设置为“微软雅黑，二号，居中”，内容文本格式设置为“黑体，小四”，效果如图 3-74 所示。

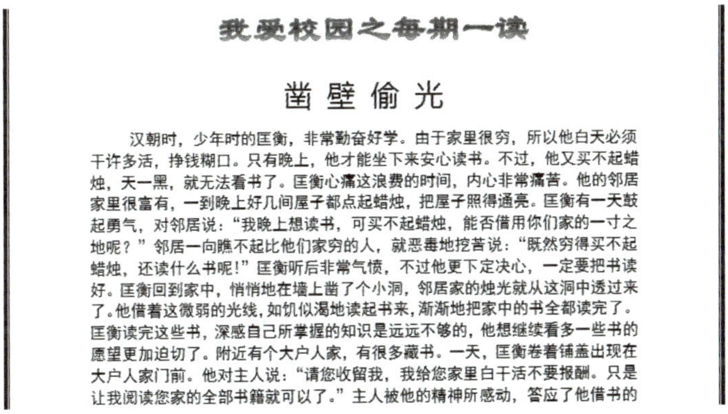

图 3-74　输入文本信息效果

（9）选择“插入”选项卡，单击“插图”组的“形状”按钮，选择“星与旗帜”中的“八角形”，绘制一个八角形。选中八角形，在“形状样式”组中将形状填充设置为“黄色”，形状轮廓设置为“红色”，调整八角形的大小，将其移动到“凿壁偷光”标题文字左方的同时再复制一个放在标题文字的右方，效果如图 3-75 所示。

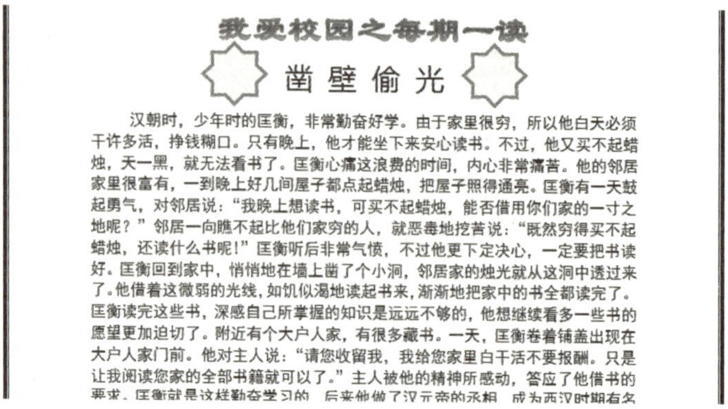

我爱校园之每期一读

凿 壁 偷 光

汉朝时，少年时的匡衡，非常勤奋好学。由于家里很穷，所以他白天必须干许多活，挣钱糊口。只有晚上，他才能坐下来安心读书。不过，他又买不起蜡烛，天一黑，就无法看书了。匡衡心痛这浪费的时间，内心非常痛苦。他的邻居家里很富有，一到晚上好几间屋子都点起蜡烛，把屋子照得通亮。匡衡有一天鼓起勇气，对邻居说：“我晚上想读书，可买不起蜡烛，能否借用你们家的一寸之地呢？”邻居一向瞧不起比他们家穷的人，就恶毒地挖苦说：“既然穷得买不起蜡烛，还读什么书呢！”匡衡听后非常气愤，不过他更下定决心，一定要把书读好。匡衡回到家中，悄悄地在墙上凿了个小洞，邻居家的烛光就从这洞中透过来了。他借着这微弱的光线，如饥似渴地读起书来，渐渐地把家中的书全都读完了。匡衡读完这些书，深感自己所掌握的知识是远远不够的，他想继续看多一些书的愿望更加迫切了。附近有个大户人家，有很多藏书。一天，匡衡卷着铺盖出现在大户人家门前。他对主人说：“请您收留我，我给您家里白干活不要报酬。只是让我阅读您家的全部书籍就可以了。”主人被他的精神所感动，答应了他借书的要求。匡衡就是这样勤奋学习的，后来他做了汉元帝的丞相，成为西汉时期有名

图 3-75　绘制八角形

（10）将光标定位于“凿壁偷光”文字部分的任意位置，插入一张图片，双击鼠标选中图片，单击“排列”组的“自动换行”按钮，在下拉列表中选择“衬于文字下方”，并调整图片大小及位置，效果如图 3-76 所示。

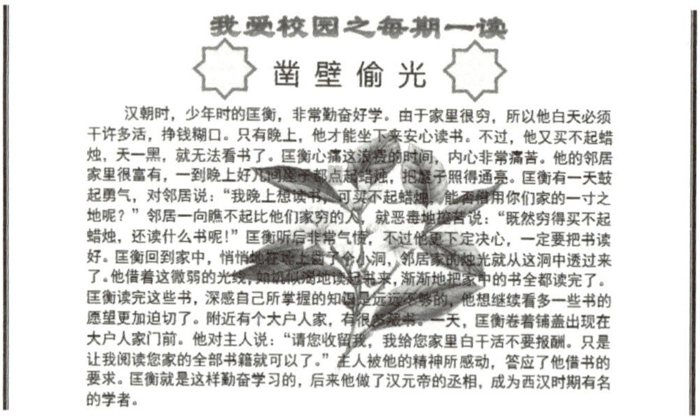

我爱校园之每期一读

凿 壁 偷 光

汉朝时，少年时的匡衡，非常勤奋好学。由于家里很穷，所以他白天必须干许多活，挣钱糊口。只有晚上，他才能坐下来安心读书。不过，他又买不起蜡烛，天一黑，就无法看书了。匡衡心痛这浪费的时间，内心非常痛苦。他的邻居家里很富有，一到晚上好几间屋子都点起蜡烛，把屋子照得通亮。匡衡有一天鼓起勇气，对邻居说：“我晚上想读书，可买不起蜡烛，能否借用你们家的一寸之地呢？”邻居一向瞧不起比他们家穷的人，就恶毒地挖苦说：“既然穷得买不起蜡烛，还读什么书呢！”匡衡听后非常气愤，不过他更下定决心，一定要把书读好。匡衡回到家中，悄悄地在墙上凿了个小洞，邻居家的烛光就从这洞中透过来了。他借着这微弱的光线，如饥似渴地读起书来，渐渐地把家中的书全都读完了。匡衡读完这些书，深感自己所掌握的知识是远远不够的，他想继续看多一些书的愿望更加迫切了。附近有个大户人家，有很多藏书。一天，匡衡卷着铺盖出现在大户人家门前。他对主人说：“请您收留我，我给您家里白干活不要报酬。只是让我阅读您家的全部书籍就可以了。”主人被他的精神所感动，答应了他借书的要求。匡衡就是这样勤奋学习的，后来他做了汉元帝的丞相，成为西汉时期有名的学者。

图 3-76　图片衬于文字下方效果

（11）选中文字内容，选择“页面布局”选项卡，单击“页面设置”组中的分栏，在下拉列表中选择“两栏”，将文字分成两栏，效果如图 3-77 所示。

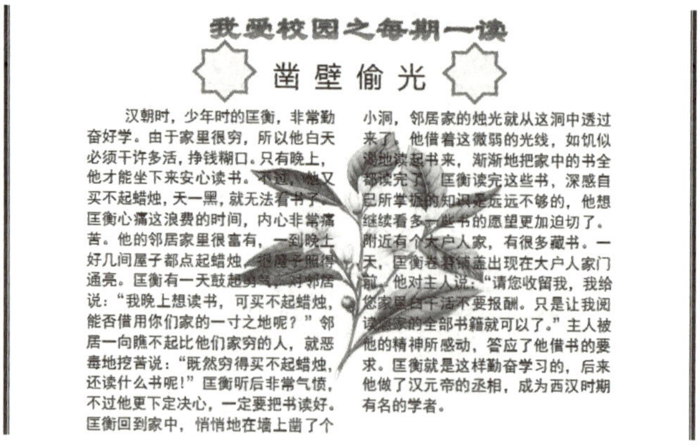

我爱校园之每期一读

凿 壁 偷 光

汉朝时，少年时的匡衡，非常勤奋好学。由于家里很穷，所以他白天必须干许多活，挣钱糊口。只有晚上，他才能坐下来安心读书。不过，他又买不起蜡烛，天一黑，就无法看书了。匡衡心痛这浪费的时间，内心非常痛苦。他的邻居家里很富有，一到晚上好几间屋子都点起蜡烛，把屋子照得通亮。匡衡有一天鼓起勇气，对邻居说：“我晚上想读书，可买不起蜡烛，能否借用你们家的一寸之地呢？”邻居一向瞧不起比他们家穷的人，就恶毒地挖苦说：“既然穷得买不起蜡烛，还读什么书呢！”匡衡听后非常气愤，不过他更下定决心，一定要把书读好。匡衡回到家中，悄悄地在墙上凿了个小洞，邻居家的烛光就从这洞中透过来了。他借着这微弱的光线，如饥似渴地读起书来，渐渐地把家中的书全都读完了。匡衡读完这些书，深感自己所掌握的知识是远远不够的，他想继续看多一些书的愿望更加迫切了。附近有个大户人家，有很多藏书。一天，匡衡卷着铺盖出现在大户人家门前。他对主人说：“请您收留我，我给您家里白干活不要报酬。只是让我阅读您家的全部书籍就可以了。”主人被他的精神所感动，答应了他借书的要求。匡衡就是这样勤奋学习的，后来他做了汉元帝的丞相，成为西汉时期有名的学者。

图 3-77　设置分栏效果

（12）选择“插入”选项卡，在“插图”组中单击“形状”按钮，选中“线条”中的“直线”，按住 Shift 键的同时画出一条直线，在“形状样式”组中选择一种样式，并将直线移至合适位置，效果如图 3-78 所示。

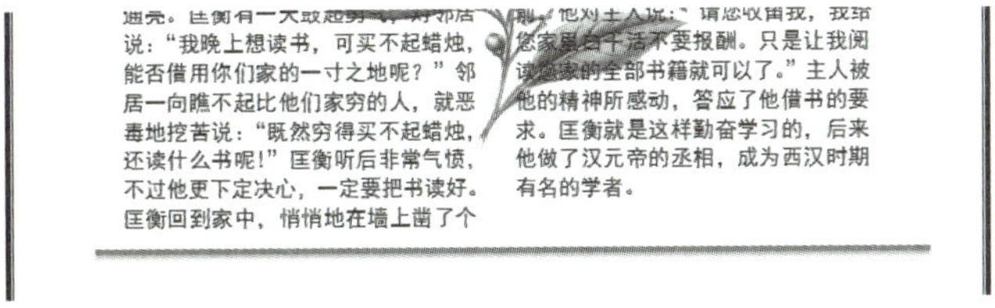

图 3-78　插入直线的效果

（13）将光标定位在直线下方，选择“插入”选项卡，在“插图”组中单击“图表”按钮，打开“插入图表”对话框，选择“柱形图”的“簇状柱形图”，如图 3-79 所示。

（14）选择一个图表后，在弹出的 Excel 表中进行数据编辑，如图 3-80 所示。编辑完成后，生成图表信息，将图表移动至合适位置，效果如图 3-81 所示。

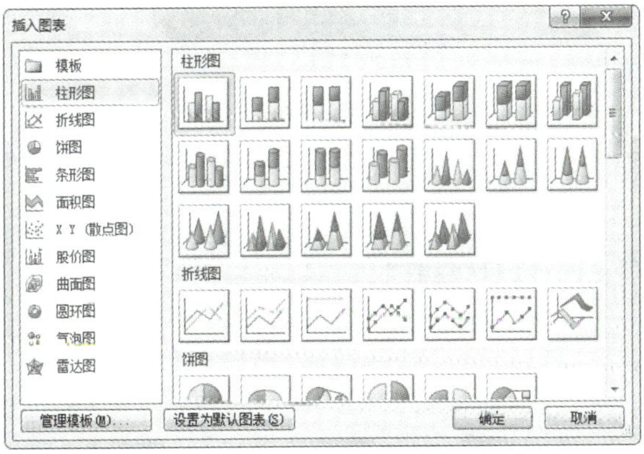

图 3-79　“插入图表”对话框

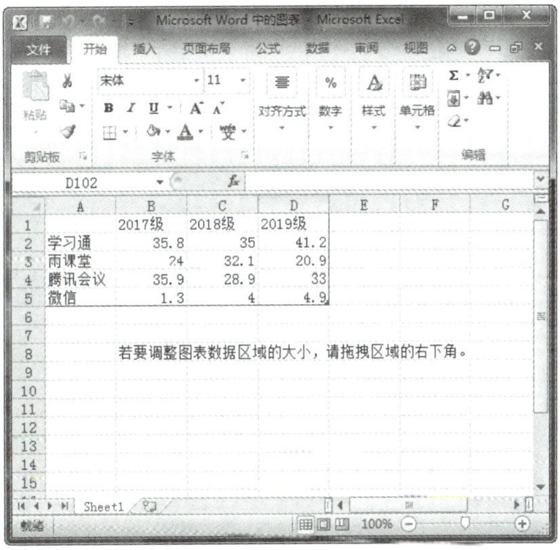

图 3-80　在 Excel 中编辑数据

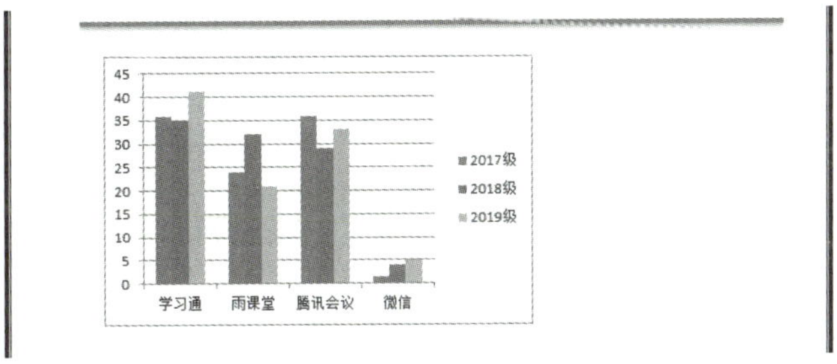

图 3-81　插入图表的效果

（15）将光标定位在图表的右侧，插入一个竖排文本框，将文本框格式设置为“形状填充：无填充颜色；形状轮廓：无轮廓”。输入“网上授课情况调查表”，文本格式设置为“楷体，三号字，加粗，红色”，效果如图 3-82 所示。

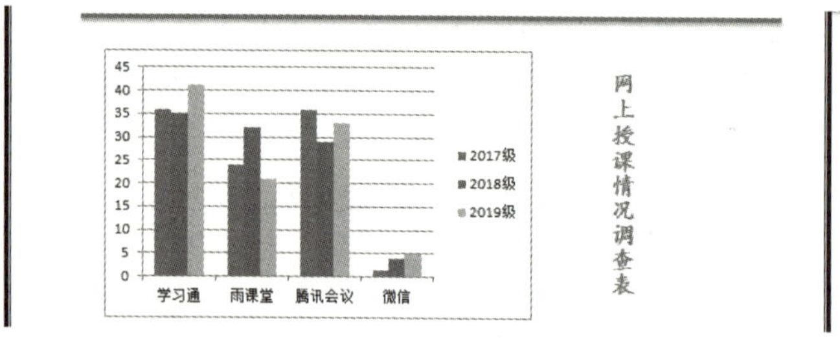

图 3-82　插入竖排文本框效果

（16）插入一个圆角矩形，格式设置为“形状填充：无填充颜色；形状轮廓：实线，2.25 磅；标准色：黄色”。圆角矩形大小和放置的位置如图 3-83 所示。

（17）保存文档。

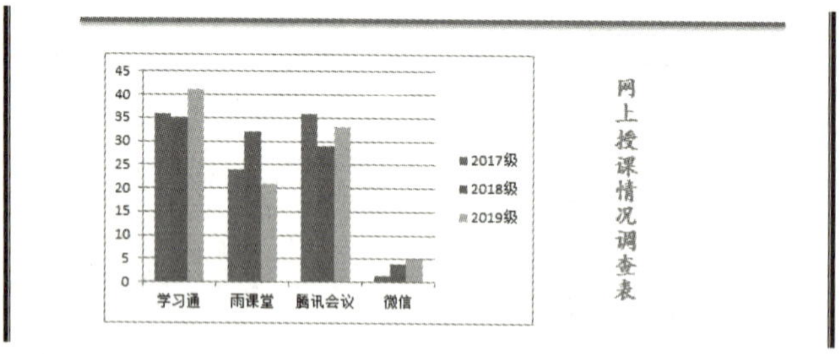

图 3-83　插入圆角矩形的效果

2. 讨论、思考并回答以下问题

（1）在 Word 文档中插入图片，最佳的图片格式是什么格式？

（2）如何给分栏文档插上页码？

（3）当图片尺寸过大时，如何利用 Word 工具对图片进行裁剪？

做一做： 试做一份班级小报。

考核评价

本章可根据教学组织情况，进行合作学习和知识、技能考核。任务活动评价包括自评、互评和教师点评，最终形成个人和学习小组任务完成情况总体评价。合作学习考核内容参见第一章，知识、技能考核的具体内容和要求如下。

（1）对图文编辑软件操作的熟悉程度。了解常用图文编辑软件，掌握常用图文编辑软件的基本操作方法，会使用文档的校对和修订功能，会加密、保护文档。

（2）对设置、打印文档操作的熟悉程度。会设置文档页面，能够打印出符合需要、样式精美的纸质文档。

（3）对制作表格操作的熟悉程度。能够熟练运用工具绘制表格，会修饰、美化表格，会进行表格和文本的转换操作。

（4）对制作图形操作的熟练程度。了解制作图形的方法，能够熟练使用形状制作复杂图形，会编辑公式、制作试卷。

（5）对图、文、表混排操作的熟悉程度。能熟练使用目录、题注等文档引用工具，会使用数据表格和相应工具自动生成批量图文内容，掌握制作图、文、表混合排版文档的操作技巧。

习题

1. 选择题

（1）Word 2010 文档的扩展名是______。

A. txt　　B. wps　　C. docx　　D. dotx

（2）第一次保存文件时，将出现“______”对话框。

A. 保存　　B. 全部保存　　C. 另存为　　D. 保存为

（3）在 Word 2010 中设置字符颜色，应先选定文字，再选择“开始”选项卡的“______”组中的命令。

A. 段落　　B. 字体　　C. 样式　　D. 颜色

（4）在段落的对齐方式中，______可以使段落中的每一行（包括段落的结束行）都能与页面左右边界对齐。

A. 左对齐　　B. 两端对齐　　C. 居中对齐　　D. 分散对齐

（5）在 Word 的编辑状态下，选择了文档全文，若在“段落”对话框中设置行距为“20 磅”的格式，应该选择“行距”列表中的______。

A. 单倍行距　　B. 1.5 倍行距　　C. 多倍行距　　D. 固定值

（6）Word 2010 中的视图不包括______。

A. 页面视图　　B. 阅读版式视图　　C. Web 版式视图　　D. 正常视图

（7）在 Word 2010 中不可以创建______。

A. 普通信封　　B. 邮件信封　　C. Excel 表格　　D. 演示文稿

（8）在页面设置中不可以设置______。

A. 文字方向　　B. 页边距　　C. 纸张方向　　D. 水印

（9）主题中可以更改______。

A. 颜色　　B. 页面颜色　　C. 页面边框　　D. 对齐方式

（10）在 Word 2010 中可以插入______。

A. 表格　　B. 邮件　　C. 词库　　D. 窗口

2. 判断题

（1）在 Word 2010 中，快速访问工具栏的内容是固定不变的。（ ）

（2）在 Word 2010 中，页面的显示比例是固定不变的。（ ）

（3）对于拼写错误，Word 2010 不能识别并纠正。（ ）

（4）计算机没有连接打印机，可以查看打印效果。（ ）

（5）页面设置允许纸张方向为横向。（ ）

（6）对当前文档的分栏最多可以分三栏。（ ）

（7）“查找”命令只能查找字符串，不能查找格式。（ ）

（8）Word 不能实现英文字母的大小写互相转换。（ ）

（9）使用“页面设置”命令可以指定每页的行数。（ ）

（10）在插入页码时，页码的范围只能从 1 开始。（ ）

（11）插入的表格，不能改变初始的行数和列数。（ ）

（12）在插入页码时，页码的位置可以调整。（ ）

（13）可以对部分单元格进行格式设置。（ ）

（14）表格可以转换为文档。（ ）

（15）在 Word 中可以把图片、文字、表格等排在一个文档中。（ ）

3. 操作题

（1）结合自身情况，制作个人简历。

（2）打印个人简历。

（3）统计本班级同学的个人情况，包括姓名、性别、年龄、民族、籍贯等信息，制作表格。

（4）将制作好的本班级同学个人情况汇总表转换为文本。

（5）制作一份完整的数学、物理或化学试卷。

（6）制作本年级的纸质学习宣传板报。

第四章　数据处理

数据处理的目的是从大量的、看似杂乱无章的、难以理解的数据中抽取并推导出某些有价值、有意义的数据。随着互联网及信息产业的发展，数据已经渗透到当今每一个行业和业务职能领域，成为重要的生产要素。

2013 年 7 月，习总书记视察中国科学院时指出："大数据是工业社会的'自由'资源，谁掌握了数据，谁就掌握了主动权。"

伴随着数据量的迅速膨胀，数据处理技术也越来越成熟，已贯穿于社会生产和社会生活的各个领域。因此人们有必要了解数据在生产、生活中的应用，学会根据业务需求选择相应的数据处理工具，采集、加工与管理数据，初步掌握数据分析及可视化表达等相关技能。

项目 1　获取数据

数据采集是数据处理的前导过程，获取有效的数据是数据处理的基础。数据采集需要依托数据处理软件，不同的软件数据采集方式也存在差异，目前主要有手工输入、数据导入和利用工具自动采集三种采集方式。

项目目标

- 了解常用数据处理软件。
- 掌握使用数据处理软件数据采集的方法。
- 掌握转换数据的类型方法。
- 掌握格式化处理数据方法.

任务 1　了解常用数据处理软件

常用的处理数据处理软件有办公软件、数据库系统、数据统计分析软件、程序设计语言等，如 Microsoft Excel、金山 WPS、SQL Server、ACCESS 数据库系统、MATLAB、SAS、Python、R 语言等。这些软件的功能和数据处理能力不尽相同，但都包含数据获取、存储、管理、计算、分析、展示等基本功能。

任务说明

数据处理软件是处理数据的利器，不同的数据处理软件在功能上存在差异，若能对常用的数据处理软件有所了解，就能方便地选用适合工作需要的数据处理工具。本任务将介绍常用的数据处理软件的种类和功能，帮助读者掌握选用恰当数据处理软件的方法。

任务活动

1. 了解数据处理的相关概念

1）数据和信息

数据（data）是记录客观事物的、可鉴别的符号。信息（information）是经过加工以后，对客观世界产生影响的数据。

2）数据处理的概念

数据处理（data processing）是从大量的原始数据中抽取出有价值的信息，即数据转换成信息的过程，是指对信息进行收集、整理、存储、加工及传播等一系列活动的总和。数据处理的目的是从大量的、看似杂乱无章的，甚至是难以理解的原始数据中，提炼、抽取人们所需要的有价值、有意义的数据，作为科学决策的依据。

可以说，“信息=数据+数据处理”。在信息化社会中，信息是一种重要的战略资源，它和物质、能量共同构成人类社会赖以生存发展的三大重要资源。

2. 了解常用数据处理软件

1）Microsoft Excel

Microsoft Excel 是目前最常用的一个电子表格处理软件，它是 Microsoft Office 表格系列的重要应用组件之一，可以用于各种数据的处理、统计分析和辅助决策等，被广泛地应用于管理、统计、财经、金融等众多领域，其主要功能有数据计算、数据透视、统计分析、图表、筛选和汇总等。

2）金山 WPS 表格

金山 WPS 表格是国产软件，操作便捷，符合国人使用习惯，而且 WPS 与 Microsoft 的产品互相兼容，都能打开用对方软件保存的文档，且安装文件较小，集成了网页版和单机版，也具有计算、统计、图表等功能。

3）SQL Serve

SQL Serve 是一种常见的关系数据库，包括 Microsoft SQL Server 及 Sybase SQL Server 两个子数据库。SQL Serve 数据库性能优越、使用方便、可伸缩性好、与相关软件集成度高，应用范围非常广，大量应用于服务器和客户体系结构中，且具有数据统计汇总，数据修改、添加和删除，数据浏览和查询等功能。

4）SAS

SAS 是 SAS（Statistical Analysis System）软件研究所研制的一套大型集成应用软件系统，具有比较完备的数据存取、数据管理、数据分析和数据展现的系列功能，被誉为国际上的标准软件和最具权威的优秀统计软件包，SAS 系统中提供的主要分析功能包括统计分析、经济计量分析、时间序列分析、决策分析、财务分析和全面质量管理等。

3. 了解数据处理软件的基本功能

1）数据采集与预处理

可以采集文本、数值、日期、时间、逻辑等不同类型数据，并可对数据进行数据缺失、类型不统一、数据格式标准不相同等预处理，为数据处理做好基础准备。

2）数据计算

能利用公式、函数和编程等多种手段，对数据进行各种计算和处理，满足人们对处理复杂数据的不同需求。

3）统计分析

可以对数据进行排序、筛选、分类汇总等基础操作，有些专业软件也可以进行统计分析、列联分析和方差分析等操作。

4）图形报表制作

可以生成柱形图、折线图、饼图、条形图等多种类型的图表，实现数据可视化展示，使相关数据体现得更加形象、直观，增加数据的可读性，便于人们了解数据的变化趋势和异常情况。

4. 讨论、思考并回答以下问题

（1）数据处理软件都有哪些？它们各有什么特点？

（2）如何正确选择数据处理软件？

（3）最常用的电子表格软件能够满足数据处理的需要吗？为什么？

查一查：现在常见的数据处理软件都有哪些？

任务 2 数据采集

数据采集是指在信息平台或文件中输入、导入、引用外部数据，或者利用工具软件收集、生成数据。数据采集是数据处理的重要前提，数据采集的方式方法多种多样。

任务说明

数据采集是数据处理的基础工作，人们可以采用在数据处理软件环境录入数据的方法获取数据，可以使用导入或转换的方法获取其他软件环境部分或全部的数据，也可以用专门的数据采集工具获得数据。本任务主要讲解在 Excel 2010 环境下人工输入或导入外部数据、利用八爪鱼采集器获取网络数据，旨在帮助读者了解常用的数据采集方法，提高数据采集技能。

任务活动

1. 认识 Excel 2010 操作界面

Excel 2010 的工作界面有与 Word 2010 相同之处，也有其独特的内容，Excel 2010 窗口界面如图 4-1 所示。

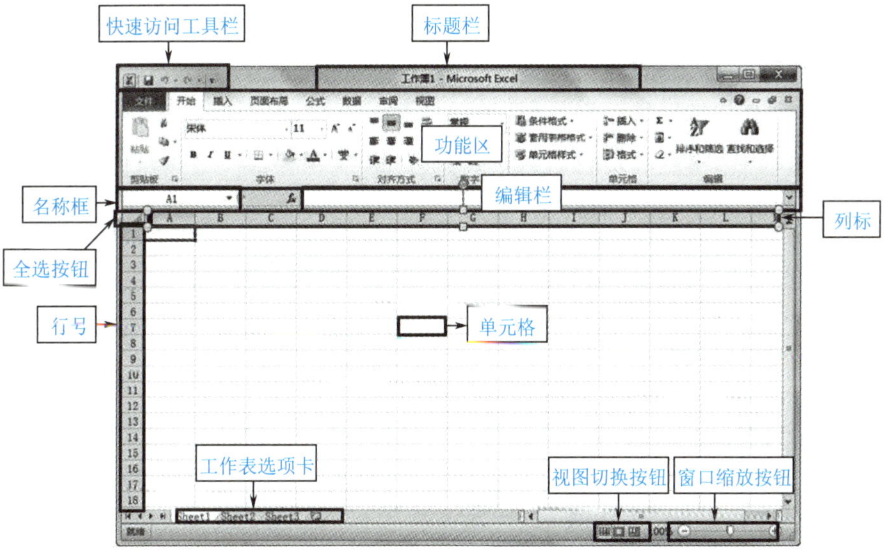

图 4-1 Excel 2010 窗口界面

1）选项卡和功能区

在 Excel 窗口中可以看到 8 个选项卡，分别是“文件”“开始”“插入”“页面布局”“公式”“数据”“审阅”“视图”。选项卡包含不同的功能组。例如，“开始”选项卡有“剪切板”“字体”“对齐方式”“数字”“样式”“单元格”“编辑”7 个功能组，每个功能组中又分别包含若干相关命令，分别完成复制与粘贴、文字编辑、对齐方式、样式应用与设置、单元格设置、单元格与数据编辑等具体操作。

2）公式编辑区

公式编辑区左部为名称框，用来显示单元或区域的名称，或者根据名称寻找单元或区域；右部为编辑栏，用于输入和编辑当前活动单元格的数据或公式。

3）工作簿、工作表、单元格

工作薄：Excel 2010 中用于存放数据的文件即为工作簿，其扩展名为“.xlsx”，启动 Excel 2010

后系统自动生成一个工作簿，每个工作簿可包含多个工作表。

工作表：由行与列交叉排列而成的许多单元集合称为工作表，在工作表中可以存储字符、数字、公式、图表等数据。一般新建立的工作簿默认有三张工作表，默认的工作表名称为 Sheet 1、Sheet 2、Sheet 3，用户也可以更改工作表的名称。工作表列标号是 A、B、C、D、…、Z，AA、AB、…、AZ，BA、BB、…、BZ，…，IA、IB、…、IV，共 256 列；行标号从 1、2、3、…，共 65536 行。

单元格：工作表中所有行列交叉点处的方格称为一个单元或单元格，它是工作表的基本单位。工作表中的列标号和行标号作为单元格地址名称，如“A1”是指工作表的左上角第一个单元，位于第 1 行第 A 列，而“Sheet2!B1”表示 Sheet2 工作表中 B 列第 1 行的单元格，这种将工作表名称与单元格地址之间用“!”号隔开的地址，称为单元格的三维地址。

4）Excel 中的数据输入和数据类型

Excel 状态栏显示“就绪”状态时，可以在工作表内输入数据。首先用鼠标单击、按 Tab 键或光标移动组合键选定活动单元格，然后再输入数据，输入的数据同时显示在单元格和编辑栏中。输入结束时，单击编辑栏中的“输入”按钮，或者按 Enter 键，或者选定另一个单元格，确认所输入的数据。在确认本次输入数据之前，若单击编辑栏中的“取消”按钮，或者按 Esc 键，可取消输入的数据。

工作表中的数据类型可以是文字、数值、日期、时间、逻辑等类型。在输入数据时，Excel 会自动区分数据类型，并采用默认格式显示。

2. 利用 Excel 2010 输入数据

在 Excel 2010 中制作学生基本信息表，如图 4-2 所示。

	A	B	C	D	E	F	G	H
1	2020级学生基本信息表							
2	序号	姓名	性别	学号	学院	出生日期	身高	是否党员
3	1	赵乐乐	男	2020101001	计算机学院	2002-2-12	1.75	TRUE
4	2	钱多多	男	2020102003	法学院	2000-11-25	1.81	FALSE
5	3	孙依依	男	2020110010	经济学院	2001-1-3	1.68	FALSE
6	4	李思思	女	2020101005	计算机学院	2002-12-12	1.85	FALSE
7	5	吴洛洛	女	2020102008	法学院	2000-8-23	1.78	TRUE

图 4-2 学生基本信息表

（1）启动 Excel 2010。依次单击“开始”→“所有程序”→“Microsoft Office 2010”→“Excel 2010”，即可启动 Excel 2010，系统自动生成名为“工作簿 1”的空白文档。

（2）输入文字。在创建的“工作簿 1”→“sheet1”空白工作表中，单击 A1 单元格，输入“2020 级学生基本信息表”，输入的内容将显示在编辑栏中，也可以在编辑栏中直接输入文字。

（3）用同样的方法在 A2 到 H2 单元格输入数据表的表头文字。

（4）利用填充柄填充数据。在 A3 单元格输入“1”，然后将鼠标指针移动至该单元格右下角的“填充柄”，当鼠标指针变成十字形状时，按住鼠标左键拖动至 A7 单元格，释放鼠标，单击“自动填充选项”启动器，选择“填充序列”，自动填充数据，如图 4-3 所示。

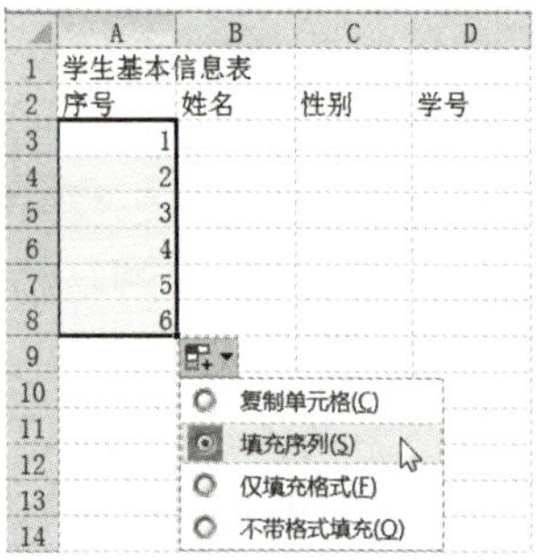

图 4-3 利用填充柄填充数据

（5）在 B3 到 B7 单元格中，直接输入学生姓名；在 C3 到 C7 单元格中，直接输入性别。

（6）以文本类型输入数字。单击 D3 单元格，先输入单引号“’”，再输入“2020101001”，即“’ 2020101001”，用同样方法依次在 D4 至 D7 中输入学号。

（7）利用数据有效性采集有效数据。单击 E3 单元格，拖动鼠标选中 E3 至 E7 单元格区域，选择“数据”→“数据工作”→“数据有效性”命令，在弹出的“数据有效性”对话框的“设置”选项卡中，在“允许”下拉列表中选择“序列”，在“来源”框中输入“计算机学院,法学院,经济学院”，单击“确定”按钮完成设置，如图 4-4 所示。依次单击 E3 单元格→“计算机学院”，完成数据录入，用同样方法录入其他数据。

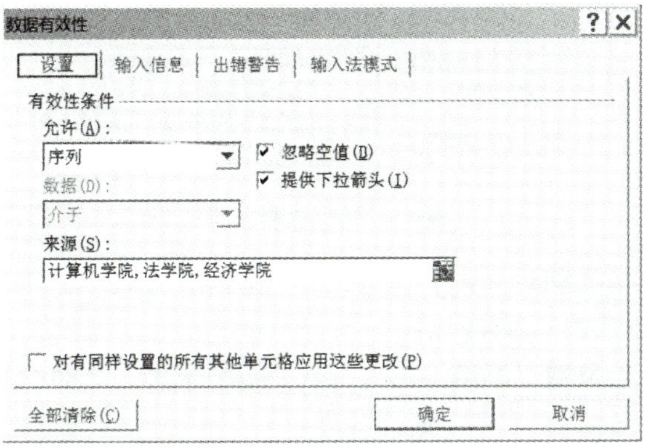

图 4-4　数据有效性设置

（8）采集日期型数据。单击 F3 单元格，输入“2002-2-12”，依次输入其他数据。

（9）采集数值型数据。单击 G3 单元格，输入“1.75”，依次输入其他数据。

（10）采集逻辑型数据。单击 H3 单元格，输入“TRUE”，依次输入其他数据。完成学生基本信息采集。

（11）单击“快速访问工具栏”中的“保存”按钮，打开“另存为”对话框，在“保存位置”下拉列表中找到保存文件的位置，在“文件名”文本框中输入“2020 级学生基本信息表”。单击“保存”按钮，文件将保存在指定位置。

3. 利用 Excel 2010 获取外部数据

（1）新建 Excel 空白文档。

（2）选择“数据”→“获取外部数据”→“自网站”命令，弹出“新建 Web 查询”对话框。

（3）在“地址”文本框中输入相应网址，单击“转到”按钮，单击对话框左上角的箭头“➡”，图标变成“☑”，最后单击下方的“导入”按钮，如图 4-5 所示。

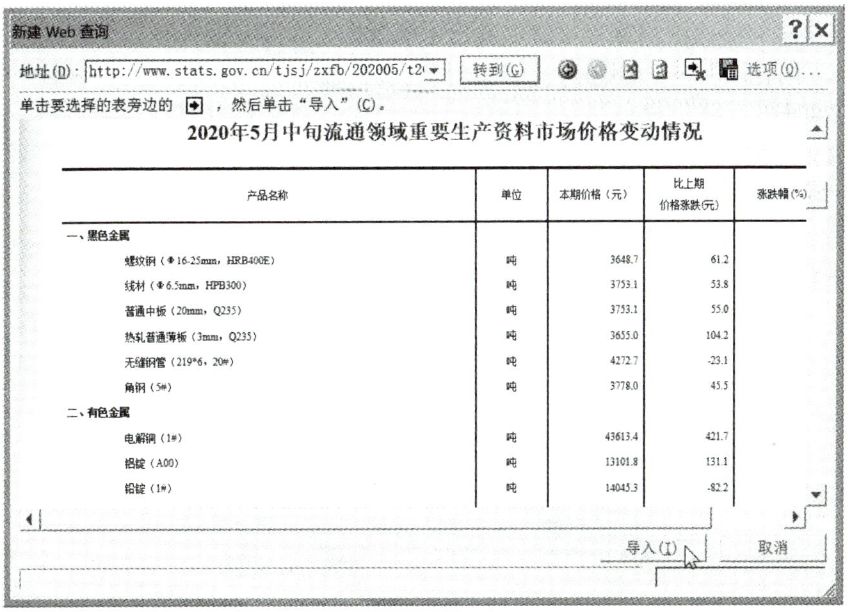

图 4-5　新建 Web 查询

（4）弹出“导入数据”对话框，默认数据存放位置为“现有工作表”，单击“确定”按钮，Excel 2010 将自动获取网页数据，操作如图 4-6 所示。

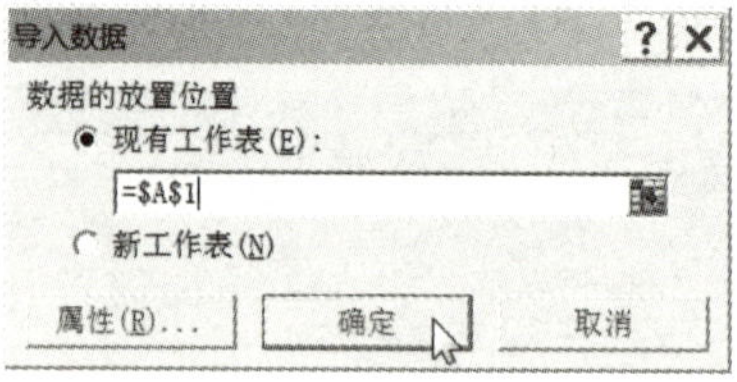

图 4-6 “导入数据”对话框

（5）以“生产资料价格变动表”为名保存工作表。

4. 利用八爪鱼信息采集器收集数据

（1）启动八爪鱼信息采集器，单击“主页”→“简易采集”下的“立即使用”按钮，如图 4-7 所示。

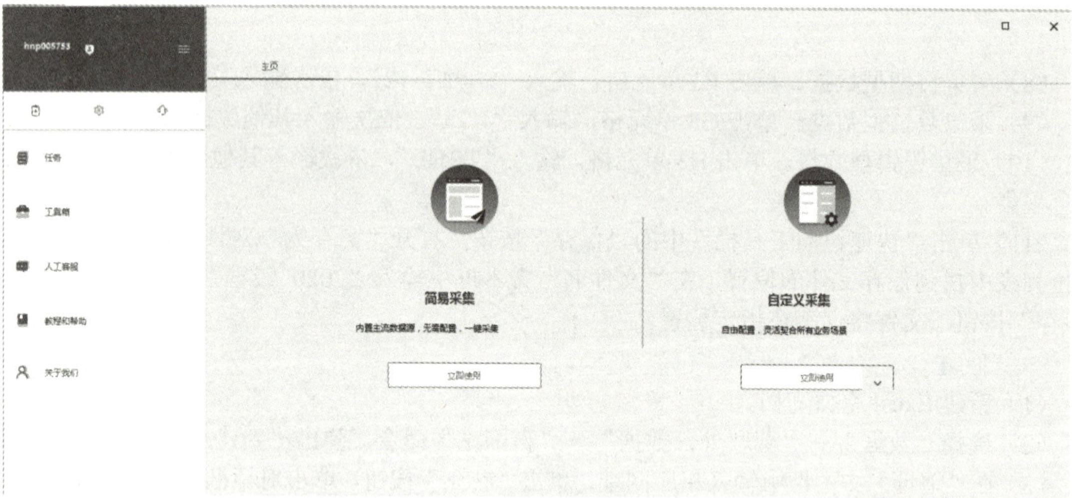

图 4-7 八爪鱼采集器主页

（2）在简易采集模式中内置有一些主流数据资源，无须用户配置即可实现数据采集。依次选择“其他”→“同花顺”→“同花顺—大宗数据股票信息采集”，单击页面下方的“立即使用”按钮，打开采集页面。

（3）在页面“翻页次数”文本框中输入“2”，单击“保存并启动”按钮，打开运行任务对话框，选择“启动本地采集”命令，开始数据采集。

（4）采集一段时间后，单击“停止采集”按钮，确认停止数据采集后，打开“采集已停止”页面，如图 4-8 所示。

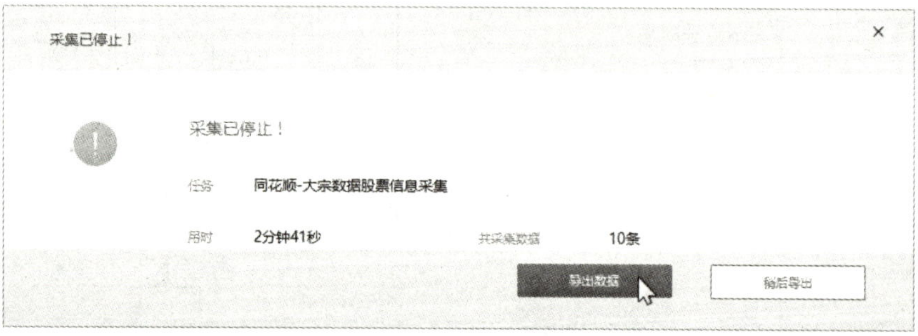

图 4-8 “采集已停止”页面

（5）单击“导出数据”按钮，在弹出的“导出本地数据”对话框中，选择导出方式为“Excel 2007或 Excel 2003”，单击“确定”按钮。

（6）以“股票交易信息表”为名保存工作表，完成信息采集。

5. 讨论、思考并回答以下问题

（1）利用电子表格进行数据采集时应该注意哪些问题？

（2）数据有效性用于数据采集的主要作用有哪些？

（3）采集的网络数据能够直接处理吗？为什么？

做一做：利用腾讯文档在线表格采集样例数据；利用八爪鱼信息采集器收集京东商城上的某一商品的评论。

任务 3　转换数据类型及格式化处理数据

转换数据类型是指对采集的数据进行不同类型的转换，如把文本型数据转换为数值型数据，以满足数据计算需求；把无格式数据转换为日期格式数据，以增强可读性。格式化处理数据是指删除重复值、填充空值、纠正错误及处理不规范数据等，以保证数据的一致性。转换数据类型及格式化处理数据就是对数据进行清洗，以满足后续数据加工的需求。

任务说明

在获取到的数据中，可能存在大量的异常数据，如数据不完整、数据类型不一致等。这些问题数据有可能对数据处理产生不良影响，造成处理结果出现偏差，严重的可能造成无法进行数据分析。本任务将介绍 Excel 2010 电子表格的格式化及数据格式化方法，旨在帮助读者了解常见数据类型转换和格式化处理数据方法，提高数据处理的基本技能。

任务活动

1. 了解 Excel 2010 格式化表格的基本操作

（1）双击打开“学生基本信息表”。

（2）合并单元格，设置字体、字号。选择 A1:H1 单元格区域，选择“开始”→“对齐方式”→“合并后居中”命令。在“开始”→“字体”下拉列表中选择“黑体”，在“字号”下拉列表中选择“20”。

（3）设置单元格格式。选择 A2:H7 单元格区域，选择“开始”→“字体”→“对话框启动”按钮，弹出“设置单元格格式”对话框。选择“对齐”选项卡，在“文本对齐方式”的“水平对齐”中选择“居中”选项，在“垂直对齐”中选择“居中”选项，选择“字体”选项卡，将“字体”设置为“仿宋”“字形”默认“常规”“字号”设置为“10”，如图 4-9 所示。

（4）设置行高列宽。选择“开始”→“单元格”→“格式”→“行高”命令，在对话框中输入“30”磅，单击“确定”按钮，用同样方法设置列宽为“10”磅。

（5）设置边框。选择 A1:H7 单元格区域，在“设置单元格格式”对话框中选择“边框”选项卡，选择“粗线条样式”，在“预置”栏中单击“外边框”按钮，在“样式”列表框中选择“细线条样式”，在“预置”栏中单击“内部”按钮，如图 4-10 所示。

（6）设置单元格样式。选择 A2:H2 单元格区域，选择“开始”→“样式”→“单元格样式”，单击选择“主体单元格样式”中“20%-强调文字颜色 1”，如图 4-11 所示。

（7）删除工作表列。选择 H 列，选择“开始”→“单元格”→“删除”→“删除工作表列”命令。

（8）最终效果如图 4-12 所示，关闭并保存工作表。

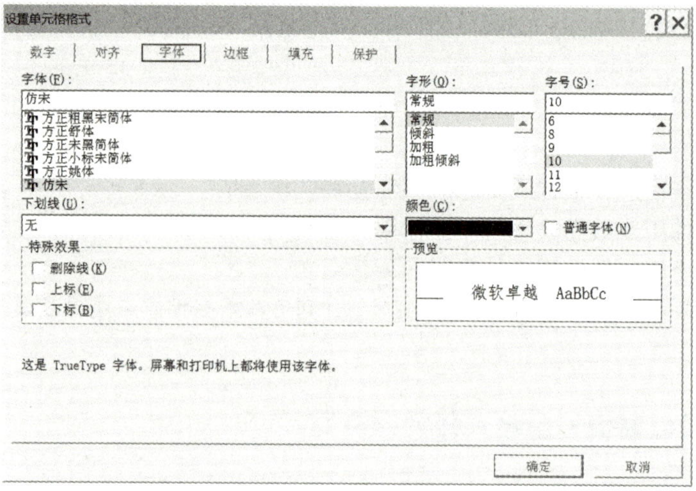

图 4-9 “设置单元格格式”对话框

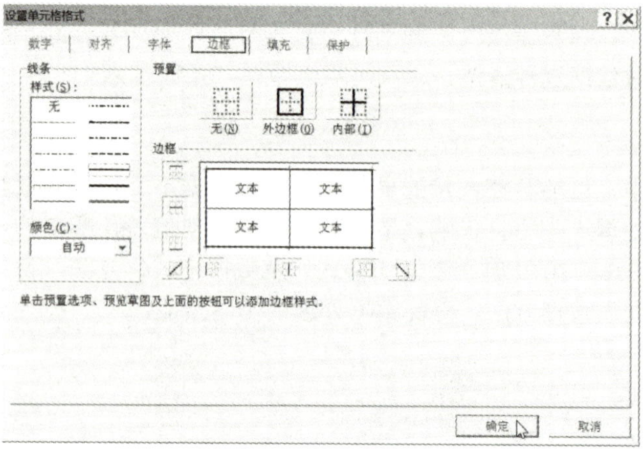

图 4-10 设置边框

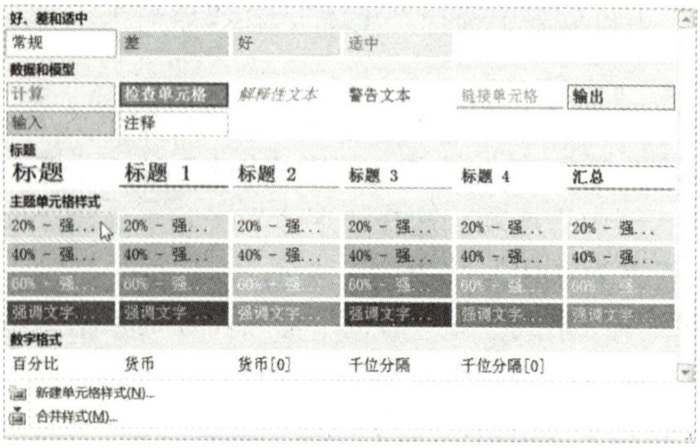

图 4-11 单元格样式设置

2020级学生基本信息表

序号	姓名	性别	学号	学院	出生日期	身高
1	赵乐乐	男	2020101001	计算机学院	2002-2-12	1.75
2	钱多多	男	2020102003	法学院	2000-11-25	1.81
3	孙依依	男	2020110010	经济学院	2001-1-3	1.68
4	李思思	女	2020101005	计算机学院	2002-12-12	1.85
5	吴洛洛	女	2020102008	法学院	2000-8-23	1.78

图 4-12 最终效果图

2. 转换数据类型

（1）打开“股票交易信息表”，保留 B:D 列和 F:J 列，删除其他列，以进行格式设置。

（2）利用“设置单元格格式”对话框转换数据类型。选择 B2:B16 单元格区域，在弹出的“设置单元格格式”对话框，选择“数字”选项卡，选择“分类”→“日期”→“2001-3-14”，单击“确定”按钮，如图 4-13 所示。

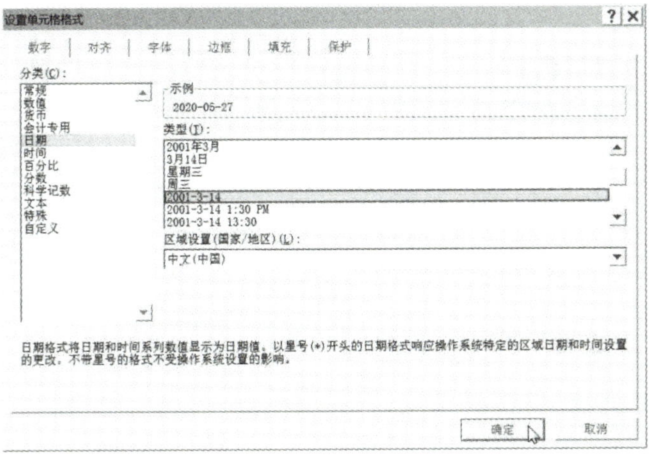

图 4-13　设置日期

（3）利用“分列”命令转换数据类型。选择 C2:C16 单元格区域，选择“数据”→“数据工具”→“分列”命令，弹出“文本分列向导”对话框，共 3 步可完成设置，1、2 步选择默认设置，第 3 步时，在“列数据格式”中选择“文本”，单击“完成”按钮，完成转换设置，如图 4-14 所示。

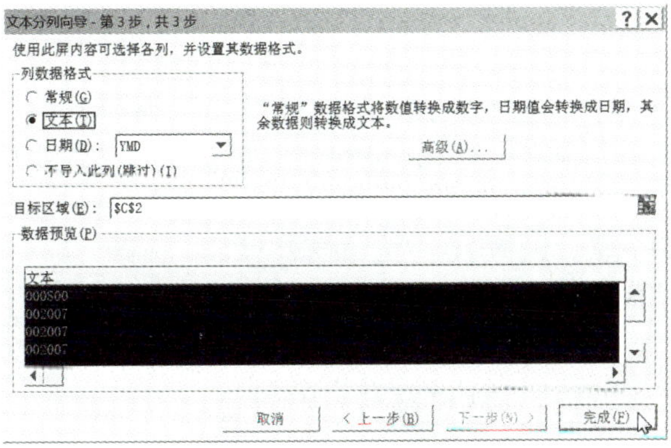

图 4-14　转换设置

（4）利用“错误检查选项”转换数据类型。选择 E2:G16 单元格区域，单击“错误检查”选项，在弹出的快捷菜单中选择“转换为数字”命令，如图 4-15 所示。

（5）通过运算转换数据类型。复制任意一个空白单元格，选择 H2:H16 单元格区域，单击右键，在弹出的快捷菜单中选择“选择性粘贴”命令，弹出“选择性粘贴”对话框。在“粘贴”选项组中选择“数值”，“运算”选项组中选择“加”，单击“确定”按钮，如图 4-16 所示。

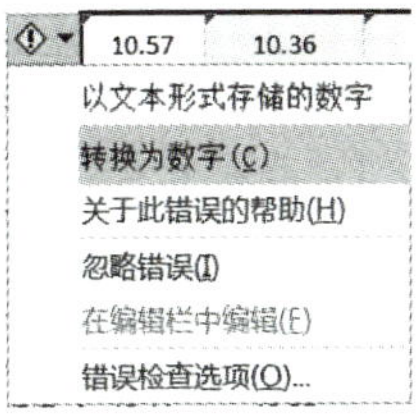

图 4-15　转换数字

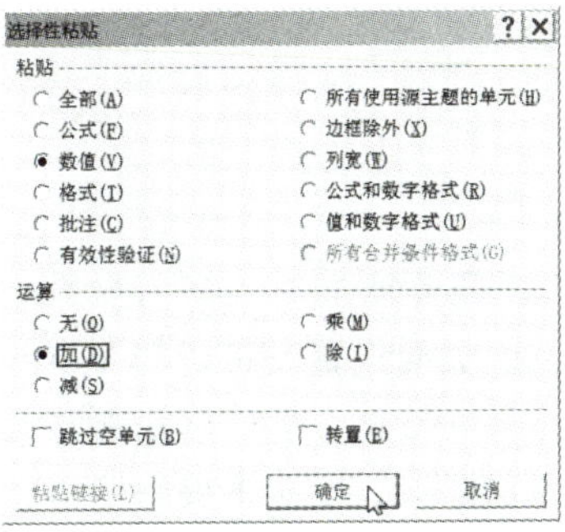

图 4-16　“选择性粘贴”对话框

（6）关闭并保存工作表。

3. 格式化处理数据

（1）打开“股票交易信息表”。

（2）删除重复值。选择 A2:H16 单元格区域，选择“数据”→“数据工具”→“删除重复项”命令，弹出“删除重复项”对话框，取消勾选“列”选项组中的“序号”选项，单击“确定”按钮，如图 4-17 所示。

（3）查找空值。选择“开始”→“编辑”→“查找和选择”→“定位条件”命令，弹出“定位条件”对话框，选择“空值”选项，单击“确定”按钮，如图 4-18 所示。

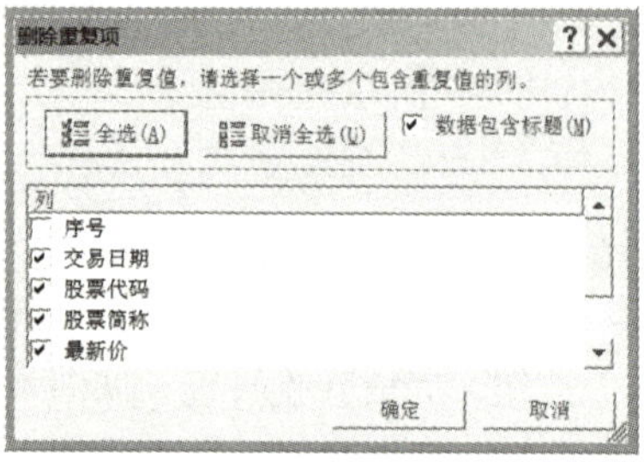

图 4-17 删除重复项

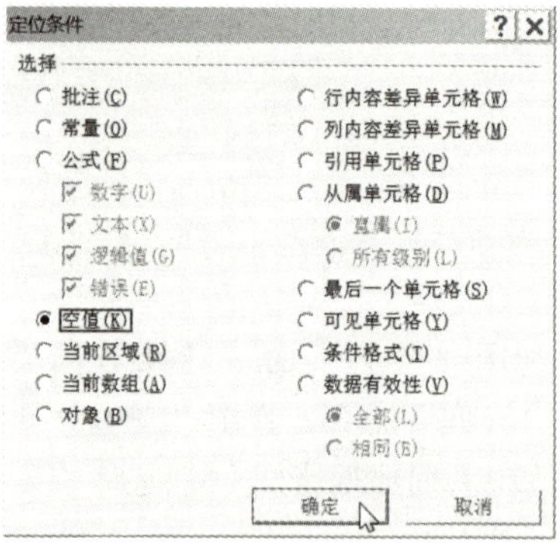

图 4-18 定位条件

（4）设置项目选取规则。选择 G2:G16 单元格区域，选择“开始”→“样式”→“条件格式”→“项目选取规则”→“值最大的 10 项”命令，在弹出的“值最大的 10 项”对话框中保持默认设置。

（5）设置突出显示单元格。选择 H2:H16 单元格区域，选择“开始”→“样式”→“条件格式”→“突出显示单元格规则”→“小于”命令，在弹出的“小于”对话框中输入“0”，设置为“浅红色填充深红色文本”。

（6）最终效果如图 4-19 所示，关闭并保存工作表。

	A	B	C	D	E	F	G	H
1	序号	交易日期	股票代码	股票简称	最新价	成交价格	成交量万股	溢价率
2	1	2020-05-27	000800	一汽解放	10.57	10.36	300	-0.0199
3	2	2020-05-27	002007	华兰生物	41.78	39.07	60.00	-0.0649
4	3	2020-05-27	002007	华兰生物	41.78	39.07	13	-0.0649
5	4	2020-05-27	002007	华兰生物	41.78	39.07	26	-0.0649
6	5	2020-05-27	002049	紫光国微	69.01	69.01	30	0
7	6	2020-05-27	002075	沙钢股份	13.31	12.69	1034.00	-0.0466
8	7	2020-05-27	002151	北斗星通	33.76	28.61	105	-0.1525
9	8	2020-05-27	002236	大华股份	15.11	15.56	166	0.0298
10	9	2020-05-27	002236	大华股份	15.11	15.56	740	0.0298
11	10	2020-05-27	002301	齐心集团	15.3	14.1	108	-0.0784
12	11	2020-05-27	002301	齐心集团	15.3	14.1	42.00	-0.0784
13	12	2020-05-27	002301	齐心集团	15.3	14.1	42	-0.0784
14	13	2020-05-27	002305	南国置业	1.96	1.96	2783	0
15	14	2020-05-27	002369	卓翼科技	8.8	8	232.5	-0.0909
16	15	2020-05-27	002415	海康威视	28.32	28.32	100.25	0

图 4-19 最终效果图

4. 讨论、思考并回答以下问题

（1）Excel 页面设置及打印与 Word 有什么异同？

（2）“选择性粘贴”都能解决哪些问题？

（3）“条件格式”设置主要应用于什么环境？如何新建规则？

做一做： 利用 Excel 2010 及以上版本中的获取和转换命令处理不规范数据。

项目2 加工数据

加工数据是指对数据进行运算、排序、筛选和分类汇总等操作。仅靠数据类型转换和格式化处理，某些数据无法满足数据分析需求，只有通过进一步的加工处理，才能最终形成简洁、规范、清晰的样本数据，达到后续数据分析的要求。

项目目标

- 了解数据处理的基础知识。
- 掌握使用函数和表达式计算数据的方法。
- 掌握排序、分类汇总数据的方法。

任务1 了解数据处理的基础知识

数据处理是根据数据分析目的，将收集到的数据，用适当的处理方法进行加工、整理，形成适合数据分析要求的样式，它是数据分析前必不可少的重要工作，并且在整个数据分析工作量中占据相当大的比例。

任务说明

在数据处理过程中，数据运算是核心内容，用户可以使用函数或运算表达式进行算术、逻辑等运算，还可以对数据进行排序、筛选和分类汇总等加工处理。本任务主要介绍 Excel 2010 中函数与表达式的使用方法，帮助读者了解表格数据处理的基础知识，为后续的数据计算打好基础。

任务活动

1. 了解表达式及其使用方法

表达式是指对工作表中的数据进行计算的公式。要输入公式必须先输入“=”，然后再接着输入表达式的内容，否则 Excel 会将输入的内容作为文本型数据进行处理。表达式由运算符和参与运算的操作数组成。运算符包括算术运算符、比较运算符、文本运算符和引用运算符，操作数包括常量、单元格引用和函数。

1）算术运算符

算术运算符有 6 个，如表 4-1 所示，其作用是完成基本的数学运算，运算对象是数值，运算结果也是数值。

表 4-1 算数运算符

算术运算符	含义	实例
+（加号）	加法	B1+B2
–（减号）	减法或负数	B1–B2
*（星号）	乘法	B1*3
/（正斜杠）	除法	B1/2
%（百分号）	百分比	100%
^（脱字符号）	乘方	2^2

2）比较运算符

比较运算符有 6 个，如表 4-2 所示，它们的作用是比较两个值，并得到一个逻辑值，即“TRUE

（真）”或“FALSE（假）”。

表 4-2 比较运算符

比较运算符	含义	比较运算符	含义
>（大于号）	大于	>=（大于等于号）	大于等于
<（小于号）	小于	<=（小于等于号）	小于等于
=（等于号）	等于	<>（不等于号）	不等于

3）文本运算符

文本运算符只有“&（与号）”，可将两个或多个文本值串起来产生一个连续的文本值，如“大美”&“河南”会生成“大美河南”。

4）引用运算符

引用运算符有 3 个，如表 4-3 所示，它们的作用是将单元格区域进行合并计算。

表 4-3 引用运算符

引用运算符	含义	实例
:（冒号）	区域运算符，用于引用单元格区域	A1:A5
,（逗号）	联合运算符，用于引用多个单元格区域	A1:A5,B6:B10
（空格）	交叉运算符，用于引用两个单元格区域的交叉部分	B7,D7 C6:C8

2. 了解函数的概念及使用方法

Excel 工作表使用的函数是预先定义的表达式，它是将具有特定功能的一组表达式组合在一起形成函数，专门处理庞大的资料或复杂的计算过程，在“=”后输入。

1）函数的构成

函数以函数名开始，后面跟着左圆括号、以逗号分隔的参数和右圆括号，如：

=SUM(Al:A10, B5,C3:C16)

函数名 参数 参数 参数

函数中的参数可以是常量、单元格地址、区域地址、表达式或函数。一个函数的参数最多不能超过 30 个。不同的函数其括号内的参数个数、参数类型及参数代表的含义不同。有些函数的参数有规定数目，不能多也不能少；有些函数不需要参数，但括号仍需保留；还有些函数的参数分为必选和可选两种，对于可选参数必须了解不选择时参数的默认值。

2）函数的使用

使用函数时，应首先确认已在单元格中输入“=”，即已进入公式编辑状态，接下来按照函数构成的要求输入函数。用户可以直接在单元格中输入函数，也可以使用函数向导输入函数。

直接输入函数：选定要输入公式的活动单元格，先输入“=”，再输入函数名及其参数。

插入函数：Excel 对函数进行了分类，可以在“公式”选项卡的“函数库”功能区中，根据类型找到要使用的函数，也可以选择“公式”→“函数库”→“插入函数”命令，弹出“插入函数”对话框，在“搜索函数”框中直接输入函数名，然后单击“转到”按钮。或者选择函数的类别，在“选择函数”列表框中选择要使用的函数，弹出相应的函数或参数对话框。

3）常用函数

Excel 2010 提供了大量的函数，表 4-4 列出了常用的函数类型和实例。

3. 了解单元格引用

Excel 中的数据都保存在单元格中，当公式中出现单元格地址或区域地址时，单元格中所保存的数据就可以参加运算，即引用单元格数据，也称单元格引用。公式中使用单元格引用时，如果运算数据需要改变，则只需修改单元格中的数据，公式的计算结果就将随之改变。单元格引用分为相对引用、绝对引用、混合引用和三维引用。

表 4-4 常用的函数类型和实例

函数类型	函数名称	实例
常用	SUM（求和）、AVERAGE（求平均值）、MAX（求最大值）、MIN（求最小值）、COUNT（计数）等	= AVERAGE(A1:A5) 表示求 A1:A5 单元格区域中数字的平均值
财务	DB（资产的折扣值）、IRR（现金流的内部报酬率）、PMT（分期付款方式）等	=PMT(B4,B5,B6) 表示基于固定利率及等额付款方式，返回贷款的每期付款额
日期与时间	DATA（日期）、TIME（时间）、HOUR（小时数）、SECOND（秒数）等	=DATA(C2,D2,E2) 表示返回 C2、D2、E2 所代表的日期的序列号
数学与三角	ABS（求绝对值）、SIN（求指数）、INT（求整数）、LOG（求对数）等	=ABS(F2) 表示计算 F2 单元格数值的绝对值
统计	COUNT（求个数）、AVEDEY（绝对误差的平均值）、COVAR（求协方差）等	=COUNT(G2:G8) 计算单元格区域 G2:G8 中包含数字的单元格的个数
查找与引用	ADDRESS（单元格地址）、LOOKUP（从向量或组中查找值）、ROW（返回行号）等	=ROW(B10) 表示返回引用单元格所在行的行号
文本	TEXT（数字转换成文本）、LEFT（返回字符）等	=LEFT(A2,4) 表示返回 A2 单元格字符串中的前四个字符
逻辑	AND（与）、OR（或）、FALSE（假）、TRUE（真）、IF（条件）等	=IF(A2<=10,"预算内","超出预算") 表示使用条件测试 A2 是否小于等于 10，条件结果为“真”或“假”结果为真返回“预算内”，结果为假返回“超出预算”

1）相对引用

相对引用是指当将公式从一个单元格复制到另一个单元格时，公式中的单元格地址或区域地址会相应发生改变。相对引用的单元格地址形式用列标号与行标号表示，如将 C3 单元格中的公式“=A3*B3”复制到 D4 中，则公式变为“=A4*D4”。

2）绝对引用

绝对引用是指在复制公式时，公式中绝对引用的单元格地址不会发生改变，即当复制单元格时，如果不希望公式中引用的单元格地址发生变化，就需要使用绝对地址。绝对引用的单元格地址形式是在列标号和行标号前加“$”，如$A$1。

3）混合引用

混合引用是指公式中引用的单元格地址形式只在列标号或行标号前加“$”，使单元格地址既使用相对部分，又使用绝对部分。复制时公式，相对引用部分发生改变，而绝对引用部分不发生改变，如$A1。

4）三维引用

三维引用是指在公式中引用另一个工作表中的单元格。三维引用的单元格地址形式是在单元格地址前加工作表名并用“!”号分隔。例如，列标号和行标号表示的地址是二维地址，再加上工作表名形成三维地址，如公式“=单价表!B2*数量表!D2”。

4. 了解公式移动与复制的规律

1）公式移动的规律

当公式从一个单元格移动到其他单元格时，无论公式中使用相对引用、绝对引用还是混合引用，公式引用的单元格地址都不会发生改变，若将公式移到到它所引用的单元格中，将会显示出错信息“#REF”。

2）公式复制的规律

当公式从一个单元格（“源”）复制到其他单元格（“目标”）时，“源”单元格的地址引用方式不同，对应的“目标”单元格地址的变化也不同。在复制相对引用的公式时，“目标”单元格的公式会发生改变。在复制绝对引用的公式时，“目标”单元格的公式不会发生改变。在复制混合引用的公式时，混合地址的绝对引用部分和相对引用部分遵循不同的规律，绝对引用部分和绝对引用一样保持不变，相对引用部分和相对引用一样，根据公式位置做相应改变。

5. 讨论、思考并回答以下问题

（1）当多种运算符同时出现在公式中时，运算优先级如何排序？

（2）Excel 使用公式时常见错误代码有哪些？产生错误的原因是什么？

（3）常用的函数有哪些？使用函数时附加参数能够带来什么好处？

说一说：在计算时如何选择公式、函数？

任务 2　使用函数和表达式计算数据

计算数据是分析数据的前提，也是数据处理的核心内容，尽管不同数据处理软件的数据处理方式、数据处理能力不同，但都是依靠函数和表达式来实现数据计算的。

任务说明

计算数据离不开公式和函数。公式是函数的基础，它是单元格中一系列值、单元格引用、名称或运算符的组合。函数是预定义的内置公式，可以进行数学、文本、逻辑的运算。本任务通过讲解超市销售表和学生成绩表的数据处理操作，帮助读者掌握 Excel 2010 中公式和常见函数的使用方法。

任务活动

1. 使用公式计算数据

（1）制作如图 4-20 所示的大河超市销售表，并进行格式化处理。

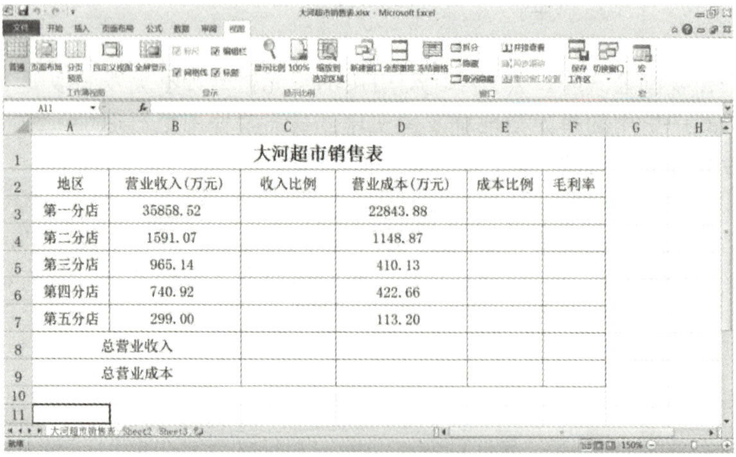

大河超市销售表					
地区	营业收入(万元)	收入比例	营业成本(万元)	成本比例	毛利率
第一分店	35858.52		22843.88		
第二分店	1591.07		1148.87		
第三分店	965.14		410.13		
第四分店	740.92		422.66		
第五分店	299.00		113.20		
总营业收入					
总营业成本					

图 4-20　大河超市销售表

（2）选中 C8 单元格，输入公式“=B3+B4+B5+B6+B7”，计算总营业收入，选择“公式”→“计算”→“开始计算”命令，得到计算结果。

（3）选中 C9 单元格，输入公式“=D3+D4+D5+D6+D7”，计算总营业成本，单击回车键，得到计算结果。

（4）选中 C3 单元格，输入公式“=B3/ C8”，将鼠标指针移动至公式“C8”中的任意位置，按 F4 键，切换为绝对引用地址，公式对应变为“=B3/ $C$8”，计算收入比例。

（5）按照同样方法，计算 E3 单元格的成本比例。

（6）选中 F3 单元格，输入公式“=(B3-D3)/B3”，计算毛利率。

（7）选择“公式”→“计算”→“计算选项”→“自动”命令，实现公式填充时的自动计算。

（8）选中 C3 单元格，移动鼠标至单元格右下角，当光标变为黑色十字自动填充柄时，拖动鼠标至 C7 单元格，填充表达式，并自动计算数据。

（9）用同样的方法计算成本比例和毛利率。

（10）选中 C8 单元格，分别选择“公式”→“公式审核”中的“追踪引用单元格”和“追踪从属单元格”。

（11）选中 C9 单元格，分别选择“公式”→“公式审核”中的“追踪引用单元格”和“追踪从属单元格”。

（12）最终处理结果如图 4-21 所示，保存并关闭工作表。

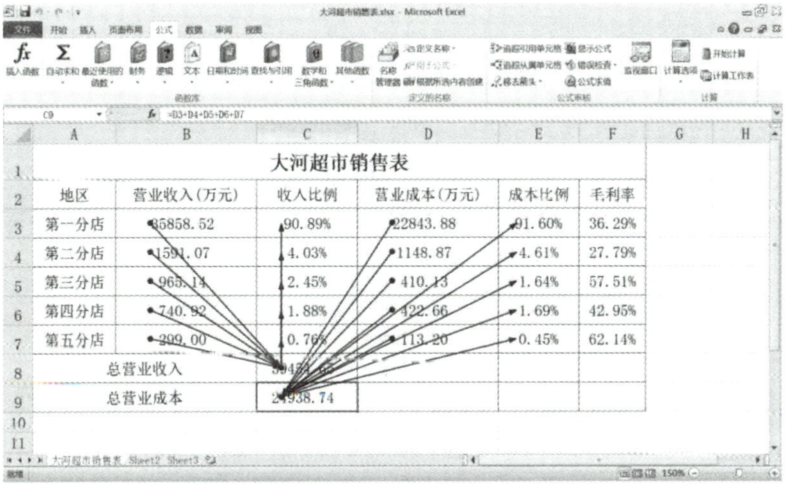

图 4-21　大河超市销售表处理结果

2. 使用函数计算数据

（1）制作如图 4-22 所示的学生成绩表，并进行格式化处理。

学生成绩表

序号	姓名	性别	学号	学院	数学	英语	计算机	体育	高数	总分	平均分
1	赵乐乐	男	2020101001	计算机学院	86	91	81	88	85		
2	钱多多	男	2020102001	法学院	83	50	75	82	93		
3	孙依依	男	2020103001	经济学院	55	69	58	86	87		
4	李思思	女	2020101002	计算机学院	79	90	80	86	68		
5	吴洛洛	女	2020102002	法学院	56	78	68	78	78		
6	杨庆旺	男	2020103002	经济学院	73	70	50	88	93		
7	王溪	男	2020101003	计算机学院	93	61	59	75	69		
8	黄资炜	女	2020102003	法学院	69	56	78	86	45		
9	钟锦辉	男	2020103003	经济学院	45	68	63	60	53		
10	黄林	男	2020101004	计算机学院	53	74	78	62	81		
11	匡载华	男	2020102004	法学院	81	53	90	75	83		
12	刘余和	男	2020103004	经济学院	43	65	71	49	65		
13	蔡春桥	男	2020101005	计算机学院	95	85	87	89	87		
14	陈大大	男	2020102005	法学院	80	70	89	79	95		
15	陈卫家	男	2020103005	经济学院	77	88	99	88	80		

图 4-22　学生成绩表

（2）选中 K3 单元格，选择“公式”→“函数库”→“自动求和”→“求和”命令，K3 单元格内将自动填入求和函数“=SUM(F3:J3)”，F3:J3 单元格处于被选中状态，单击“编辑栏”左侧的“输入”按钮，完成求和计算。

（3）选中 K3 单元格，移动鼠标指针至单元格右下角“填充柄”位置，鼠标变成“+”形状，拖动鼠标向下移动到 K17 单元格，自动填充，完成所有求和计算。

（4）选中 L3 单元格，选择“公式”→“函数库”→“插入函数”命令，弹出“插入函数”对话框，在“或选择类别”下拉列表中选择“统计”，在“选择函数”列表中选择“AVERAGE”函数，如图 4-23 所示。

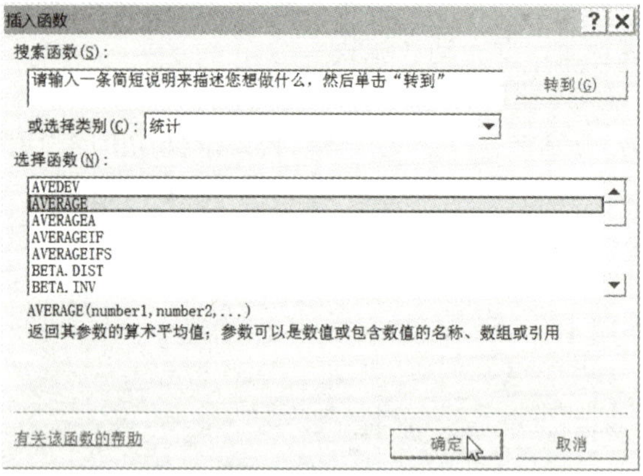

图 4-23 “插入函数”对话框

（5）单击“确定”按钮，弹出“函数参数”对话框，单击“Number1”编辑框右侧的压缩对话框按钮，拖动鼠标选择 F3:J3 单元格区域，单击展开对话框按钮返回“函数参数”对话框，如图 4-24 所示，单击“确定”按钮，得到计算结果。

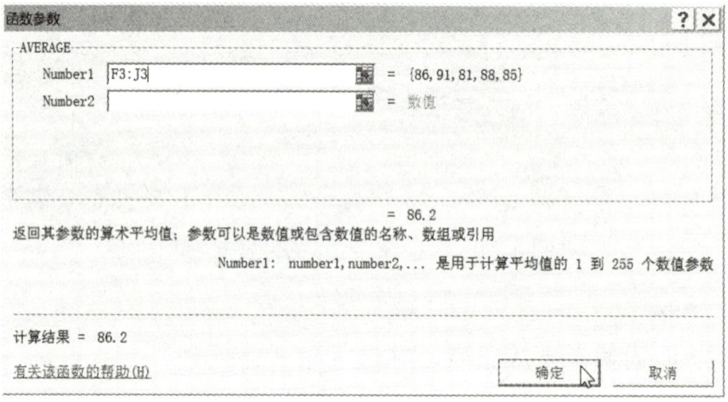

图 4-24 “函数参数”对话框

（6）拖动 L3 单元格右下角的填充柄至 L17 单元格，利用复制函数功能计算其他学生平均分。

（7）在 M2 单元格输入“评定”，设置相应格式，选择 M3 单元格，打开“插入函数”对话框，在“或选择类别”下拉列表中选择“逻辑”，然后在“选择函数”列表选择“IF”。

（8）在“Logical_test”编辑框中输入“K3>=400”，在“Value_if_true”编辑框中输入“"优秀"”，在“Value_if_false”编辑框中输入“"一般"”，单击“确定”按钮，得到计算结果，如图 4-25 所示，继续计算 M4:M17 单元格的值。

（9）在 N2 单元格输入“名次”，设置相应格式，选择 N3 单元格，打开“插入函数”对话框，在“或选择类别”下拉列表中选择“统计”，弹出“RANK.EQ”的“函数参数”对话框，在“Number”编辑框输入“K3”，在“Ref”编辑框输入“K3:K17”，按 F4 键，变为绝对地址“$K$3:$K$17”，“Order”编辑框输入“0”，单击“确定”按钮，计算 N4:N17 单元格的值，如图 4-26 所示。

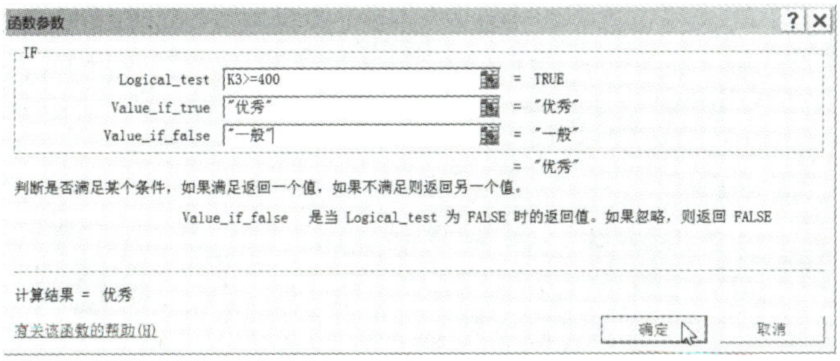

图 4-25 计算 M4:M17 单元格

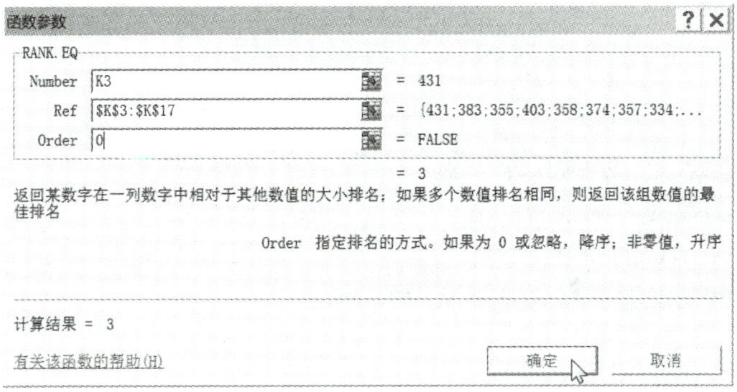

图 4-26 在“RANK.EQ”的“函数参数”对话框中设置相应值

（10）在 E18 单元格输入“女生人数”，选中 F18 单元格，在“统计”类选择“COUNTIF”函数，在“函数参数”对话框中设置相应值，如图 4-27 所示。

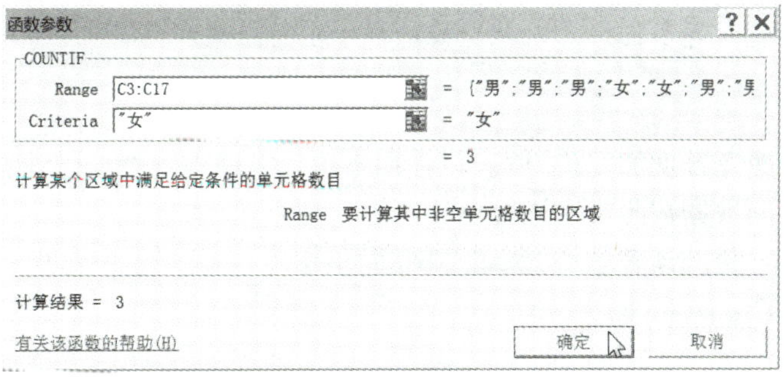

图 4-27 在“函数参数”对话框中设置相应值

（11）在 E19 单元格输入“法学院平均分”，选中 F19 单元格，在弹出的“AVERAGEIF”的“函数参数”对话框中设置相应值，如图 4-28 所示。

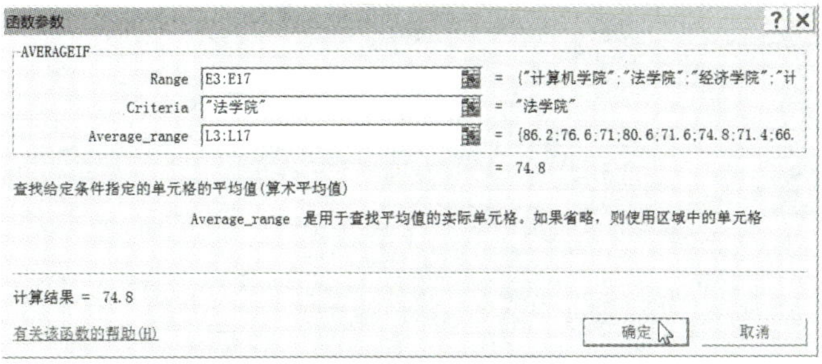

图 4-28 在“AVERAGEIF”的“函数参数”对话框中设置相应值

（12）学生成绩表处理结果如图 4-29 所示，保存并关闭工作表。

	A	B	C	D	E	F	G	H	I	J	K	L	M	N
1	学生成绩表													
2	序号	姓名	性别	学号	学院	数学	英语	计算机	体育	高数	总分	平均分	评定	名次
3	1	赵乐乐	男	2020101001	计算机学院	86	91	81	88	85	431	86.2	优秀	3
4	2	钱多多	男	2020102001	法学院	83	50	75	82	93	383	76.6	一般	6
5	3	孙依依	男	2020103001	经济学院	55	69	58	86	87	355	71	一般	11
6	4	李思思	女	2020101002	计算机学院	79	90	80	86	68	403	80.6	优秀	5
7	5	吴洛洛	女	2020102002	法学院	56	78	68	78	78	358	71.6	一般	9
8	6	杨庆旺	男	2020103002	经济学院	73	70	50	88	93	374	74.8	一般	8
9	7	王溪	男	2020101003	计算机学院	93	61	59	75	69	357	71.4	一般	10
10	8	黄资炜	女	2020102003	法学院	69	56	78	86	45	334	66.8	一般	13
11	9	钟锦辉	男	2020103003	经济学院	45	68	63	60	53	289	57.8	一般	15
12	10	黄林	男	2020101004	计算机学院	53	74	78	62	81	348	69.6	一般	12
13	11	匡载华	男	2020102004	法学院	81	53	90	75	83	382	76.4	一般	7
14	12	刘余和	男	2020103004	经济学院	43	65	71	49	65	293	58.6	一般	14
15	13	蔡春桥	男	2020101005	计算机学院	95	85	87	89	87	443	88.6	优秀	1
16	14	陈大大	男	2020102005	法学院	80	70	89	79	95	413	82.6	优秀	4
17	15	陈卫家	男	2020103005	经济学院	77	88	99	88	80	432	86.4	优秀	2
18					女生人数	3								
19					法学院平均分	74.8								

图 4-29　学生成绩表处理结果

3. 讨论、思考并回答以下问题

（1）Excel 2010“公式”选项卡的“公式审核”有什么作用？

（2）查找“IF”函数的“函数帮助”，了解如何嵌套 IF 语句？

（3）了解其他常用函数的使用方法？

做一做：在样例中直接输入函数表达式计算数据。

任务 3　排序、分类汇总数据

排序是对工作表中的数据进行重新组织安排的一种方式，Excel 2010 可以对一列或多列中的数据按文本、数字、日期和时间等顺序进行排序。分类汇总是指把数据表中的数据分门别类地进行统计处理。无须建立公式，Excel 2010 会自动对各种类型的数据进行求和、求平均值、统计个数、求最大值（最小值）等多种计算，并且分级显示汇总结果。

任务说明

排序和筛选可以改变数据的呈现方式，以使用户可以方便地查看经过计算后数据的某种信息。分类汇总是对计算后的数据按照类别进行再计算的一种方式。本任务通过讲解某公司工资表排序、筛选、分类汇总操作，帮助读者掌握 Excel 2010 简单排序、多关键字排序、自动筛选、高级筛选和分类汇总的操作方法。

任务活动

1. 数据排序

（1）制作如图 4-30 所示的大河数据分析公司工资表，并进行格式化处理。

	A	B	C	D	E	F	G	H
1	大河数据分析公司工资表							
2	姓名	部门	职称	基本工资	奖金	补贴	扣款	实发工资
3	钟锦辉	设计室	助理工程师	7000	1086	340	59	8367
4	赵乐乐	业务部	技术员	7500	1112	300	156	8756
5	赵军伟	设计室	工程师	9700	1158	380	120	11118
6	杨庆旺	业务部	助理工程师	7100	1130	340	12	8558
7	吴洛洛	业务部	技术员	7120	1076	300	170	8326
8	王溪	后勤部	技术员	7400	1094	300	213	8581
9	王辉杰	设计室	技术员	7200	1100	300	200	8400
10	孙依依	业务部	工程师	9560	1140	380	100	10980
11	钱多多	业务部	助理工程师	6900	1104	340	325	8019
12	李思思	业务部	工程师	9500	1068	380	50	10898
13	黄资炜	后勤部	技术员	7100	1050	300	300	8150
14	黄林	设计室	助理工程师	6800	1122	340	125	8137

图 4-30　大河数据分析公司工资表

（2）选中 A3:A14 单元格区域中的任意一个单元格，选择“数据”→“排序和筛选”→“升序”命令，即可完成按照“姓名”对工资表进行升序排序的操作。

（3）选中 A2:H14 单元格区域，选择“数据”→“排序和筛选”→“排序”命令，弹出“排序”对话框。

（4）勾选“数据包含标题”，在“主要关键字”下拉列表中选择“实发工资”项，在“排序依据”下拉列表中选择“数值”项，在“次序”下拉列表中选择“升序”项，单击“添加条件”按钮，依次设置“职称”“数值”“降序”，设置完毕，单击“确定”按钮，如图 4-31 所示。

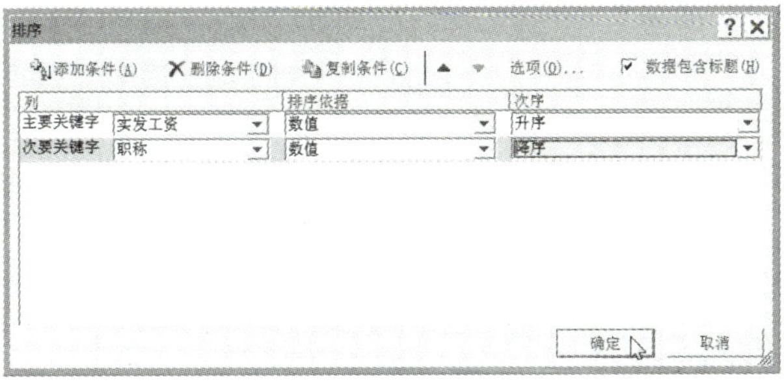

图 4-31　设置排序方式

（5）保存并关闭工作表。

2. 数据筛选

（1）打开“工资表”。

（2）选择 A2:H2 单元格区域，选择“数据”→“排序和筛选”→“筛选”命令，单击“职称”字段名的下拉箭头，在弹出的快捷菜单中勾选“技术员”复选框，单击“确定”按钮，如图 4-32 所示，筛选出技术员的工资表。

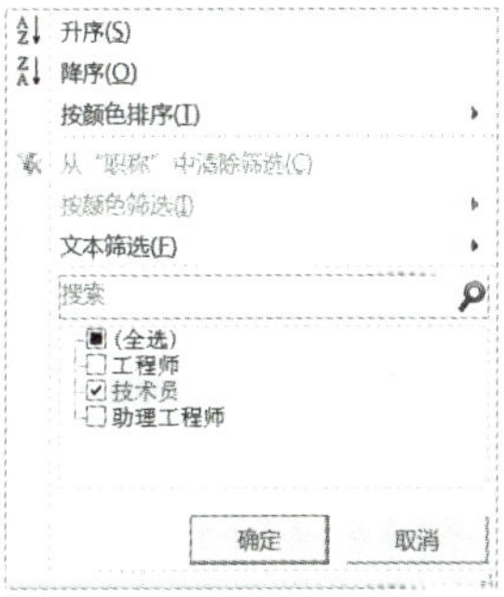

图 4-32　自动筛选

（3）选择“数据”→“排序和筛选”→“清除”命令，取消筛选。

（4）单击“实发工资”字段名的下拉箭头，选择“数字筛选”→“大于”命令，弹出“自定义自动筛选方式”对话框，在“大于”文本框中输入“10000”，单击“确定”按钮，如图 4-33 所示，筛选出实发工资大于 10000 的数据。

（5）取消实发工资筛选。

（6）利用“高级筛选”功能，筛选“基本工资大于 7100，奖金大于 1100”的数据。输入筛选条件，在 D15 单元格中输入“基本工资”，在 E15 单元格中输入“奖金”，在 D16 单元格中输入“>7100”、在 E16 单元格中输入“>1100”。

（7）选择“数据”→“排序和筛选”→“高级筛选”命令，弹出“高级筛选”对话框，在“列表区域”选择 A3:H14 单元格区域，在“条件区域”选择 D15:E16 单元格区域，其他保持默认选项，单击“确定”按钮，完成筛选，如图 4-34 所示。

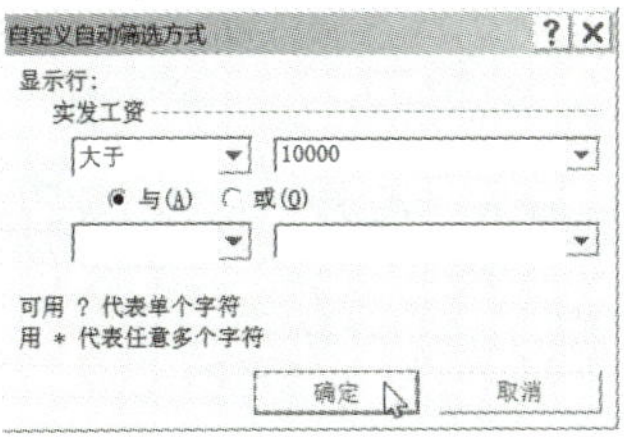

图 4-33　“自定义自动筛选方式”对话框

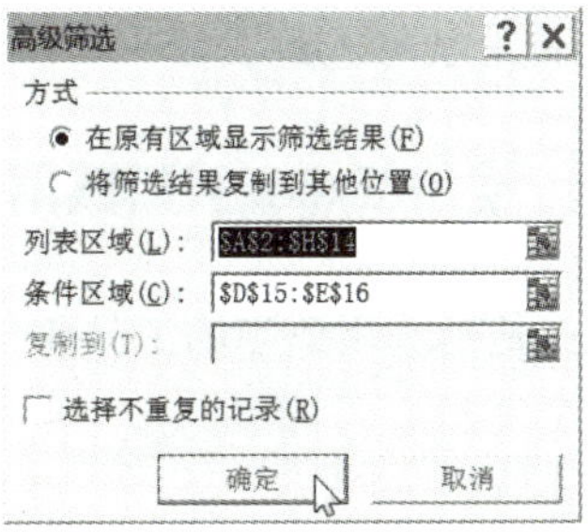

图 4-34　“高级筛选”对话框

（8）保存并关闭工作表。

3. 分类汇总

（1）打开“工资表”，按“部门”进行“升序”排序。

（2）选择“数据”→“分级显示”→“分类汇总”命令，弹出“分类汇总”对话框。

（3）在“分类字段”下拉列表中选择“部门”，“汇总方式”选择“平均值”，在“选定汇总项”中勾选“实发工资”复选项，其他保持默认，设置完毕，单击“确定”按钮，如图 4-35 所示。

（4）工资表的分类汇总结果如图 4-36 所示，保存并关闭工作表。

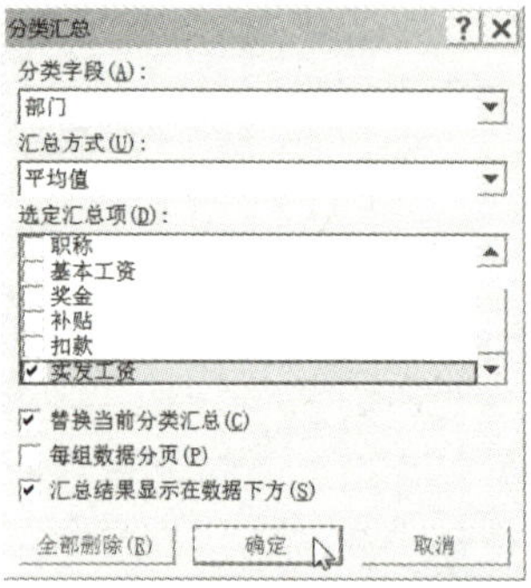

图 4-35 “分类汇总”对话框

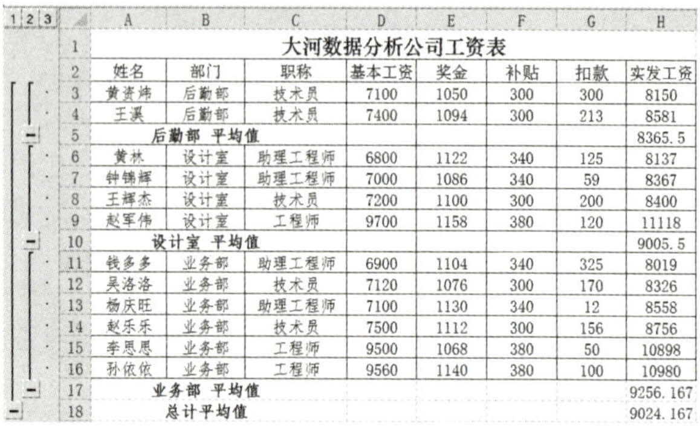

	A	B	C	D	E	F	G	H
1	大河数据分析公司工资表							
2	姓名	部门	职称	基本工资	奖金	补贴	扣款	实发工资
3	黄资炜	后勤部	技术员	7100	1050	300	300	8150
4	王淏	后勤部	技术员	7400	1094	300	213	8581
5	后勤部 平均值							8365.5
6	黄林	设计室	助理工程师	6800	1122	340	125	8137
7	钟锦辉	设计室	助理工程师	7000	1086	340	59	8367
8	王辉杰	设计室	技术员	7200	1100	300	200	8400
9	赵军伟	设计室	工程师	9700	1158	380	120	11118
10	设计室 平均值							9005.5
11	钱多多	业务部	助理工程师	6900	1104	340	325	8019
12	吴洛洛	业务部	技术员	7120	1076	300	170	8326
13	杨庆旺	业务部	助理工程师	7100	1130	340	12	8558
14	赵乐乐	业务部	技术员	7500	1112	300	156	8756
15	李恩恩	业务部	工程师	9500	1068	380	50	10898
16	孙依依	业务部	工程师	9560	1140	380	100	10980
17	业务部 平均值							9256.167
18	总计平均值							9024.167

图 4-36 工资表的分类汇总结果

4. 讨论、思考并回答以下问题

（1）Excel 2010 中的“筛选”功能和 Word 中的“筛选”有什么异同？

（2）分类汇总前为什么要首先对分类字段进行排序？

（3）如何快速找到自己需要的数据？

做一做：对样例表格进行不同关键字的自定义排序。

项目 3 分析数据

随着社会信息化的不断进步，数据信息量剧增，出现了多元的海量数据，实际需要的信息可能淹没于海量数据之中，数据分析技术因此成为获取信息的重要手段。只有经过分析才能从数据中找出规律、发现价值，数据分析是大数据技术的重要组成部分。

项目目标

- 了解常用数据分析工具。
- 掌握图表制作方法。
- 掌握迷你图制作方法。
- 学会使用数据透视表。

任务 1 使用 Excel 分析数据

分析数据是指选用适当的工具和分析方法，对加工的数据进行研究，提取有用信息并形成结论的过程。

任务说明

利用分析数据可以对收集到的数据进行提炼，进而发现研究对象内在规律，为生产、生活决策提供服务。本任务介绍分析数据的基本过程及 Excel 2010 常用的分析数据方法，帮助读者了解分析数据的方法，为制作数据分析图表做基础准备。

任务活动

1. 了解分析数据过程

完整的数据分析过程主要包括六个步骤，分析设计、数据采集、数据预处理、数据分析、数据可视化和撰写报告。

分析设计是指要明确分析目标、确定分析思路、选择分析工具、确定采集项目。数据采集是指按照所建立的数据分析框架，利用工具收集数据，为数据分析提供素材和依据。数据预处理是指对采集到的数据进行加工整理，形成适合数据分析的结构，保证数据一致性和有效性。数据分析是借助工具提取数据采集中的有价值信息，发现隐藏在数据内部的关系和规律。数据可视化是指通过图形、透视表等对分析结果进行呈现。撰写报告是指把数据分析的起因、过程、结论及建议以完整的报告形式呈现出来，供决策者参考。

2. 了解 Excel 2010 中常用的数据分析方式

图表、迷你图和数据透视表是 Excel 2010 中常见的三种分析数据方式。

1）图表

使用图表可以使表格数据以更加形象、直观的形式展示出来。通过向工作表中添加图表，可以提高工作表的可读性，让用户了解从数字中无法直观看出的变化趋势和异常情况，进而给决策者提供更直观的依据。当工作表中的数据发生变化时，图形也会实时跟进做出相应的改变。Excel 可以建立柱形图、折线图、饼图、条形图、面积图、散点图等多种类型的图表。

2）迷你图

迷你图是自 Excel 2010 版本开始加入的一种全新的图表制作工具，它分为折线图、柱形图、盈亏图。迷你图的特点是在表格中生成图形，以单元格为绘图区域，便捷地绘制出简明的数据小图表，再将数据以小图表的形式呈现在用户面前。

3）数据透视表

数据透视表是一种交互式的分析报表，它可以对已有数据进行汇总和分析，数据透视表可以使杂乱无章的庞大数据快速有序地显示出来，因此，它是 Excel 2010 中重要的数据分析工具。

3. 了解 Excel 2010 中其他数据分析方式

安装 Excel 2010 时一般并未加载数据分析工具，若需要使用，则可选择添加。选择“文件”→“选项”→“加载项”命令，在“加载项”文本框中使用滚动条找到并选中“分析工具库”项，然后单击最下方的“转到”按钮。在弹出的“加载宏”对话框中勾选“分析工具库”和“规划求解加载项”复选项，单击“确定”按钮，如图 4-37 所示。“数据”选项卡下增加了“分析”功能组，在该组中包含“数据分析”和“规划求解”两个命令。

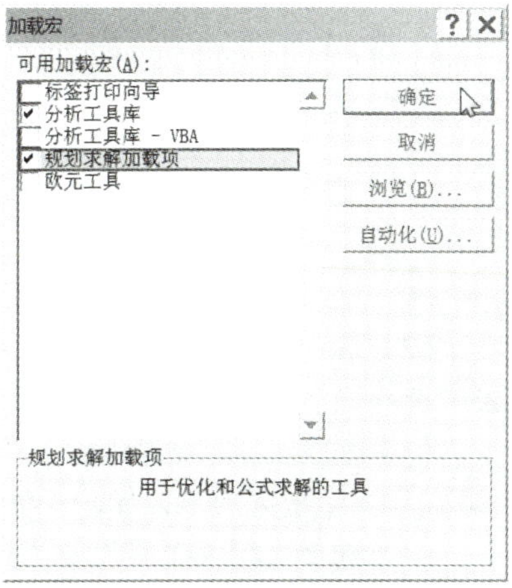

图 4-37 “加载宏”对话框

1）数据分析

选择“数据”→“分析”→“数据分析”命令，可打开弹出“数据分析”对话框。需要进行复杂的统计或工程分析时，可以使用分析工具库以节省操作步骤和时间，用户只需为每一个分析工具提供数据和参数，该工具就会使用适当的统计或工程宏函数计算出相应的结果，并将它们显示在输出表格中，其中有些工具在生成输出表格时还能同时生成图表。

2）规划求解

选择“数据”→“分析”→“规划求解”命令，弹出“规划求解参数”对话框。规划求解也称模拟分析（通过更改单元格中的值，查看更改对工作表中公式结果的影响，例如，更改分期支付表中的利率可以调整支付金额）工具，由一组命令组成，可求得工作表上目标单元格中公式的最优值（最大值或最小值），并受工作表上其他单元格公式值的约束或限制。规划求解将对参与计算的目标单元格和约束单元格形成的一组单元格（称为决策变量单元格）进行处理。规划求解调整决策变量单元格中的值，以符合约束条件单元格的限制，并在目标单元格中产生想要的结果。

4. 讨论、思考并回答以下问题

（1）数据透视图与数据透视表有什么异同？

（2）何种环境需要使用图表？

（3）Excel 中的数据分析命令能够解决哪些问题？

做一做：添加/删除“数据分析”和“规划求解”命令。

任务 2 制作数据分析图表

数据分析图表是对数据的一种形象直观的解释，有效利用数据分析图表能更好地揭示数据之间的关系和变化趋势，实现从不同维度观察数据，进而得到更有价值的信息。

任务说明

数据可视化是指将抽象的、复杂的、不易理解的数据转化为易识别的图表，以强化数据的视觉效果，直观传递数据信息。本任务以 Excel 2010 环境中制作图表、迷你图和数据透视表为例，帮助读者掌握制作分析图表的方法。

任务活动

1. 制作图表

（1）制作如图 4-38 所示的汽车销量统计表，并进行格式化处理。

	A	B	C	D	E
1	大河车行2019年汽车销量统计表				
2	品牌	第一季度	第二季度	第三季度	第四季度
3	大众	2000	2500	2800	3000
4	本田	1500	2200	1900	2000
5	比亚迪	1200	1800	2000	2100
6	日产	1000	1600	2300	2600
7	吉利	900	700	800	1000

图 4-38 汽车销量统计表

（2）选中 A2:E7 单元格区域，单击“插入”→“图表”→“插入柱形图”按钮，在展开的列表中选择“簇状柱形图”，如图 4-39 所示。

（3）系统在工作表中插入一张嵌入式图表，并显示“图表工具”选项卡，及“设计”“布局”“格式”三个子选项卡，如图 4-40 所示。

（4）选择“图表工具”→“设计”→“类型”→“更改图表类型”命令，弹出“更改图表类型”对话框，单击“柱形图”→“三维圆柱图”，单击“确定”按钮，更改图表类型。

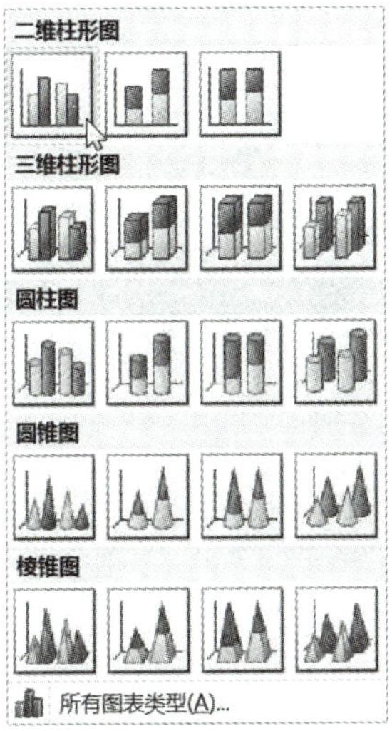

图 4-39　柱形图列表

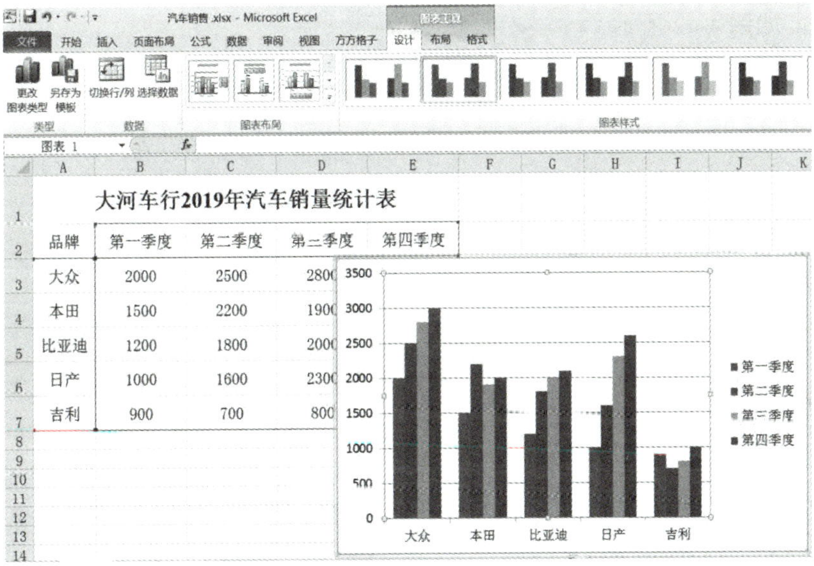

图 4-40　“图表工具”选项卡

（5）选择“图表工具”→“设计”→“图表布局”列表中的“布局 3”，选择“图表工具”→“设计”→“图标样式”列表中的“样式 3”。

（6）单击“图表工具”→“布局”→“标签”→“图表标题”按钮，在展开的列表中选择“图表上方”，选择“图表工具”→“布局”→“标签”→“坐标轴标题”的对话框启动器按钮，在展开的列表中选择“主要纵坐标标题”列表中的“竖排标题”。”

（7）在“图表标题”文本框中输入“大河车行 2019 年汽车销量统计表”，在“坐标轴标题”文本框中输入“销售量”。

（8）单击图表空白处，选中整张图表，单击“图表工具”→“格式”→“形状样式”的对话框启动器按钮，在展开的列表中选择“细微效果—灰色—80%—深色 1”，应用图标样式，最终效果如图 4-41 所示。

（9）保存并关闭工作表。

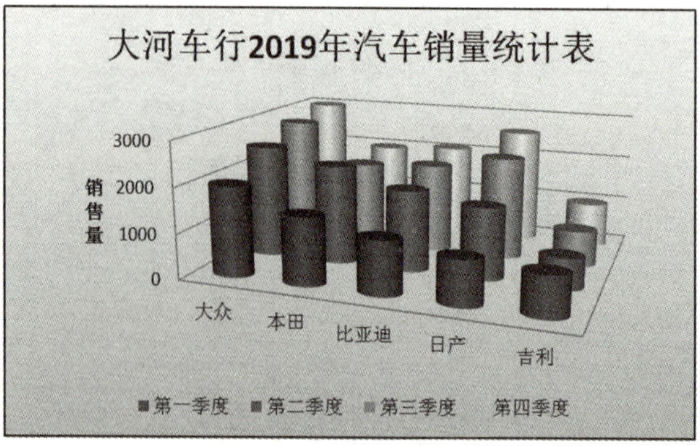

图 4-41　汽车销量图表的最终效果

2. 制作迷你图

（1）打开汽车销量统计表，在 F2 单元格中输入“趋势”，格式化工作表。

（2）选中 F3:F7 单元格区域，选择“插入”→“迷你图”→“折线图”命令，弹出“创建迷你图”对话框，如图 4-42 所示。

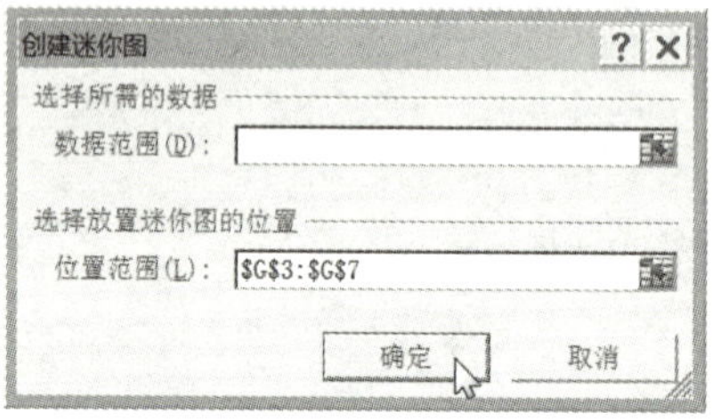

图 4-42　“创建迷你图”对话框

（3）拖动鼠标选中 B3:E7 单元格区域，单击“确定”按钮，F3:F7 单元格区域显示销量变化趋势，如图 4-43 所示。

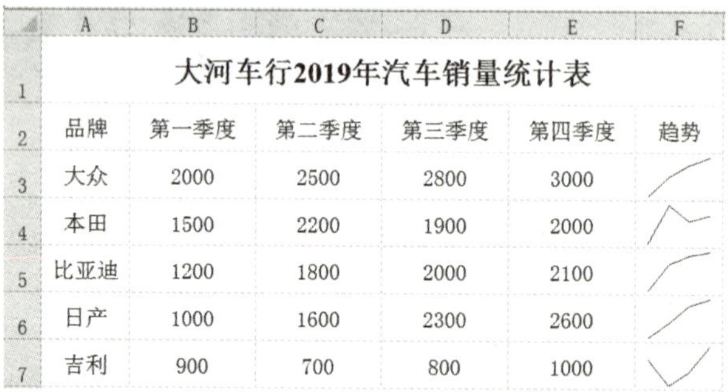

品牌	第一季度	第二季度	第三季度	第四季度	趋势
大众	2000	2500	2800	3000	
本田	1500	2200	1900	2000	
比亚迪	1200	1800	2000	2100	
日产	1000	1600	2300	2600	
吉利	900	700	800	1000	

图 4-43　汽车销量迷你图

（4）保存并关闭工作表。

3. 制作数据透视表

（1）打开汽车销量统计表，选中 A2:E7 单元格区域。

（2）选择“插入”→“表格”→“数据透视表”列表中的“数据透视表”命令，弹出“创建数据透视表”对话框。

（3）选择要分析的数据和放置数据透视表的位置，单击“确定”按钮，如图 4-44 所示。

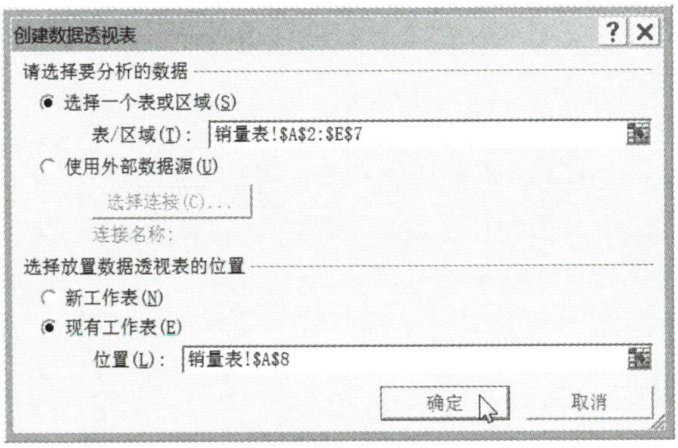

图 4-44　“创建数据透视表”对话框

（4）在“数据透视表字段列表”中，拖动“品牌”字段到“行标签”“第一季度”字段至“第四季度”字段到“数值”标签，其他为默认值，汽车销量数据透视表如图 4-45 所示。

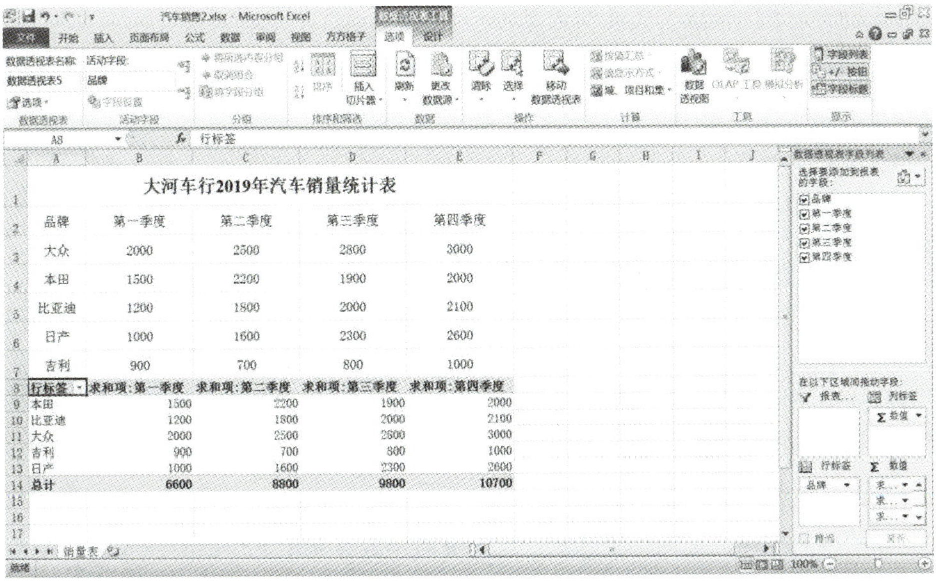

图 4-45　汽车销量数据透视表

（5）选中 B14:E14 单元格区域，右击，在弹出的快捷菜单中选择“值字段设置”，弹出“值字段设置”对话框。

（6）在“值字段设置”对话框中，选择“计算类型”列表中的“平均值”，更改字段汇总方式，单击“确定”按钮，如图 4-46 所示。

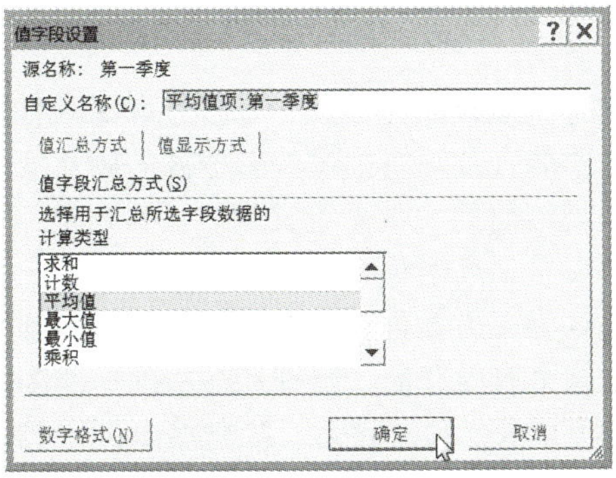

图 4-46　“值字段设置”对话框

（7）保存并关闭工作表。

4. 讨论、思考并回答以下问题

（1）图表设置有哪些基本操作？

（2）Excel 2010 和 Word 2010 的图表功能有什么异同？

（3）迷你图主要应用在什么场合？

做一做：利用汽车销量表制作数据透视图。

项目 4　初识大数据

目前，数据已经渗透到当今每一个行业和业务职能领域，成为重要的生产因素。人们对于海量数据的挖掘和运用，预示着新一波生产率和消费的快速增长。“大数据”在物理学、生物学、环境生态学等领域，以及金融、通信等行业存在已有时日，但随着互联网和信息行业的快速发展，大数据应用已遍及人类生活成为关注的重点。

项目目标

- 了解大数据基础知识。
- 了解大数据采集方法。
- 了解大数据分析方法。

任务 1　了解大数据基础知识

大数据成为继互联网蓬勃发展以来的又一轮 IT 革命，被人们寄予厚望。运用大数据推动经济繁荣、完善社会治理成为社会发展的必然趋势，因此，了解大数据相关基础知识，掌握大数据应用的基本技能，已成为信息社会对人们的基本要求。

任务说明

数据蕴含的价值需要通过计算来获取，大数据应用就是通过对数据的计算获取数据价值的过程。本任务通过介绍大数据的概念、特征、结构类型，帮助读者了解与大数据相关的基础知识，为大数据应用奠定基础。

任务活动

1. 了解大数据的概念

关于大数据的定义有多种说法，并没有形成统一的定论。

维基百科中将大数据定义为规模庞大、结构复杂、难以通过现有商业工具和技术，在可容的时间内获取、管理和处理的数据集。

麦肯锡认为：大数据是具有大规模、分布式、多样性和时效性的数据，这些特点决定了必须采用新的技术架构和分析方法才能有效地挖掘这些新资源的商业价值。

高德纳（Gartner）咨询公司给出的大数据定义是：大数据是需要处理后才能具有更强的决策力、洞察力和流程优化能力的海量、高增长率和多样化的信息资产。

美国国家标准技术研究院认为：大数据由具有规模巨大、种类繁多、增长速度快和变化多样化，且需要一个可扩展体系结构来有效存储、处理和分析的广泛的数据集组成。

大数据在以越来越快的速度增长。移动设备、社交媒体、医疗影像技术、天文学和基因测序，每天都会产生大量的新数据，这些数据都需要实时处理或存储起来以供日后使用。这些海量数据为改变商业、政府、科学和人们的日常生活带来了可能。

2. 了解大数据的特征

大家普遍认为，大数据具备数量（Volume）、种类（Variety）、速度（Velocity）和价值（Value）4 个特征，简称 4V 特征，即数据体量巨大，数据类型多，新数据创建、增长速度快，数据价值巨大但密度低。

1）数据体量巨大

大数据的数据体量远不止成千上万行，而是动辄几十亿行、数百万列。数据集合的规模不断扩大，已经从 GB 级增加到 TB 级再到 PB 级，甚至不可避免地开始以 EB 和 ZB 来计数。例如，一个中等城市的视频监控信息一天就能产生几百 TB 的数据量。

2）数据类型和结构复杂

传统 IT 产业产生和处理的数据类型较为单一，大部分是结构化数据。随着传感器、智能设备、社交媒体、物联网、移动计算等新的数据媒介不断涌现，产生了网络日志、视频、图片、地理位置信息等非结构化或无结构数据。

3）新数据创建和增长速度快

数据产生、处理和分析的速度快，各种数据基本上实时、在线，并能够快速处理、传送和存储，以全面反映对象的当下状况。大数据的快速处理能力，充分体现出它与传统的数据处理技术的本质区别。

4）数据价值密度低

大数据由于体量不断增大，单位数据的价值密度在下降，然而数据的整体价值却在不断提高，数据价值主要体现在统计特征、事件检测、关联和假设检验等各个方面。以监控视频为例，在一小时的视频中，有用的数据可能只有一两秒。许多专家已经将大数据等同于黄金和石油，这表示大数据当中蕴含了无限的商业价值。

在此基础上，还有一些学者在大数据的“4V 特征”基础上增加了其他特性，也就是所谓的“5V 特征”。IBM 公司在大数据提出的早期，也对大数据给出了一个“4V 特性”，即大数据的数量（Volume）、种类（Variety）、速度（Velocity）和真实性（Veracity），后来将大数据价值（Value）吸收进来，成为大数据的“5V 特性”。

3. 了解大数据的结构类型

大数据的结构可以有多种，包括结构化的数据和非结构化的文本文件、财务数据、多媒体文件和基因定位图数据。按照数据结构模式的强弱，可将数据划分为结构化数据、半结构化数据、准结构化数据和非结构化数据。在未来大数据的发展中，80%～90%的新增数据都将是非结构化数据。

1）结构化数据

结构化数据是指具有较强的结构模式，可以使用关系型数据库表示和存储的数据。结构化数据包括预定义的数据类型、数据格式和数据结构，通常表现为一组二维形式的数据集。

2）半结构化数据

半结构化数据是一种弱化的结构化数据形式，它并不符合关系型数据模型的要求，但仍有明确的数据结构，包括相关的标记，用来分割实体及实体的属性。这类数据中的结构特征相对容易获取和发现，如有模式定义的和自描述的可扩展标记语言（XML）数据文件。

3）准结构化数据

这类数据带有不规则的数据格式，但是可以通过工具规则化。例如，可能包含不一致的数据值和格式的网页点击量数据等。

4）非结构化数据

不方便用数据库二维逻辑表现的数据称为非结构化数据，包括所有格式的办公文档、文本、图片、标准通用标记语言下的子集 XML、HTML、各类报表、图像和音频/视频信息等。

4. 讨论、思考并回答以下问题

（1）为什么关于大数据的定义有不同说法？

（2）大数据对人类社会的影响主要表现在哪些方面？

（3）中国的大数据战略有哪些？

说一说：中国大数据科研机构、公司都做了哪些工作？

任务 2 了解大数据采集方法

足够的数据量是大数据建设的战略基础，因此数据采集是大数据分析的前提，是大数据价值挖掘的最重要一环。数据采集有基于物联网传感器的采集，也有基于网络信息的数据采集。

任务说明

数据采集是大数据分析的基础，数据采集的方法有多种，以收集数据行为分类，大体上可分为主动式和被动式，从过程看涉及数据抽取、数据清洗转换、数据加载。本任务通过介绍常见大数据采集方法和技术，帮助读者了解大数据采集的相关基础知识。

任务活动

1. 了解数据采集

大数据采集是指从传感器、智能设备、企业在线系统、企业离线系统、社交网络及互联网平台获取数据的过程。数据包括各类传感器数据、用户行为数据、社交网络交互数据及移动互联网数据等，包含海量的结构化、半结构化及非结构化数据。因此，对于大数据采集而言，不仅数据来源种类繁多、数据类型繁杂、数据量大，而且数据产生的速度快，传统的数据采集方法已经无法适应大数据采集的需要。

传统的数据来源单一，大多采用关系型数据库和并行数据库即可进行采集处理。但传统的并行数据库技术追求高度一致性和容错性，因此难以保证其有良好的扩展性。在大数据环境下，大数据的主要来源包括以下几部分。

企业系统：包括销售系统、库存系统、企业客户管理系统等。

机器系统：包括智能仪表、工业传感器、视频监控系统等。

互联网系统：包括各类电商平台、政府监管系统、服务行业业务系统等。

社交网络系统：包括微信、QQ、微博等。

相对于传统的数据来源，大数据时代的数据来源有以下几个特点。

传统数据来源单一，大多是从企业的客户管理系统、企业业务系统中获取数据；而大数据采集不仅要从传统的数据源中采集信息，还需要从社交系统、互联网系统及各类传感器设备中采集信息。

从数据量方面来看，大数据时代所采集的数据量要远远大于传统数据的数据采集量。

从数据结构方面看，传统的数据采集所采集的数据一般是结构化数据（主要来源于关系数据库），大数据时代采集的数据包括视频、音频、图片等非结构化数据及网页、日志等半结构化数据。

2. 了解常见大数据采集方法

1）数据库采集

传统的数据一般存储在SQL Server或Oracle中，随着大数据技术的发展，HBase、Mongo DB等No SQL数据库，逐渐应用到了不同的企业环境。数据库采集就是采集这些SQL和No SQL数据库中的内容，并在这些数据库之间进行负载均衡，以完成数据全采工作。

2）系统日志采集

系统日志采集是指收集企业业务平台上日常产生的大量日志数据，以提供给离线和在线的大数据分析系统使用。高可用性、高可靠性、高可扩展性是系统日志采集的基本特征。系统日志采集系统均采用分布式结构，满足大批量数据的日志采集和传输需求。

3）网络数据采集

网络数据采集是指通过网络爬虫抓取网站上数据信息的过程。网络爬虫会从一个或若干初始网页的URL开始，获得各个网页上的内容，并且在抓取网页的过程中，不断地从当前页面抽取新的URL放入队列，直到满足设置的停止条件为止，这样可将非结构化数据、半结构化数据从网页中提取出来，存储在本地的存储系统中。

3. 了解常见数据采集技术

1）网络数据采集技术

网络爬虫（Web Crawler），又称网络蜘蛛或网络机器人，是一种按照一定规则自动抓取互联网信息的程序。网络爬虫是采集互联网公开数据的常用工具之一。理论上它能抓取互联网上的任何信息，如文本、图片、音频、视频等。网络爬虫最早应用在搜索引擎当中。

2）日志数据采集技术

很多互联网平台，如淘宝、京东等，每天都会产生大量的日志信息，其数据一般为流式数据，记录各类交易信息、用户浏览信息等。通过对日志数据的分析和挖掘，商家能从中获取大量有价值的信息，如用户画像、用户消费喜好等，以满足用户个性化定制需求，最终实现用户个性化推荐等目的。日志分析系统是构建应用分析和系统分析的桥梁，能够支持实时在线的分析系统和分布式并发的离线分析系统，且具有高扩展性。

4. 讨论、思考并回答以下问题

（1）为什么采集的原始数据不能直接进行分析处理？

（2）什么是数据预处理？包含哪些工作？

（3）抓取互联网信息时应注意哪些问题？

做一做：利用八爪鱼信息采集器采集网络信息。

任务3 了解大数据分析方法

越来越多的应用涉及大数据，大数据的属性如数量、速度、多样性等也明显地表示出大数据不断增长的复杂性，只有从繁杂的数据中获取有用信息，才能达到应用目的，所以，大数据分析方法在大数据领域就显得尤为重要。

任务说明

大数据分析是指用适当的分析方法和工具，对所收集的数据进行研究，并提取有用信息并形成结论的过程，依靠大数据分析能够发现很多以前无法想象的规律。本任务通过介绍数据分析的概念、数据分析的类型和常见数据分析方法，帮助读者了解大数据分析的基本技术。

任务活动

1. 了解数据分析的概念

广义的数据分析包括狭义的数据分析和数据挖掘。狭义的数据分析是指用合适的统计分析方法及工具对采集的数据进行处理与分析，提炼有价值的信息，主要有现状分析、原因分析、预测分析（定量）等。数据挖掘则是从大量数据中，通过统计学、人工智能、机器学习等方法挖掘出未知的且有价值的信息和知识的过程。数据挖掘主要侧重解决四类问题，即分类、聚类、关联和预测（定量、定性）。

狭义的数据分析主要采用描述性统计、相关性分析、回归分析和主成分分析等分析方法。首先做假设，然后通过数据分析来验证假设是否正确，从而得到相应结论。一般得到的指标数据都需要与业务结合进行解读，才能发挥出数据的价值与作用。

数据挖掘的重点在于寻找未知的模式与规律，主要采用决策树、聚类分析、关联规则、神经网络等统计学、人工智能、机器学习的方法进行挖掘。数据挖掘的输出为模型或规则，并且可得到相应模型的得分或标签，模型得分包括相似度、预测值等，标签包括高中低价值用户、流失与非流失、信用优良中差等。

2. 了解数据分析的类型

数据分析可分为描述性数据分析、推断性数据分析及探索性数据分析。

1）描述性数据分析

描述性数据分析是研究如何根据所采集的数据，得出反映研究对象的各种数量特征的分析方法，它包括数据的频数分析、数据的集中趋势分析、数据的离散程度分析等，它是对数据进行深入分析的基础。

2）推断性数据分析

推断性数据分析是研究如何根据样本数据来推断总体样本的数量特征的分析方法。它在样本数据描述统计分析的基础上，对研究总体的数量特征做出推断。常见的分析方法有假设检验、相关分析、回归分析、时间序列分析等。

3）探索性数据分析

探索性数据分析主要是利用某些分析方法从大量数据中发现未知且有价值信息的过程，它不受研究假设和分析模型的限制，尽可能地寻找出变量之间的关联性。常见的分析方法有聚类分析、因子分析、对应分析等。

3. 了解常见数据分析方法

数据分析方法有很多种，包括描述统计分析、假设检验分析、信度分析、相关分析、方差分析、回归分析、判别分析、主成分分析、因子分析、结构方程模型分析，这里仅介绍常见的四种分析方法。

1）描述统计分析

描述统计分析是指运用制表、分类、图形及计算概况性数据来描述数据特征。描述性统计分析包括数据的频数分析、集中趋势分析、离散程度分析、统计图形分析等。

2）相关分析

相关分析是研究对象之间是否存在相互关系，如果存在相互关系，则继续研究相关关系的方向及程度。相关性分析方法主要有绘制散点图、绘制散点图矩阵、计算相关系数等。

3）回归分析

回归分析是研究一个随机变量（因变量）与另一个或一组随机变量（自变量）之间相互依赖关系的统计分析方法。按照自变量和因变量之间的关系类型，回归分析可分为线性回归分析和非线性回归分析。

4）主成分分析

主成分分析也称主分量分析，主要是利用降维的思想，在尽量少损失信息的前提下，将多个指标转化为少数几个综合指标的多元统计方法。通常把转化生成的综合指标称为主成分，其中的每一个主成分都是原始变量的线性组合，且各个主成分之间互不相关。

4. 讨论、思考并回答以下问题

（1）数据分析的基本流程有哪些？

（2）常见的数据分析工具有哪些？

（3）在数据分析时应注意哪些问题？

说一说：数据挖掘的常见算法。

考核评价

本章可根据教学的组织情况，进行合作学习和知识、技能考核，任务活动评价包括自评、互评和教师点评，最终形成个人和学习小组任务完成情况总体评价。合作学习考核内容参见第一章相关内容，知识、技能考核的具体内容和要求如下。

（1）对数据采集的理解：能列举常用数据采集软件的功能和特点，能够熟练应用工具收集、生成数据，会根据需要进行数据类型转换，会对电子表格和数据进行格式化处理。

（2）对数据加工的了解：理解数据处理的基础知识，熟练掌握函数、公式计算方法，会对数据进行排序、筛选、汇总等操作。

（3）对数据分析的理解：能够熟练应用数据分析工具进行简单数据分析，会使用图表等表示数据内容。

（4）对大数据的认识：能够清楚描述大数据的定义、特点和发展，了解大数据对人类社会发展的影响。

（5）对大数据采集和分析的认识：能够清楚描述大数据采集和分析的一般过程，了解大数据采集和分析的工具和方法。

习题

1. 选择题

（1）Excel 2010 默认的工作簿文件的扩展名是______。

A．xlsx　　B．xls　　C．doc　　D．wps

（2）将 B2 单元格的公式“=A1+A2”复制到单元格 C3 中，C3 的公式为______。

A．=B1+B2　　B．=A1+A2　　C．=B2+B3　　D．C1+C2

（3）在进行自动分类汇总之前，必须对数据清单进行______。

A．有效计算　　B．建立数据库　　C．排序　　D．筛选

（4）在 Excel 2010 中，要对某些数字求和时应采用下列______函数。

A．SUM　　B．AVERAGE　　C．IP　　D．MAX

（5）将单元格 E1 的公式 SUM(A1:D1) 复制到单元格 E2 中，则 E2 中的公式为______。

A．SUM(B1:E1)　　B．SUM(A1:D1)

C．SUM(A2:E1)　　D．SUM(A2:D2)

（6）在不做格式设置的情况下，向 Excel 2010 单元格中输入数据，下列说法正确的是______。

A．所有数据居左对齐　　B．所有数据居中对齐

C．所有数据居右对齐　　D．数字、日期数据右对齐

（7）从 Excel 2010 工作表产生 Excel 图表时______。

A．图表不能嵌入在当前工作表中，只能作为新工作表保存

B．图表既可以嵌入在当前工作表中，也能作为新工作表保存

C．图表只能嵌入在当前工作表中，不能作为新工作表保存
D．无法从工作表产生图表

（8）“大数据”的“4V 特征”包括______。
A．Volume（数量）　　B．Variety（种类）
C．Velocity（速度）　　D．Value（价值）

（9）大数据是当前业界关注的焦点，下列对大数据描述正确的是______。
A．大数据（Big Data）又称为巨量资料或海量资料
B．大数据是指所涉及的资料量规模巨大到无法通过目前主流软件工具，在合理时间内达到撷取、管理、处理并整理成为对企业经营决策具有较高参考价值的资讯
C．“大数据”一词首次被提出是在 2011 年有关机构发布的研究报告《大数据：创新、竞争和生产力的下一个新领域》之中
D．“大数据”并不是突然产生的概念，它是 IT 发展的必然产物

（10）下列对大数据“4V 特征”描述错误的是______。
A．从微观而言，数据规模达到亿条数据以上，存储空间超过 Tera Byte 的都可以称为大数据问题
B．以往传统的数据以结构化数据为主，但随着更多互联网多媒体应用的出现，诸如图片、声音和视频等非结构化数据占到了很大比重
C．对大数据的快速处理分析，能够为实时洞察市场变化、迅速做出响应、把握市场先机提供决策支持
D．大数据的价值密度很高，因此具有巨大的价值

2. 判断题

（1）如果单元格内显示“#####”，则表示单元格中的数据是未知的。（ ）
（2）在编辑栏内只能输入公式，不能输入数据。（ ）
（3）单元格的内容被删除后，原有的格式仍然保留。（ ）
（4）合并单元格只能合并横向的单元格。（ ）
（5）数据汇总前，必须首先按分类的字段进行排序。（ ）
（6）单元格内输入的数值数据只能是整数和小数两种形式。（ ）
（7）大数据是人们在大规模数据的基础上可以做到的事情，而这些事情在小规模数据的基础上是无法完成的。（ ）
（8）数据预处理就是对原始数据进行初步处理，以解决缺失值、格式不统一问题，为后续的数据分析提供一个相对完整的数据集。（ ）
（9）数据分析是大数据技术的重要组成部分，数据只有经过分析才能从中找出规律、发现价值。（ ）
（10）数据清洗是对数据进行重新审核和校验的过程，其目的是删除重复值、纠正错误，并保证数据一致性。（ ）

3. 操作题

（1）设计班级成绩表并格式化处理。
（2）制作班级成绩表图表。
（3）下载安装八爪鱼信息采集软件，从一个指定的网址，如京东，抓取所需要的数据，并将数据存储到本地磁盘中。
（4）收集整理生活中大数据的应用实例，说明大数据对人类社会发展的影响。

第五章　程序设计入门

程序设计是编写程序以解决特定问题的过程，是软件构造活动中的重要组成部分。程序设计往往以某种程序设计语言为工具，编制基于这种语言的计算机程序。程序设计过程包括分析、设计、编码、测试、排错等不同阶段。从事程序设计工作的人员常称为程序员。

项目 1　了解程序设计理念

任何设计活动都是在各种约束条件和相互矛盾的需求之间寻求平衡，程序设计也不例外。在计算机技术发展的早期，由于机器资源比较昂贵，程序的运行时间和运行空间成本往往是设计者关心的主要因素。随着硬件技术的飞速发展和软件规模的日益庞大，程序的结构性、可维护性、可复用性、可扩展性等因素日益重要。

项目目标

- 了解程序设计基础知识，了解算法和数据结构。
- 了解主流程序设计语言的种类和特点。
- 了解算法和数据结构。

任务 1　了解计算机程序和编程思想

计算机程序（Computer program）也称软件（Software），简称程序，是指一组命令计算机或其他具有信息处理能力的装置完成特定任务的指令，通常用某种程序设计语言编写，运行于某种目标计算机体系结构之上。

计算机程序通常是用计算机高级语言编写的源程序，完整程序包含数据结构、算法、存储方式、编译等。源程序只有经过语言翻译程序（解释程序和编译程序）转换成目标程序，计算机才能直接识别并执行。系统程序通常由计算机制造厂商或专业软件公司设计，应用程序通常由专业软件公司或用户自己编制。

任务说明

了解计算机处理问题的方法，明确任务目标，才能让计算机帮助人们高效地解决实际问题，并逐步形成用计算思维解决问题的模式。本任务将帮助读者了解计算机处理问题的基本过程，熟悉编程思想，为编制实用程序打好基础。

任务活动

1. 了解计算机程序设计

计算机程序是对计算任务的处理对象和处理规则的详细描述。任何以计算机为处理工具的任务都是计算任务，处理对象是指数据或信息，处理规则反映处理动作和步骤。

设计计算机程序解决问题的基本过程如下。

分析问题：对交由计算机处理的问题要进行认真分析，首先要明确给定条件和最终目标，然后分析问题规律、确定解题方法。

设计算法：设计解决问题的计算公式或具体的方法和步骤。

编写程序：用选定的计算机语言描述计算过程或解决问题的步骤。

运行、调试程序，分析结果：运行程序，得到结果。得到运行结果并不意味着工作结束，还要对结果进行全面分析，查看结果是否合理或满足需要。若结果存在问题，则需要判断是算法问题还是编程问题，并有针对性地提出解决方法。程序调试是指排除程序试运行中因编程错误引起的各种故障的过程。

编写程序文档：程序文档是向用户提供的程序说明书，内容包括程序名称、程序功能、运行环境、程序的装入和启动、需要输入的数据，以及使用注意事项等。

2. 了解编程思想

编程思想是指使用计算机解决人们实际问题的思维方式，具体表现为过程性编程思想、结构性编程思想和对象性编程思想。

1）过程性编程思想

过程性编程思想是一种以过程为中心的编程思想，程序设计者需要按照计算机的工作机理，以信息流及其信息转换的过程设计程序。其实质是从计算机处理问题的原点出发，按照“输入→运算→输出”的过程进行程序设计。

2）结构性编程思想

结构性编程思想是一种自顶向下、逐步求精的编程思想，程序设计者需要把问题按功能划分为若干个基本模块，各模块之间的关系尽可能简单，功能上相对独立。每一个模块内部由顺序、选择和循环三种基本结构组成，模块化实现的具体方法是使用子程序。结构化程序设计采用模块分解与功能抽象，自顶向下、分而治之的方法，从而将一个较复杂的程序系统设计任务，有效地分解成许多易于控制和处理的子任务，便于程序员、用户开发和维护。

3）对象性编程思想

对象性编程思想是将事物对象化，以对象为单位考虑它的属性及方法，这与传统的面向过程编程完全不同。编程时先分析问题的本质，抽象出所有对象，明确每个对象完成的任务，最终将解决问题的所有对象组合起来，完成问题求解。面向对象的编程思想更符合现实问题的求解思路。面向对象程序设计有以下三大基本特征。

封装：把客观事物封装成抽象的类，隐藏属性和方法的实现细节，仅对外公开接口。

继承：子类可以使用父类的所有功能，并且能对这些功能进行扩展。继承的过程就是从一般到特殊的过程。

多态：接口的多种不同实现方式即为多态。同一操作作用于不同对象，产生不同的执行结果。在运行时，通过指向基类的指针或引用调用派生类中的虚函数实现多态。

封装隐藏了实现细节使程序代码模块化，继承扩展已存在的类，其结果使代码可以复用，而多态则是为了实现接口复用。面向对象的代码支持复用，能够降低软件开发和维护的成本，并提高软件的质量。

3. 讨论、思考并回答以下问题

（1）程序设计的过程可以简化吗？为什么？

（2）了解程序设计思想的意义是什么？

（3）编程思想对程序设计有什么实际的作用？

说一说： 为什么现在更多地使用面向对象的程序设计方法？

任务 2　了解常用的程序设计语言

程序设计语言是用于编写程序的工具，包含语法、语义和语用三个方面的要素。语法表示程序的结构或形式，亦表示构成语言的各个记号之间的组合规律，但不涉及这些记号的特定含义，也不涉及使用者。语义表示程序的含义，亦表示按照各种方法所表示的各个记号的特定含义，但不涉及使用者。语用表示构成语言的记号和使用者的关系，涉及符号的来源、使用和影响，语用的实现环境包括编译环境和运行环境。

任务说明

自计算机面世以来，计算机程序语言不断变化、发展，以更好地满足计算机应用的需要。目前，世界上公布的程序设计语言已经有数百种之多，但是只有很小的一部分被认可并广泛使用。本任务将介绍常用的程序设计语言，帮助读者了解程序设计语言的基本特点，为有效选择使用程序设计语言奠定基础。

任务活动

1. 了解程序设计语言

让计算机完成特定任务，必须告诉计算机工作的具体方法和步骤，而完成这一任务的工具就是程序设计语言。程序设计语言主要分为以下三类。

1）机器语言

基于数字电路的电子计算机只能够识别由 0 和 1 两个数字组成的二进制代码指令，这些指令的集合就是机器语言，机器语言与计算机硬件有关。机器语言是计算机硬件唯一可以直接识别和执行的语言，因此机器语言执行速度最快。由于机器语言使用代码 0 和 1，编程费时、烦琐，出错后难以修改，且不同机器的指令系统不同，程序员必须对使用的计算机硬件和指令系统十分熟悉，才能编写计算机程序。

2）汇编语言

为了减少使用机器语言的困难，人们发明了汇编语言。汇编语言使用“助记符”代替操作码，用“地址符号”或“标号”代替地址码，即用“符号”代替机器语言的二进制代码，所以汇编语言也称为符号语言。汇编语言在形式上使用人们熟悉的英文符号和十进制数代替二进制代码，方便了人们的记忆和使用。将用汇编语言编制的程序输入计算机后，计算机不能直接识别，必须经过计算机中的“汇编程序”加工和翻译，变成能够被计算机识别和处理的二进制代码程序。

汇编语言像机器指令一样，是硬件操作的控制信息，因此仍然是面向机器的语言，在编写复杂程序时还是比较烦琐、费时，具有明显的局限性。汇编语言依赖于具体机型，不能在不同机型之间移植。

3）高级语言

为了解决编程语言存在的困难，人们试图设计一种接近数学语言或自然语言，且不依赖计算机硬件的通用编程语言。经过不懈努力，第一个完全脱离机器硬件的高级语言——FORTRAN 问世。六十多年来，共有数百种高级语言出现，影响较大的有 C、C#、Visual C++、Visual Basic、.NET、Delphi、Java、ASP、Python 等。

高级语言经历了面向过程、结构化、面向对象的发展过程，软件开发也由“个体手工作坊”的封闭生产，发展为产业化、流水线式的工业化生产。

用高级语言编写程序的过程称为编码，编写出来的程序是源程序，源程序必须翻译成二进制代码。翻译高级语言的方式有两种，一种是解释方式，计算机运行解释程序，解释程序逐句解释、执行源程序，得到结果；另一种是编译方式，计算机运行编译程序，将源程序全部翻译成可直接执行的二进制程序（称为目标程序），然后执行目标程序，得到结果。

2. 了解常用的编程语言

1）C 语言

C 语言是一种面向过程的、抽象化的通用程序设计语言，被广泛应用于底层开发。C 语言产生的机器语言量少，且不需要任何运行环境支持便能够运行。尽管 C 语言提供了许多底层处理功能，但仍然保持着跨平台的特性，以标准规格写出的 C 语言程序，可在包括类似嵌入式处理器、超级计算机等作业平台上进行编译。

2）C++语言

最初，C++语言作为 C 语言的增强版出现的，并不断地增加了新特性。它既支持 C 语言的过程化程序设计，又支持以抽象数据类型为特点的、基于对象的程序设计，还支持以继承和多态为特点的、面向对象的程序设计。

C++语言拥有计算机高效运行的实用性特征，且致力于提高大规模程序的编程质量与程序设计语言的问题描述能力。

3）Java 语言

Java 是面向对象的编程语言，它不仅吸收了 C++语言的各种优点，还摒弃了 C++语言里难以理解的多继承、指针等概念，因此 Java 语言具有功能强大和简单易用两个特征。Java 语言作为静态面向对象编程语言的代表，极好地实现了面向对象理论，它允许程序员以简捷的思维方式进行复杂的程序设计。

Java 语言具有简单、面向对象、分布式、健壮性、安全性、平台独立与可移植性、多线程、动态性等特点。Java 语言可以编写桌面应用程序、Web 应用程序、分布式系统和嵌入式系统应用程序等。

4）Python 语言

Python 语言是一种跨平台的计算机程序设计语言。它在高层次上结合了解释性、编译性、互动性和面向对象的脚本语言。它最初被用于编写自动化脚本（shell），随着版本的不断更新和新功能的添加，它越来越多地被用于独立的、大型项目的开发。

5）Delphi

Delphi 语言是全新的可视化编程环境，也是一种方便、快捷的 Windows 应用程序开发工具。它具备 Microsoft Windows 图形用户界面的许多先进特性和设计思想，采用了最快的编译器、最领先的数据库技术。对于广大的程序开发人员来讲，使用 Delphi 语言开发应用软件，无疑会大大地提高编程效率。

6）SQL

结构化查询语言（Structured Query Language）简称 SQL，是一种数据库查询和程序设计语言，用于存取数据，以及查询、更新和管理关系数据库系统。

SQL 是高级的非过程化编程语言，允许用户在高层数据结构上工作。它不要求用户指定数据的存放方法，也不需要用户了解具体的数据存放方式，具有完全不同底层结构的不同数据库系统，可以使用相同的结构化查询语言作为数据输入与管理的接口。SQL 的语句可以嵌套，这使得它具有极大的灵活性和强大的功能。

3. 讨论、思考并回答以下问题

（1）为什么计算机只能识别二进制代码？

（2）从程序设计语言的发展过程中能够得到什么启示？

（3）为什么最近 Python 语言的应用特别广泛？

说一说： 编程用的都是英文字母，未来会用中文编程吗？存在哪些问题？

任务 3 了解算法和数据结构

人们使用计算机，就是要利用计算机处理各种不同的问题，要做到这一点，就必须事先对各类问题进行分析，然后确定解决问题的具体方法和步骤，再编制好一组让计算机执行的指令，最后计算机按照指令有序地工作。这些让计算机工作的具体方法和步骤，就是解决一个问题的算法。

任务说明

解决不同问题需要不同算法，同一问题也可以有多种解决问题的算法，因此，全面了解算法会对解决实际问题有很大帮助。本任务将帮助读者了解算法的基本概念，掌握正确选择算法的基本方法。

任务活动

1. 了解算法的相关概念

1）算法

一个程序应包括对数据的表示（数据结构）和对操作的描述（算法）两个方面的内容，所以，著名计算机科学家沃思提出了“数据结构 + 算法 = 程序”的概念。

算法（algorithm）是求解问题的一系列计算步骤，用来将输入数据转换成输出结果。如果一个算法对其每一个输入实例都能输出正确的结果并停止，则称它是正确的。一个正确的算法能解决特定问题，不正确的算法对于某些输入可能根本不会停止，或者停止时给出的不是预期结果。

同一问题可能有多种求解算法，如求 1 + 2 + 3 +…+ 100，可以先进行 1 + 2，再加 3，再加 4，一直加到 100；也可以 100 +（1+99）+（2+98）+…+（49+51）+50 = 100 + 49×100 + 50 = 5050。算法的优劣可通过分析时间复杂度和空间复杂度进行判定。

2）算法设计目标

算法应满足以下几个设计目标。

正确性：算法设计最重要、最基本的标准是算法能够正确地执行预先规定的功能和性能要求。

可使用性：也称用户友好性，要求算法能够很方便地被使用。

可读性：算法应该易于理解，算法的逻辑关系必须清晰、简单和结构化。

健壮性：要求算法具有很好的容错性，即提供异常处理，能够对不合理的数据进行检查，不经常出现异常中断或死机现象。

高效率和低存储量：算法的效率主要指算法的执行时间，对于同一个问题如果有多种算法可以求解，执行时间短的算法效率高。算法存储量是指算法执行过程中所需的最大存储空间。

3）算法设计步骤

算法设计是一个灵活的过程，大致包括以下几个基本步骤。

分析求解问题：确定求解问题的目标（功能）、给定的条件（输入）和生成的结果（输出）。

选择数据结构和算法设计策略：设计数据对象的存储结构，是因为算法的效率取决于数据对象的存储方式。算法设计有通用策略，如迭代法、分治法、动态规划和回溯法等，可针对求解问题选择合适的算法设计策略。

描述算法：在构思和设计好一个算法后，必须清楚、准确地将求解步骤记录下来。

证明算法的正确性：算法的正确性证明与数学证明有类似之处，可采用数学证明方法，但用纯数学方法证明算法的正确性不仅费时，而且对大型软件开发也不适用。为所有算法给出完整的数学证明也不现实，因此，选择已知的正确的算法可减少出错机会。

算法分析：存在多种求解算法时，可通过算法分析找到好的算法，一般来说，一个好的算法应该比同类算法的时间和空间效率高。

2. 了解算法的特点

1）有限性

一个算法应包含有限的操作步骤，且每一步骤都可以在有限时间内完成。如果出现程序循环不会停止，那么就不是有限的操作步骤。

事实上，“有限性”是指“在合理的范围之内”。如果让计算机执行一个历时 1000 年才结束的算法，虽然时长是有限的，但超过了合理的限度，人们也不会把它视作有效算法。“合理限度”由人们根据常识和需要而定。

2）确定性

算法中的每一个步骤都应当是确定的，而且不应当是含糊的，不能产生二义性。例如，健身操的动作要领是“手举过头顶”，这个步骤就是不确定的、含糊的。是双手都举过头？还是左手？或右手？举过头顶多少厘米？不同的人可以有不同的理解。算法应十分明确，其中的每一个步骤都不能被解释成不同的含义。

3）有零个或多个输入

所谓输入是指在执行算法时需要从外界取得必要的信息。一个算法也可以没有输入，如计算 1+2 的值，不需要输入任何参数。

4）有一个或多个输出

算法的目的是求解，“解”就是输出。算法的输出不一定就是计算机的打印输出，一个算法得到的结果就是算法的输出，没有输出的算法是没有意义的。

5）有效性

算法中的每一个步骤都应当能够有效地执行，并得到确定的结果。例如，若 $b=0$，则 a/b 是不能有效执行的。

3. 了解常用的算法

1）顺序查找法

假定要从 n 个元素中查找 x 的值是否存在，最原始的方法是从头到尾逐个查找，这种查找方法称为顺序查找法。

顺序查找法有三种可能的情况：最好情况是第一项就是要找的数据对象，只有一次比较操作；最差情况是全部查完也找不到数据，需要进行 n 次比较操作；平均情况是比较 $n/2$ 次。

2）二分查找法

二分查找法又称折半查找法，用于排序列表的查找问题。

要在排序列表中查找元素 t，首先应将列表中间位置的项与查找关键字 t 进行比较，相等则查找成功；否则利用中间项将列表分成前、后两个子表，如果中间位置项大于 t，则进一步查找前一子表，否则进一步查找后一子表。重复以上过程，直到找到满足条件的记录；或者查到子表不存在，即查找不成功。

3）冒泡排序法

冒泡排序法是最简单的排序算法。对于包含 n 个元素的列表 A，按递增顺序排序的冒泡法的算法如下。

第 1 轮比较：从第一个元素开始，对列表中的 n 个元素进行两两大小比较，如果不满足升序关系，则交换两个元素顺序。即 $A[0]$与 $A[1]$比较，若 $A[0]>A[1]$，则 $A[0]$与 $A[1]$交换；然后 $A[1]$与 $A[2]$比较，若 $A[1]>A[2]$，则 $A[1]$与 $A[2]$交换；直到最后 $A[n-2]$与 $A[n-1]$比较，若 $A[n-2]>A[n-1]$，则 $A[n-2]$与 $A[n-1]$交换。第 1 轮比较完成后，列表元素中最大的数“沉”到列表最后，较小的数如同气泡一样上浮一个位置。

第 2 轮比较：从第一个元素开始，对列表中的前 n-1 个元素（第 n 个元素已经最大，无须参加排序）继续两两比较大小，如果不满足升序关系，则交换。第 2 轮比较完成后，列表元素中次大的数“沉”到最后，即 $A[n-2]$为列表中次大的数。

依次类推，进行第 n-1 轮比较后，列表中的所有元素均按递增顺序排好。

若要按递减顺序对列表排序，则每次进行两两比较时，将不满足降序关系的两个元素交换顺序。

4. 了解算法的性能分析

在计算机上执行算法会产生内存和时间开销，因此，可以从时间和空间两个方面衡量算法的优劣。

1）算法的时间复杂度分析

衡量算法有效性的一个指标是运行时间。算法的运行时间长短与算法本身的设计和所求解问题的规模有关，算法的时间性能分析也称算法的时间复杂度分析。

问题的规模即算法求解问题的输入量，通常用一个整数表示，如矩阵乘积问题的规模是矩阵的阶数，图论问题的规模是图中的顶点数或边数。对于问题规模较大的数据，如果算法的时间复杂度呈指数分布，那么完成算法的时间可能趋向于无穷大，即无法完成。

算法运行的总时间取决于两个主要因素，一个是每条语句的执行时间，另一个是每条语句的执行次数（频度）。一个算法所耗费的时间等于算法中每条语句的执行时间之和。每条语句的执行时间=该语句的执行次数（频度）×该语句执行一次所需要的时间。

每条语句执行一次所需的时间与运行程序的机器性能有关，独立于机器系统分析算法时间的性能时，可以假设每条语句执行一次的时间均为单位时间，故算法的运行时间等于算法中所有语句的频度之和。

2）算法的空间复杂度分析

衡量算法有效性的另一个指标是内存消耗。对于复杂算法，如果消耗的内存超过运行该算法的计算机可使用的物理内存，则算法无法正常执行。算法的内存消耗分析又称算法的空间复杂度分析。

面向对象程序设计语言较占用内存。确定内存使用情况的典型方法是先统计使用对象的数量，然后参考对象的类型和对象占用的字节数计算。

5. 了解常用的数据结构

1）数据结构

数据结构是计算机存储、组织数据的方式，通常由数据元素的集合和集合中数据元素之间的关系组成。算法的实现基于数据结构，选择恰当的数据结构可以带来更高的运行或存储效率。数据结构通常由数据的逻辑结构、数据的物理结构和数据的运算结构三部分组成。

数据的逻辑结构：反映数据元素之间的逻辑关系，主要包括线性结构（一对一的关系）、树形结构（一对多的关系）、图形结构（多对多的关系）、集合。

数据的物理结构：反映数据的逻辑结构在计算机存储空间的存放形式，即数据结构在计算机中的表示。具体实现方法包括顺序、链接、索引、散列等多种形式。一种数据结构可以由一种或多种物理存储结构实现。

数据的运算结构：反映在数据的逻辑结构上定义的操作算法，如检索、插入、删除、更新和排序等。

2）常用的数据结构

计算机中包括以下几种常用的数据结构。

数组：按序排列的同类数据元素的集合。

线性表：排列在一条线上或一个环上的数据元素（线性关系）。

栈：遵循先进后出原则，只允许在某一端插入和删除的线性表。

队列：遵循先进先出原则，只允许在表的前端进行删除操作、在表的后端进行插入操作的线性表。

链表：链表由一系列结点（元素）组成，每一个结点包括数据域和指针域两部分。

树：由 n（$n\geq1$）个有限结点（元素）组成的一个具有层次关系的集合，其形状像一个倒挂的树。

图：由顶点集合 V 和边集合 E 组成的连通图 G，定义为 $G=(V, E)$。

堆：是一个树形结构，其子结点与父结点是一种有序关系。

散列表：也叫哈希表，是把键值映射（映射函数）到表（散列表）的数据结构，通过键值可以实现快速查找。

6. 了解算法和数据结构关系

算法与数据结构既有联系又有区别。

数据结构是算法设计的基础，算法的操作对象是数据结构，在设计算法时通常要构建适合算法的数据结构。数据结构设计主要是选择数据的存储方式，如确定求解问题中数据采用数组存储还是采用链表存储。算法设计就是在选定的存储结构上设计一个满足要求的算法。

数据结构关注数据的逻辑结构、存储结构及基本操作，而算法更多地关注如何在数据结构的基础上解决实际问题。算法是编程思想，数据结构则是这些思想的逻辑基础。

7. 讨论、思考并回答以下问题

（1）在日常生活中可以找到算法的应用案例吗？试找出一个例子进行详细描述。

（2）为什么会有“程序 = 数据结构 + 算法”的说法？

（3）选择算法时为什么要考虑数据结构？

说一说：计算思维对工作和学习的帮助作用。

项目 2 设计简单程序

在确定了求解问题的算法，选择了恰当的数据结构后，编制求解问题的计算机程序就成为了实现计算机求解问题的关键。学习程序设计不仅要了解计算机解题的过程，更要学会处理计算机问题的具体方法，提高从计算机的角度解决问题的基本能力。

项目目标

- 了解 Python 程序设计语言，会使用 Python 解释器。
- 使用 Python 语言编制、运行、调试程序。

任务 1 认识 Python 程序设计语言

Python 是跨平台、开源、免费的计算机程序设计语言。它既支持面向过程编程，也支持面向对象编程，被广泛地应用于计算机程序教学、系统管理和科学计算等领域，目前也是大数据、人工智能领域的主流编程语言。

任务说明

全面、深入地了解编程工具既是选择合适程序设计语言的前提，更是使用编程工具编制解题程序的基础。本任务将从最基本的 Python 语言下载、安装开始介绍，帮助读者了解使用 Python 编制程序的基础知识，使其掌握安装编程工具的基本技能。

任务活动

1. 下载、安装 Python

在 Python 的官方网站上提供了两个版本的安装程序，分别是 Python 2.x 和 Python 3.x，两个版本之间互不兼容，除输入/输出方式不同外，很多内置函数的实现和使用方式也有较大的区别。鉴于许多类库已经停止对 Python 2.x 的更新，建议使用 Python 3.x 进行代码开发。

Python 支持多平台，不同平台的安装和配置步骤大致相同，用户可以根据实际的系统平台选择下载所需的安装包。以下是基于 Windows 10 和 Python 3.8 构建 Python 开发平台的介绍。

（1）打开浏览器，登录 Python 官网，在 Downloads（下载）页面根据所使用的系统平台选择要下载的版本，如图 5-1 所示。

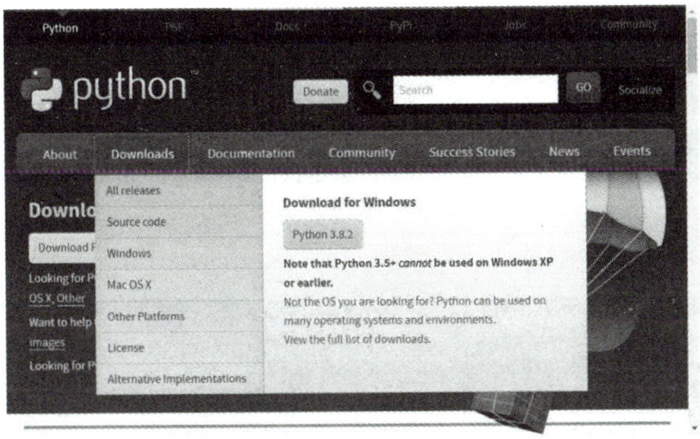

图 5-1 Python 下载页面

（2）单击“Windows x86-64 executable installer”超链接，下载 Python 3.8.2（64 位）安装程序 python-3.8.2.exe，如图 5-2 所示。

图 5-2 选择 Python 安装程序

（3）双击下载的 Windows 格式的安装文件 python-3.8.2.exe，打开程序安装向导。选中“Add Python 3.8 to PATH”复选框，单击“Install Now”选项，开始安装 Python，如图 5-3 所示。

（4）出现安装成功界面后，单击“Close”按钮，完成安装。

2. 运行 Python 解释器

（1）单击“开始”→“Python 3.8”→“Python 3.8”，打开 Python 解释器交互窗口，如图 5-4 所示。

（2）在 Python 解释器提示符“>>>”后输入 print(‘欢迎学习 Python 语言！’)，按 Enter 键执行，Python 解释器将调用 print( )函数，打印输出字符串“欢迎学习 Python 语言！”，如图 5-5 所示。

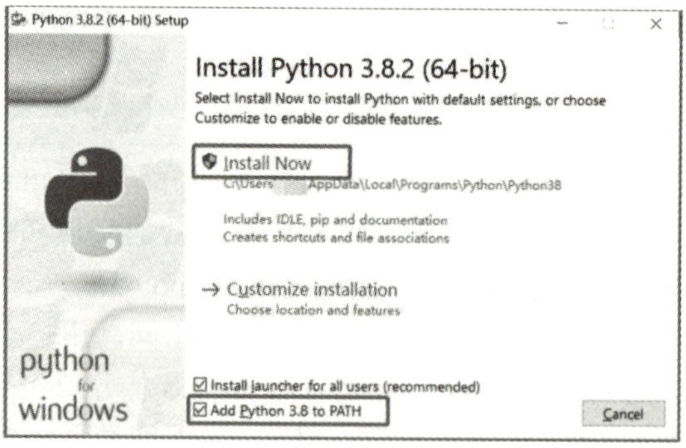

图 5-3　Python 安装向导

图 5-4　Python 解释器交互窗口

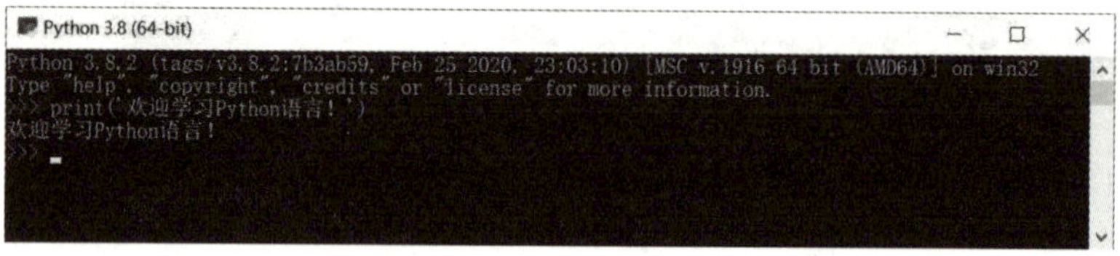

图 5-5　输出字符串

（3）在 Python 解释器提示符“>>>”后输入 1+2+3+4+5，计算输出结果为 15，如图 5-6 所示。

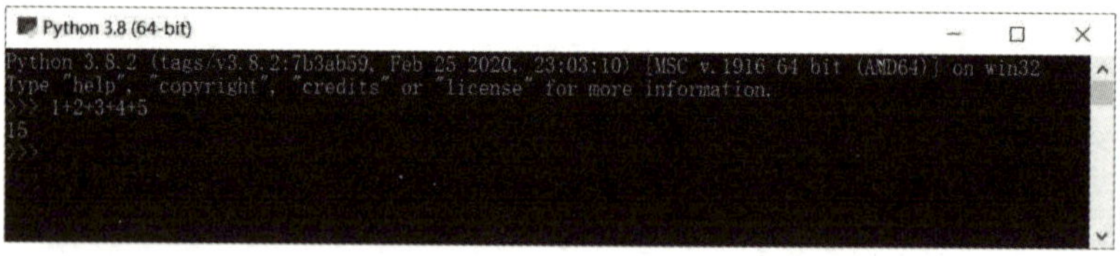

图 5-6　计算输出结果

（4）按“Ctrl+Z”组合键→“Enter”键，或者输入 quit( )，或者直接关闭 Python 解释器交互窗口，均可关闭 Python 解释器。

3. 运行 Python 集成开发环境

（1）单击“开始”→“Python”→“Python IDLE”，打开 Python 内置的集成开发环境 IDLE，IDLE 操作窗口如图 5-7 所示。

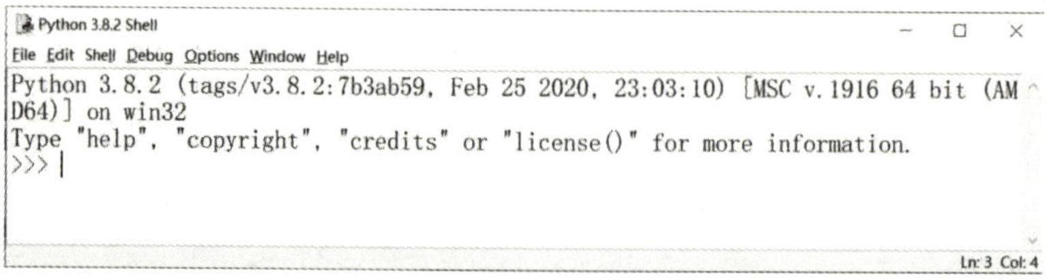

图 5-7　IDLE 操作窗口

（2）在 Python 解释器提示符“>>>”后输入 for x in range(10):（冒号代表复合语句），按回车键，Python 解释器将在下一行自动缩进，等待输入；输入 print(x,end=‘ ’)后，按回车键，Python

解释器将在下一行等待输入（for 循环语句块可以包含多条语句）。直接按回车键，结束 for 循环语句，Python 解释器解释执行程序并输出结果，如图 5-8 所示。

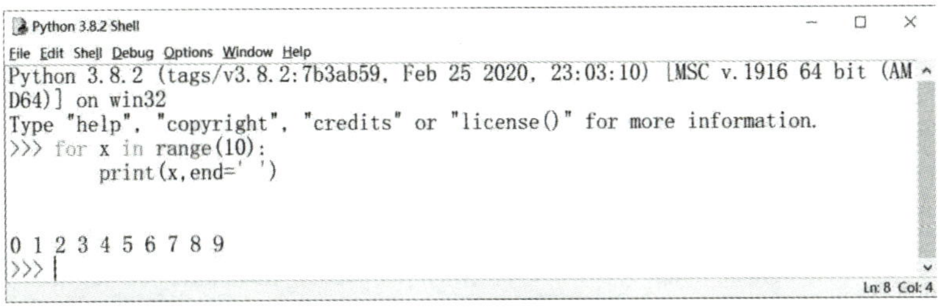

图 5-8　执行程序结果

（3）输入 quit( )，或者直接关闭 IDLE 窗口，均可关闭 Python 解释器。

4. 了解 IDLE 常用快捷键

在编制程序过程中，如果用户能够熟练使用集成开发环境 IDLE 提供的一些快捷键，将会大幅度提高编写速度和效率。在 IDEL 环境下，除全选（Ctrl+A）、撤销（Ctrl+Z）、剪切（Ctrl+X）、复制（Ctrl+C）、粘贴（Ctrl+V）等常规快捷键之外，其他比较常用的快捷键见表 5-1。

表 5-1　IDLE 常用快捷键

快捷键	功能说明
Alt+P	浏览历史命令（上一条）
Alt+N	浏览历史命令（下一条）
Alt+/	自动补全前面曾经出现过的单词，如果之前有多个单词具有相同前缀，则在多个单词中循环以供选择
Ctrl+F6	重启 Shell，之前定义的对象和导入的模块全部失效
Ctrl+]	缩进代码块
Ctrl+[	取消代码块缩进
Alt+3	注释代码块
Alt+4	取消代码块注释
F1	Python 帮助文档

5. 使用 IDLE 编写和执行 Python 源文件程序

（1）运行 Python 内置的集成开发环境 IDLE。

（2）选择“File”→“New File”命令（如图 5-9 所示），打开 Python 源代码编辑器，新建 Python 源代码文件。

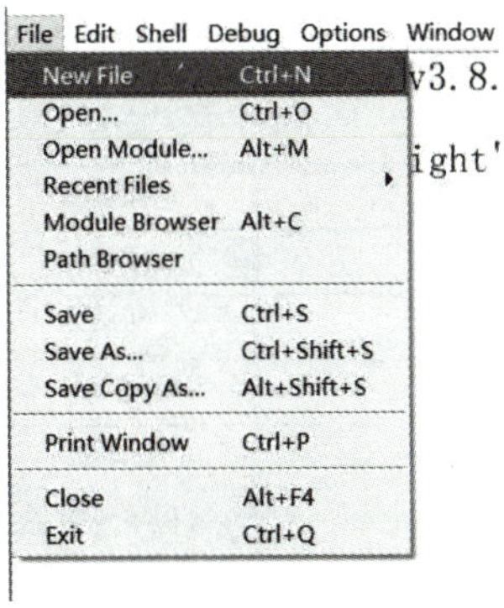

图 5-9　选择“New File”命令

（3）输入程序代码，如图 5-10 所示。

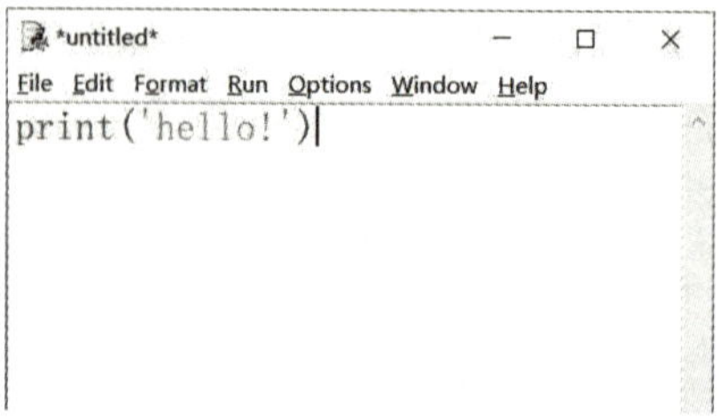

图 5-10 输入程序代码

（4）选择“File”→“Save”命令，将文件保存在“C:\python\ch5”，文件名为 anli1.py。

（5）选择“Run”→“Run Module”命令，打开 IDLE，输出程序运行结果，如图 5-11 所示。

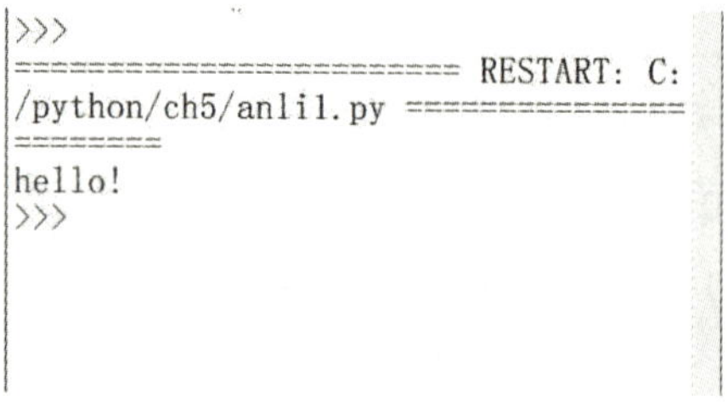

图 5-11 程序运行结果

6. 了解 Python 程序构成

Python 程序可以分解成模块、语句、表达式和对象，它们之间的对应关系如下。

（1）Python 程序由模块组成，模块对应扩展名为.py 的源文件。一个 Python 程序由一个或多个模块构成。

（2）模块由语句组成。模块即 Python 源文件。在运行 Python 程序时按顺序依次执行模块中的语句。

（3）语句包含表达式。语句是 Python 程序的过程构造块，用于创建对象、变量赋值、调用函数、控制分支、创建循环、增加注释等。

（4）表达式用于创建和处理对象。

7. 了解 Python 中的对象

对象是 Python 语言中最基本的概念之一，Python 中的一切都是对象。Python 中有许多内置对象可供编程者直接使用，如数字、字符串、列表、元组、字典、集合、del 命令及 cmp( )、len( )、id( )等内置函数；另外，有一些对象需要导入特定模块（有些需要单独安装）后才能使用，如 math 模块中的正弦函数 sin( )，random 模块中的随机数生成函数 random( )等。表 5-2 列举了其中一部分内置对象。

表 5-2 Python 中的内置对象

对象类型	示 例	对象类型	示 例
数字	1234,3.14,3+4j	文件	f=open('data.txt', 'r')
字符串	'aswe', "Hello", '''Python'''	集合	set('abc'),{ 'a', 'b', 'c'}
列表	[1,2,3],['a', 'b',[1,2]]	布尔型	Ture,False
字典	{a: 'name',b: 'age',c:'num'}	空类型	None
元组	(1,-3,8)	编程单元类型	函数（def 定义），类（class 定义）

8. 了解 Python 中的变量、常量

在 Python 中，不需要事先声明变量名及其类型，直接赋值即可创建各种类型的变量，如语句：

```
>>> x=6                       #创建整型变量 x，并赋值 6。
>>> y='I'm a student. '       #创建字符串变量 y，并赋值'I'm a student.'。
```

虽然不需要在使用前声明变量及其类型，但是 Python 属于强类型编程语言，Python 解释器会根据赋值或运算来自动推断变量类型。在大多数情况下，如果变量出现在赋值运算符或者复合赋值运算符（如+=、*=等）的左侧，则表示创建变量或者修改变量的值，否则表示引用该变量的值。

在定义变量名时，需要注意以下几个问题：

变量名必须以字母或下画线开头，但以下画线开头的变量在 Python 中有特殊含义；

变量名中不能有空格以及标点符号；

不能使用关键字（保留字）作为变量名，可以导入 keyword 模块后使用 print（keyword.kwlist）查看所有 Python 关键字（保留字）；

不建议使用系统内置的模块名、类型名、函数名、已导入的模块名及其成员名作为变量名；

变量名区分英文字母大小写，如 name 和 Name 是不同的变量。

常量，属于 Python 不可变对象，即修改整型变量值的时候并不是真的修改变量的值，而是先把值存放在内存中，然后修改变量使其指向新的内存地址，浮点数、复数等数字类型以及其他类型的变量具有同样的特点。

9. 了解 Python 中的运算符和表达式

Python 支持大多数算术运算符、逻辑运算符、关系运算符以及位运算符，并遵循与大多数语言一样的运算符优先级。Python 运算符见表 5-3。

表 5-3 Python 运算符

运算符示例	功能说明
x+y	算术加法，列表、元组、字符串合并
x−y	算术减法，集合差集
x*y	乘法，序列重复
x/y	除法（真除法）
x//y	求整商
−x	相反数
x%y	余数（对实数也可以进行余数运算），字符串格式化
x**y	幂运算
x<y；x<=y；x>y；x>=y	大小比较（可以连用），集合的包含关系比较
x==y；x!=y	相等（值）比较，不等（值）比较
x or y	逻辑或
x and y	逻辑与
not x	逻辑非
x in y；x not in y	成员测试运算符
x is y；x is not y	对象实体同一性测试（id）
|、^、&、<<、>>、~	位运算符
&、|、^	集合交集、并集、对称差集
@	矩阵乘法

表达式是可以计算的代码片段，由操作数和运算符构成。操作数、运算符和圆括号按一定的规则组成表达式。表达式经过运算后产生运算结果，返回结果对象。运算结果对象的类型由操作数和运算符共同决定。

Python 表达式要遵循一定的书写规则：表达式从左到右在同一基准上书写。例如，数学公式

x^2+y^2 应该写作 x**2+y**2；乘号不能省略，例如，数学公式 *xy*（*x* 乘 *y*）应写作 x*y；括号必须成对出现，而且只能使用圆括号，圆括号可以嵌套使用。

复杂表达式举例：

数学表达式 $\frac{1}{2}\sin[a(x+1)+b]$ 写成 Python 表达式为 math.sin(a*(*x*+1)+b)/2。

10. 了解 Python 的内置函数

内置函数是指不需要导入任何模块即可直接使用的函数，如 map( )函数即属于 Python 内置函数，因此不需要导入任何模块就可以直接使用。

执行下列命令可以列出所有内置函数和内置对象。

```
>>>dir(__builtins__)
```

Python 常用的内置函数及其功能简要说明见表 5-4。

表 5-4　Python 常用的内置函数（方括号表示可选参数）及其功能简要说明

函　数	功能简要说明
abs(x)	返回数字 x 的绝对值
all(iterable)	如果对于可迭代对象中所有元素 x 都有 bool（x）为 True，则返回 True。对于空的可迭代对象也返回 True
any(iterable)	只要可迭代对象中存在元素 x 使得 bool（x）为 True，则返回 True。对于空的可迭代对象，返回 False
bin（x）	把数字 x 转换为二进制串
callable(object)	测试对象是否可调用。类和函数是可调用的，包含__call__( )方法的类的对象也是可调用的
chr(x)	返回 ASCⅡ编码（Python 2.x）或 Unicode 编码（Python 3.x）为 x 的字符
dir(x)	返回指定对象或模块的成员列表
eval(s,[,globals[,locals]])	计算字符串中表达式的值并返回
filter(function or None,sequence)	返回包含序列中使得函数值为 True 的那些元素的 filter 对象，如果函数为 None，则返回那些值等价于 True 的元素
float(x)	把数字或字符串 x 转换为浮点数并返回
help(obj)	返回对象 obj 或模块的帮助信息
hex(x)	把数字 x 转换为十六进制串
oct(x)	把数字 x 转换为八进制串
id(obj)	返回对象 obj 的标识（地址）
input([提示内容字符串])	接收键盘输入的内容，返回字符串
int(x[,d])	返回数字的整数部分，或把 d 进制的字符串 x 转换为十进制并返回，d 默认为 10
isinstance(object,class-or-type-or-tuple)	测试对象是否属于指定类型的实例
len(obj)	返回对象 obj 包含的元素个数，适用于列表、元组、集合、字典、字符串等类型的对象
list([x])、set([x])、tuple([x])、dict([x])	把对象转换为列表、集合、元组或字典并返回，或生成空列表、空集合、空元组、空字典
map（函数，序列）	将单参数函数映射至序列中每个元素，返回结果列表（Python 2.x）或 map 对象（Python 3.x）
max(x)、min(x)、sum(x)	返回序列中的最大值、最小值或数值型序列中所有元素之和
open(name[,mode[,buffering]])	以指定模式打开文件并返回文件对象
ord(s)	返回一个字符 s 的 ASCⅡ编码（Python 2.x）或 Unicode 编码（Python 3.x）编码
pow(x,y)	返回 x 的 y 次方，等价于 x**y

续表

函 数	功能简要说明
range([start,] end[,step])	返回一个 range 对象，不包括终值
reduce(函数，序列)	将接收 2 个参数的函数以累积的方式从左到右依次应用至序列中每个元素，最终返回单个值作为结果，在 Python 3. x 中需要从 functools 中导入
reversed(列表或元组)	返回逆序后的迭代器对象
round(x[,小数位数])	对 x 进行四舍五入，若不指定小数位数，则返回整数
str(obj)	把对象 obj 转换为字符串
type(obj)	返回对象 obj 的类型
zip(seq1[,seq2[...]])	返回 zip 对象

Python 内置函数众多且功能强大，编写程序时应优先考虑使用内置函数，因为内置函数不仅成熟稳定，而且速度较快。

11. 了解 Python 代码编写规范

缩进：Python 程序是依靠代码块缩进体现代码之间的逻辑关系。对于类定义、函数定义、选择结构、循环结构以及异常处理结构来说，行尾的冒号以及下一行的缩进表示一个代码块的开始，而缩进结束则表示一个代码块的结束。在编写程序时，同一个级别的代码块的缩进量必须相同。

例如：

```
a,b,c=3,4,5
if a>b:
    if a>c:
        print(a)
    else:
        print(c)
else:
    if b>c:
        print(b)
    else:
        print(c)
        print('ok')
```

12. 讨论、思考并回答以下问题

（1）为什么 Python 是目前较为热门的程序设计语言？

（2）学习 Python 编程还要补充哪些知识？

（3）Python 表达式遵循哪些主要的书写规则？

说一说：安装 Python 应注意哪些问题？

任务 2　编写 Python 程序

了解程序设计语言的基本规则是设计程序的重要基础，编制解决实际问题的程序才是学习的最终目的，编程就是为了让计算机帮助人解决各种计算问题。

任务说明

编程的目的是使计算机理解人的意图，告诉计算机解决具体问题的思路、方法和手段，使计算机能够根据人的指令一步步工作，完成某种特定的任务。本任务是通过一些具体编程实例，帮助读者了解编程方法，提高编程能力。

任务活动

1. 了解程序流程控制结构

在 Python 程序中，程序执行流程有 3 种控制结构，即顺序、选择和循环结构。

若程序中的语句按出现位置先后次序执行，称为顺序结构；

选择结构是根据控制条件决定执行分支，因此也叫分支结构。根据分支的多少，分支结构有单分支、双分支和多分支等形式；

循环结构是重复执行一条或多条语句，使用循环结构可以减少源程序重复书写的工作量。

2. 编制简单的 Python 程序

（1）例 1：用户输入一个三位自然数，计算并输出其百位、十位和个位上的数字。

这个例子主要演示 Python 中算术运算符的用法，而计算每位上的数字有多种方法，这里只给出其中一种，请找出其他计算方法。哪一种方法的计算量最小？

本例程序代码（按默认路径保存）及运算结果分别如图 5-12 和图 5-13 所示。

```
File Edit Format Run Options Window Help
x=input('请输入一个三位数：')
x=int(x)
a=x//100
b=x//10%10
c=x%10
print(a,b,c)
```

图 5-12　例 1 程序代码

```
Type "help", "copyright", "credits" or "license()" for more information.
>>>
=== RESTART: C:/Users/lucky5261/AppData/Local/Programs/Python/Python38/例1.py ===
请输入一个三位数：648
6 4 8
>>> |
```

图 5-13　例 1 程序运行结果

（2）例 2：已知三角形的两边长及其夹角，求第三边长。

需要用到 math 模块中求平方根的函数 sqrt( )，这里给出的是比较传统的写法，试写出更加简捷的代码。

本例程序代码（按默认路径保存）及运算结果分别如图 5-14 和图 5-15 所示。

```
File Edit Format Run Options Window Help
import math
x=input('输入两边长及夹角（度）：')
a,b,theta=map(float,x.split())  #序列解包
c=math.sqrt(a**2+b**2-2*a*b*math.cos(theta*math.pi/180))
print('c=',c)
```

图 5-14　例 2 程序代码

```
>>>
=== RESTART: C:/Users/lucky5261/AppData/Local/Programs/Python/Python38/例2.py ===
输入两边长及夹角（度）：3 4 30
c= 2.0531415706603067
>>> |
```

图 5-15　例 2 程序运行结果

在这段代码中使用到了序列解包内容，需要补充学习相关知识。

（3）例 3：任意输入三个英文单词，按字典顺序输出。

本例程序代码（按默认路径保存）及运算结果分别如图 5-16 和图 5-17 所示。

也可以直接使用 Python 内置函数 sorted( )快速实现上述功能。

```
s=input('x,y,z=')
x,y,z=s.split(',')                    #序列解包
x,y,z=sorted([x,y,z])                 #序列解包
print(x,y,z)
```

```
s=input('x,y,z=')
x,y,z=s.split(',')
if x>y:
    x,y=y,x #交换变量值
if x>z:
    x,z=z,x
if y>z:
    y,z=z,y
print(x,y,z)
```

图 5-16　例 3 程序代码

```
>>>
=== RESTART: C:/Users/lucky5261/AppData/Local/Programs/Python/Python38/例3.py ===
x,y,z=ok,holle,fine
fine holle ok
>>>
```

图 5-17　例 3 程序运行结果

3. 编制 21 点扑克牌游戏程序

1）游戏规则

21 点又名 BlackJack，有 2 到 5 个人玩，使用 4 副扑克除大小王之外的 208 张牌，游戏者的目标是使手中的牌的点数之和不超过 21 点且尽量大。

点数计算：每张牌都有点数，2 到 10 的牌的点数就是其牌面的数字；J、Q、K 的点数是 10 分；A 有两种算法，1 或者 11，如果 A 算为 11 时总和大于 21，则 A 算为 1。例如（A，8）是 19 点，（A，7，J）则为 18 点。

爆牌：玩家手中牌的总点数超过 21 点。

2）程序代码

```
import random

def get_shuffled_deck():
    """初始化包括52张扑克牌的列表，并混排后返回，表示一副洗好的扑克牌"""
    # 花色suits和序号
    suits = {'♣', '♠', '♦', '♥'}
    ranks = {'2', '3', '4', '5', '6', '7', '8', '9', '10', 'J', 'Q', 'K', 'A'}
    deck = []
    # 创建一副52张的扑克牌
    for suit in suits:
        for rank in ranks:
            deck.append(suit + ' ' + rank)
    random.shuffle(deck)
    return deck

def deal_card(deck, participant):
    """发一张牌给参与者participant"""
    card = deck.pop()
    participant.append(card)
    return card

def compute_total(hand):
    """计算并返回一手牌的点数和"""
    values = {'2':2, '3':3, '4':4, '5':5, '6':6, '7':7, '8':8, \
              '9':9, '10':10, 'J':10, 'Q':10, 'K':10, ' A':11}
    result = 0 #初始化点数和为0
    numAces = 0 #A的个数

    # 计算点数和A的个数
    for card in hand:
        result += values[card[2:]]
```

```
        if card[2] == 'A':
            numAces += 1

    #如果点数和>21，则尝试把A当做1来计算
    # (即减去10)，多个A循环减去10，直到点数<=21
    while result > 21 and numAces > 0:
        result -= 10
        numAces -= 1
    return result

def print_hand(hand):
    for card in hand:
        print(card, end = '  ')
    print()

def blackjack():
    """21点扑克牌游戏，计算机人工智能AI为庄家，用户为玩家"""
    # 初始化一副洗好的扑克牌，初始化庄家和玩家手中的牌为空
    deck = get_shuffled_deck()
    house = [] # 庄家的牌
    player = [] # 玩家的牌

    # 依次给玩家和庄家各发两张牌
    for i in range(2):
        deal_card(deck, player)
        deal_card(deck, house)

    # 打印一手牌
    print('庄家的牌：', end = ''); print_hand(house)
    print('玩家的牌：', end = ''); print_hand(player)

    # 询问玩家是否继续拿牌，如果是，继续给玩家发牌
    answer = input('是否继续拿牌（y/n，默认为y）：')
    while answer in ('', 'y', 'Y'):
        card = deal_card(deck, player)
        print('玩家拿到的牌为：', end = ''); print_hand(player)
        # 计算牌点
        if compute_total(player) > 21:
            print('爆掉  玩家输牌!')
            return
        answer = input('是否继续拿牌（y/n，默认为y）：')

    # 庄家(计算机人工智能)按“庄家规则”确定是否拿牌
    while compute_total(house) < 17:
        card = deal_card(deck, house)
        print('庄家拿到的牌为：', end =''); print_hand(house)
        # 计算牌点
        if compute_total(house) > 21:
            print('爆掉  玩家赢牌!')
            return
```

```
    # 分别计算庄家和玩家的点数，比较点数大小，输出输赢结果信息
    houseTotal, playerTotal = compute_total(house), compute_total(player)
    if houseTotal > playerTotal:
        print('庄家赢牌!')
    elif houseTotal < playerTotal:
        print('玩家赢牌!')
    elif houseTotal == 21 and 2 == len(house) < len(player) : # 拥有blackjack的庄家赢牌
        print('庄家赢牌!')
    elif playerTotal == 21 and 2 == len(player) < len(house) : # 拥有blackjack的玩家赢牌
        print('玩家赢牌!')
    else:
        print('平局! ')

if __name__ == '__main__':
    blackjack()
```

3）程序运行

程序运行结果示例如图 5-18 和图 5-19 所示。

```
>>>
=== RESTART: C:/Users/lucky5261/AppData/Local/Pr
ograms/Python/Python38/例3.py ===
庄家的牌: ♥ K  ♠ 2
玩家的牌: ♦ Q  ♠ 5
是否继续拿牌（y/n，缺省为y）:
```

图 5-18 打印一手牌运行结果

```
>>>
=== RESTART: C:\Users\lucky5261\AppData\Local
\Programs\Python\Python38\例3.py ===
庄家的牌: ♠ A  ♦ 8
玩家的牌: ♣ 3  ♠ 7
是否继续拿牌（y/n，缺省为y）: y
玩家拿到的牌为: ♣ 3  ♠ 7  ♣ J
是否继续拿牌（y/n，缺省为y）: y
玩家拿到的牌为: ♣ 3  ♠ 7  ♣ J  ♦ 3
爆掉  玩家输牌!
>>>
```

图 5-19 玩家爆牌

4. 讨论、思考并回答以下问题

（1）怎样保存 Python 程序才能方便使用？

（2）如何高效设计一个 Python 程序？

（3）真正成为 Python 程序设计高手，需要学习哪些知识和技能？

做一做： 设计一个简单的 Python 程序。

任务 3 调试 Python 程序

异常处理机制是主流程序语言的必备功能，它使程序的异常处理代码与业务逻辑代码分离，提高了程序的安全性和可维护性。不可能保证自己的程序代码每次都是正确的，所以快速找出并修正错误是程序员必备的技能。

任务说明

在程序编写和运行过程中不可避免地会产生错误和异常，Python 语言采用结构化的异常处理机制捕获和处理异常。本任务是讲解编程过程中常见的错误和异常处理方法，帮助读者了解编程中常见的错误，提高发现错误、修正错误的能力。

任务活动

1. 了解程序错误

Python 程序的错误通常被分成语法、运行和逻辑错误 3 种类型。

1）语法错误

语法错误是指源代码中的拼写语法错误，这些错误导致 Python 编译器无法把 Python 源代码转换成字节代码，所以也被称为编译错误。当程序中包含语法错误时，编译器显示 Syntax Error 出错信息。根据编译器给出的运行时错误提示信息，分析相关位置代码，可以定位、修改程序错误。

2）运行错误

运行错误是在解释执行过程中产生的错误。如果程序中没有导入相关模块，解释器将在运行时提示 Name Error 出错信息；如果程序中包括零除运算，解释器在运行时给出 Zero Division Error 出错提示；如果程序中试图打开不存在的文件，解释器给出 File Not Found Error 出错提示。根据运行时编译器给出的错误提示信息，分析相关位置代码，可以定位、修改程序错误。

3）逻辑错误

逻辑错误是程序可以执行（程序运行时不报错），但执行结果不正确。对于逻辑错误，Python 解释器发现不了，只能靠程序设计者根据结果分析、判断、调试。

2. 了解程序的基本调试方法

程序交付使用之前，查找、修正错误的过程称为调试。

1）语法错误调试

对于编译发现的错误，Python 程序解释器直接给出异常提示，用户可以根据异常提示信息修改程序代码。

如：
```
>>> if 1>2              #报错.SyntaxError: invalid syntax
>>> Print('abc')        #报错.NameError:name'Print' is not defined
```

第一条语句是语法错误，在 if 复合语句后面没有冒号。

第二条语句是名称错误，是拼写时出现了错误，应为 print。

2）运行错误调试

程序运行时出现错误，Python 解释器也会给出异常提示，在代码中可以通过 try…except 语句捕获并处理。如果在程序中没有 try…except，Python 解释器直接输入异常提示信息。

如：
```
>>>a=1;b=0
>>> c=a/b               #零除溢出：ZeroDivisionError
>>>123 + 'abc'          #TypeErro：unsupported operand type(s) for + : 'int'and 'str'
```

第一条语句表示零除错误，前一句将 0 赋值给了除数 b，导致出错。

第二条语句表示类型错误，不同类型的对象不能相加。

3）逻辑错误调试

逻辑错误是最难查找的一类错误，调试方法包括断点跟踪、输出信息等，有的集成开发环境可以设置断点查看变量值的变化。使用 print 语句跟踪程序运行过程变量的值，也是观察、调试程序逻辑正确性的有效方法。

3．讨论、思考并回答以下问题

（1）设计程序过程中最常见的错误有哪些？如何避免出现错误？

（2）Python 语言采用了哪些异常处理机制？

（3）为什么逻辑错误最难处理？

做一做：上机编制、调试一个 Python 程序。

考核评价

本章可根据教师教学的组织情况，进行合作学习和知识、技能考核，任务活动评价包括自评、互评和教师点评，最终形成个人和学习小组任务完成情况总体评价。合作学习考核内容可参见第一章的要求，知识技能考核点的具体内容和要求如下。

（1）对程序设计知识的了解。

能清楚描述常用的程序设计语言的种类和特点，理解程序的基本概念。

（2）对算法的了解。

能清楚描述算法及算法设计的基本过程，了解算法选择的基本方法。

（3）对 Python 程序设计语言的理解。

能清楚描述 Python 程序设计语言的特点，会使用 Python 编写简单程序。

（4）对程序运行、调试的理解。

了解程序运行、调试的基本方法，会处理程序运行出现的异常问题。

习题

1．选择题

（1）Python 语言属于______。

A．机器语言　　B．汇编语言　　C．高级语言　　D．以上都不是

（2）在下列选项中，不属于 Python 特点的是______。

A．面向对象　　B．运行效率高　　C．可移植性　　D．免费和开源

（3）Python 内置的集成开发工具是______。

A．PythonWin　　B．Jython　　C．IDE　　D．IDLE

（4）Python 解释器的提示符为______。

A．>　　B．>>　　C．>>>　　D．#

（5）______是 Python 官方扩展库索引，是所有人都可以下载的第三方库。

A．PyPI　　B．PyPy　　C．Pydev　　D．pip

（6）数学关系式 2＜a≤10 表示成正确的 Python 表达式应为：______。

A．2＜a＜=10　　B．2＜a and a＜=10

C．2＜a && a＜=10　　D．a＞2 or a＜=10

（7）以下 Python 语句中非法的是______。

A．x=y=1　　B．x=（y=1）　　C．x,y=y,x　　D．x=1；y=1

（8）在 Python 表达式中可以使用______控制运算的优先顺序。

A．圆括号（） B．方括号[ ] C．大括号{ } D．尖括号< >

（9）在 Python 中，以下赋值语句正确的是______。

A．x+y=10 B．x=2y C．x=y=30 D．3y=x+1\

（10）已知 x=2 并且 y=3，复合赋值语句 x*=y+5，执行后变量 *x* 的值是______。

A．11 B．16 C．13 D．26

2. 填空题

（1）Python 语言是一种解释型的、面向______的计算机语言设计程序。

（2）Python 语句分为______语句和复合语句。

（3）Python 使用_______格式划分语句。

（4）Python 使用符号______标示注释。

（5）Python 表达式 4.5/2；4.5//2 和 4.5%2 的值分别为______。

3. 编程题

（1）编写程序，当用户输入一个三位以上的整数时，输出其百位及百位以上的数字。例如，输入 1234，输出 12。

（2）编写程序，输入球的半径，计算球的表面积和体积（结果保留两位小数）。

第六章　数字媒体技术应用

随着全球信息网络一体化应用的快速发展，数字媒体技术已经成为热门的研究领域。数字媒体也因内容丰富、传播效率高而越来越受大众欢迎。一些国家和地区纷纷制定了支持数字媒体发展的相关政策和发展规划。数字媒体技术是融合了数字信息处理技术、计算机技术、数字通信和网络技术等技术的一门交叉学科。

项目 1　获取数字媒体素材

数字媒体技术是指通过计算机和通信技术，把文字、音频、图形、图像、动画和视频等信息素材经过数字化采集、编辑、存储加工，以单独或合成的方式表现出来，使抽象的信息变为可感知、可管理、可交互的一体化技术。而获取数字媒体素材是制作形式复杂，视觉冲击力强的数字媒体作品的基础。

项目目标

- 理解数字媒体技术的概念。
- 了解数字媒体技术的研究领域。
- 了解数字媒体技术的特点、应用领域。
- 学会识别常用的文本、图形图像、数字音频、数字视频、数字动画文件。
- 学会获取数字音视频素材。
- 学会转换数字媒体格式。

任务 1　了解数字媒体技术

了解数字媒体技术是学习制作数字媒体作品的基础，只有全面了解数字媒体技术的发展和应用，才会有极大兴趣走进数字媒体技术的世界，感悟数字媒体的美。

任务说明

数字媒体技术是一项应用广泛的综合技术，也是研究图、声、像等数字媒体的获取、加工、传递、存储和再现的技术，具有数字化、交互性、趣味性、集成性和艺术性等特点。本任务可帮助读者了解数字媒体技术的基本概念，奠定后续学习的基础。

任务活动

1. 了解数字媒体技术

1）媒体的概念

媒体也被称为媒介或媒质。在计算机网络应用环境中，媒体可以包含三个方面的含义。一是存储信息的实体，如纸张、软盘、光盘、半导体存储器等。它们都是用来存储信息的载体。二是信息表示和传递的载体，主要包含文字、图像、图形、声音、动画、视频 6 类。其中文字、图像、图形在时间上是静止的，称为离散型媒体。声音、动画、视频在时间上是动态的，称为连续型媒体。三是媒体管理与运营机构，如新闻、出版、广播、电影、电视、互联网等运营机构。

2）数字媒体的概念

数字媒体是以二进制数字的形式记录、处理、传播、获取的信息媒体。这些信息媒体包括数字化的文字、声音、图像、视频影像和动画等逻辑媒体，或是以数字形式对各类媒体信息进行采集、编辑、分类、传播、存储的物理媒体。一般意义上的数字媒体指逻辑媒体。数字媒体不同于传统媒体。2005 年 12 月 26 日，国家科技部牵头制定的《2005 中国数字媒体技术发展白皮书》正式发布：数字媒体是数字化的内容作品以现代网络为主要传播载体，通过完善的服务体系，分发到终端和用户进行消费的全过程。

3）数字媒体技术

数字媒体技术是一项应用广泛的综合技术。它是将多媒体信息通过计算机数字化采集、编码、存储、传输、处理和再现，使数字化信息建立逻辑连接，并集成为具备交互性的系统。数字媒体涉及的技术范围广、技术新，是多种学科和多种技术交叉的领域。主要技术范畴有以下几个方面：一是数字媒体的表示与操作，包括数字声音及处理，数字图像及处理、数字视频及处理、数字动画技术等。二是数字媒体的压缩，包括通用压缩编码、专用压缩编码（声音、图像、视频）技术等。三是数字媒体的储存与管理，包括光盘存储（CD 技术、DVD 技术等）、媒体数据管理、数字媒体版权保护。四是数字媒体的传输，包括流媒体技术、P2P 技术等。

2. 了解数字媒体技术的研究领域

数字媒体技术的主要研究领域包括核心关键技术、关联支持技术和扩展应用技术。

1）核心关键技术

媒体信息处理技术。媒体信息数据通常非常庞大，特别是视频数据如果直接进行传输或存储，需要占用非常大的带宽和巨大的存储空间。因此，需要对视频信息进行压缩编码，也需要对图像/视频内容进行分析、识别等。

媒体传输技术。数字媒体传输主要通过网络进行。早期是先将文件全部下载到本地计算机中，再利用相应的解码软件打开。随着网络技术的发展，目前主要利用网络流媒体技术，实现边下载、边播放。随着 5G 网络技术的发展，带宽越来越大，用户通过手机就能实现无线多媒体信息传输。

媒体内容管理技术。随着数字媒体种类、数量的不断增长，对海量的数字媒体数据的管理也成为新的挑战。在媒体资源的存储、检索、内容挖掘等环节，需要对多媒体数据库进行合理构建。数字媒体资源（如数字图书、数字音视频等）在互联网广泛传播，版权问题引起人们高度关注，通过技术手段对媒体内容进行加密或防伪，也是关键技术之一。

2）关联支持技术

关联支持技术包括媒体信息的获取与输出技术。高质量、高效获取媒体信息是人们关注的焦点之一，从 20 世纪 90 年代末的几百万像素到现在的 8K 超高清视频，画面质量的提升为人们带来了极大的视觉享受，同时促使媒体采集设备和技术升级换代。超高清大屏幕显示技术的发展带动了三维显示技术与设备的巨大进步。

媒体存储技术。图像分辨率的提高使存储空间成倍增长。虽然计算机硬盘、手机内存的空间也在不断提升，但是对于超高清图像和视频的存储，还是显得力不从心。为了保证海量媒体数据能够及时有效地存储，基于分布式的存储和文件存储虚拟化的云存储技术，正在数字媒体行业逐步推广。

3）扩展应用技术

计算机图形技术是指利用计算机技术和数学建模工具绘制各种图形。

计算机动画技术是一种创造出运动幻觉的技术，是在计算机图形技术的基础上，使计算机将一系列的图形按照一定的规律连续显示。

虚拟现实技术也称虚拟环境，是利用计算机技术生成一个逼真的三维视觉、听觉、触觉等感觉世界，让用户从自己的视角出发，利用设备对生成的虚拟世界客体进行浏览和交互，从而产生身临其境的感觉。

3. 了解数字媒体技术的特点

（1）数字化。与传统媒体技术相比，数字媒体技术最大的特点就是数字化。所谓数字化是指将所有的媒体信息都以二进制形式存储在计算机中。处理和传播的也都是数字化信息，保证了所有媒体信息的快速制作、实时传播、重复使用，以及不同媒体之间的相互混合。而传统的媒体，如报纸、胶片等都需要较长的制作周期，传播起来也比较麻烦。

（2）多样性。数字媒体涉及文字、图形、图像、动画等多种媒体信息。数字媒体技术需要对这些信息进行综合处理，以达到广泛应用的目的。

（3）集成性。数字媒体技术不仅是指将文字、图形、图像、动画等多媒体信息集成，还包括将多种技术及相关硬件设备进行集成。如一个虚拟现实的应用不仅有音视频等内容，还有相应的计算机展示技术以及各种头戴式设备。

（4）交互性。数字媒体技术能够为用户提供有效控制和使用信息的交互手段，从而能增加用户对信息的注意力和理解力。现代教育教学中引入多媒体教学方式，使在线观看视频过程出现弹幕、及时评分等都是很好的交互性应用。

（5）实时性。数字媒体技术以现代网络为主要传播载体。因此，具有媒体传输实时性的特点。如基于网络传输的媒体新闻发布、视频会议、远程医疗等应用都是实时传播，在任何时间和地点，只要能够连接互联网就能确保第一时间得到信息。

（6）趣味性。数字媒体技术为人们提供了数字游戏、数字视频、数字电视等多种娱乐形式，给人们的日常生活增加了无限的乐趣，也扩大了娱乐选择性。

（7）艺术性。数字媒体技术的艺术性是指利用技术手段将艺术作品展现出来，在信息技术与人文艺术、左脑与右脑领域之间架起了一座无形的桥梁。例如，2008 年北京奥运会开幕式的巨幅“卷轴”画册、2010 年上海世博会中国馆的动画版“清明上河图”等。

（8）主动性。数字媒体的多样化表现使广大受众能够主动参与、修改、编辑各种媒体文件，且能自行发布自媒体信息、微信朋友圈信息等。

（9）交叉性。数字媒体技术涉及多个学科领域的交叉融合，如计算机软、硬件技术，图形图像处理，计算机视觉，视频分析，人工智能等。

4. 了解数字媒体技术的应用领域

基于数字媒体技术的特点，其在许多领域得到了广泛应用。很多行政机关使用了智慧公共服务系统、智慧社会管理系统、智慧安居服务系统、智慧安全防控系统等。在教育培训方面，多媒体影像教学已广泛应用于学校的课堂教学，打破了传统课堂教师、黑板、粉笔的教学模式。在电子商务领域，网上电子商城实现了网上浏览、购买、下单，线下送货、收货的综合服务流程，降低了商家的营销成本，满足了人们的生活需求，同时，也催生了一种新的购物形式。在信息发布方面，组织机构或个人都可以成为信息发布的主体。讨论区、BBS、博客、播客等形式可以让任何人发布信息，实时交流，展示自我。微信、QQ 等 App 被人们频繁使用，除了交流也成为了人们生活中不可缺少的部分。娱乐网站、计算机游戏、影视点播给人们的生活提供了新的娱乐空间，机器人、无人机、无人驾驶汽车等新兴领域，也给人们的未来生活带来无尽遐想。

5. 讨论、思考并回答以下问题

（1）为什么数字媒体比传统媒体有更大的优势？

（2）为什么数字媒体的应用会如此广泛？

（3）日常生活中有哪些数字媒体技术的具体应用？

说一说：数字媒体对人类社会发展的影响。

任务 2 认识数字媒体文件格式

随着数字媒体技术的发展，将文字、声音、动画、视频等多种信息，以数字化的方式进行传播，不仅能为受众提供了良好的视听觉体验，也能满足人们生活、工作的正常需求。在计算机和网络中，各种信息以文件的形式存储、传输和处理。

任务说明

数字媒体凭借海量的传播内容、丰富多彩的表现形式深受人们喜爱，且在社会发展中发挥着越来越重要的作用。了解数字媒体文件格式是使用数字媒体的基础，只有全面了解数字媒体文件格式，才能灵活应用。本任务将带领读者从文本文件开始，逐步认识图形、图像、视频等常见的数字媒体文件格式。

任务活动

1. 认识文本文件格式

（1）TXT 格式是微软操作系统附带的一种文本格式，扩展名为.txt。TXT 文件格式具有体积小、存储简单方便的特点。任何可以读取文字的程序，都可以识别 TXT 格式的文本。

（2）RTF（Rich Text Format）格式是微软公司开发的跨平台文档格式，也称富文本格式或多文本格式，扩展名为.rtf。大多数的文字处理软件都能读取和保存 rtf 文档。它具有通用性好，兼容性强的优点，但文件一般相对较大。

（3）DOC 和 DOCX 格式是微软公司 Office 组件中 Word 专属的文件格式。DOC 格式文件是 Microsoft Office Word 2003 及之前版本的文件。DOCX 格式文件是 Word 2007 及之后版本的文件。DOCX 文件比 DOC 文件所占用空间更小。

（4）WPS 格式是金山软件公司开发的字处理软件 WPS 的文档格式。WPS 格式具有内存占用小，体积小的特点，不但可以在 Windows 系统和其他系统下运行，也可以在移动端运行，如安卓手机、苹果手机等都可以安装 WPS 办公软件。

（5）ODF（Open Document Format）格式是开放文档格式，也是基于 XML 的纯文本格式。ODF 格式最大的优势在于开放性和可继承性。基于 ODF 格式的文档可以被最新版的任意一款办公软件打开使用。

（6）PDF（Portable Document Format）便携式文件格式是由 Adobe Systems 开发的，用于与应用程序、操作系统、硬件无关的方式进行文件交换的格式，文件扩展名为.pdf。

2. 认识图形图像文件格式

（1）BMP（Bitmap）格式是 Windows 操作系统中的标准图像文件格式，扩展名为.bmp。BMP 格式图像信息丰富，能保存一幅图像中所有的像素。常见的 BMP 文件大多不压缩，占用软盘空间过大。BMP 文件在单机上应用较多。计算机中的屏幕保护画面一般都是 BMP 文件。

（2）JPEG（Joint Photographic Experts Group）格式是最常用的图像文件格式，扩展名为.jpg 或.jpeg。它是一种图像有损压缩格式。虽然将图片转变为 JPEG 图像后，一些数据会丢失，但是，人眼很难分辨出来，因此可以用较少的软盘空间得到较好的图像画质。该格式应用于互联网，可减少图像的传输时间。

（3）TIFF（Tagged Image File Format）格式由 Aldus 和 Microsoft 公司专门为扫描仪和台式计算机开发，用于存储黑白图像、灰度图像和彩色图像，扩展名为.tif。虽然图像格式复杂，但能保持原有图像的颜色，图像质量好。

（4）GIF（Graphic Interchange Format）格式是 CompuServe 公司开发的图像文件格式，扩展名为.gif。GIF 图像在压缩过程中，图像的像素资源不会丢失，但最多支持 256 种色彩的图像，通常用来显示简单图形及字体。它的特点是压缩比高，软盘空间占用较少。最初 GIF 只是用来存储单幅静止图像，随着技术发展，现在可以同时存储若干幅静止图像，进而表示成连续的动画。

（5）PNG（Portable Network Graphics）格式是网络传输中的一种图像文件格式，扩展名为.png。在大多数情况下，它的压缩比大于 GIF 格式图像，可提供 16 位灰度图像和 48 位真彩色图像。它可以取代 GIF 和 TIFF 图像文件格式，但该格式的一个图像文件只可存储一幅图像。

（6）PSD（Photoshop Document）格式是 Adobe Photoshop 图像处理软件的专用图像文件格式，扩展名为.psd。该格式允许将不同图层分别存储，便于图像的修改及制作各种图像的特殊效果。但存储的文件较大，在保存时会进行文件压缩，以减少占用软盘空间。

3. 认识数字音频文件格式

（1）WAV 格式是微软公司开发的一种声音文件格式，也是 Windows 中使用的标准数字音频文件，扩展名为.wav。该数字音频文件保存了经声卡采样和数字化后的数字音频数据，其音质与 CD 相差无几。但因其对存储空间要求较大，在实际使用中，常常需要进行压缩。

（2）MP3（Moving Picture Experts Group Audio Layer 3）格式是压缩后的数字音频文件，压缩率可达 1∶12，扩展名为.mp3。MP3 格式最大的优势是以极小的声音失真换来较高的压缩比，因此 MP3 也成为目前非常流行的数字音频文件。

（3）MIDI（Musical Instrument Digital Interface）格式又称为乐器数字接口，是数字音乐/电子合成乐器的统一国际标准。

（4）WMA（Windows Media Audio）格式是 Microsoft 在互联网音、视频领域的力作，扩展名为.wma。WMA 在压缩比和音质方面都强于 MP3，其压缩率一般可以达到 1∶18，文件大小只有 MP3 文件的 1/2，适合在网络上在线播放。此外，WMA 格式具有很强的保护性，通过 DRM 方案加入防复制、限制播放时间、播放机器及播放次数等方法，防止非法盗版使用。

（5）CD 格式是当今世界上音质最好的音频格式，扩展名为.cda。标准 CD 格式的采样频率为 44.1kHz，16 位量化位数。CD 存储采用了音轨形式，是一种近似无损的格式。

（6）AU 格式文件是 UNIX 操作系统下的声音文件。由于早期 Internet 上的 Web 服务器主要基于 UNIX，所以在 Internet 上的多媒体声音主要使用这种文件。

（7）AIFF（Audio Interchange File Format）格式是 Apple 公司开发的一种声音文件格式，扩展名为.aif。它与 AU 和 WAV 格式相近，大多数音频编辑软件都支持该文件格式。由于 AIFF 基于苹果操作系统，因此在 Windows 平台上并不流行。

4. 认识数字视频文件格式

（1）AVI（Audio Video Interleaved）格式是由 Microsoft 公司推出的音视频交错格式。它将语音和影像同步组合在一起形成文件，扩展名为.avi。优点是图像质量好，可以跨平台使用，缺点是文件体积过于庞大。因压缩标准不统一，也导致出现了不同版本 AVI 格式视频文件不能兼容播放的问题。

（2）WMV（Windows Media Video）格式是 Microsoft 推出的一种流媒体格式，扩展名为.wmv。在同等视频质量下，WMV 格式的文件可实现边下载边播放，更适合在网上播放和传播。

（3）MPEG（Moving Picture Expert Group）格式是国际标准组织认可的媒体封装格式。它采用有损压缩方法减少运动图像中的冗余信息，从而达到压缩的目的。目前，MPEG 常用的压缩标准包括 MPEG-1、MPEG-2 和 MPEG-4。MP4 就是基于 MPEG 视频压缩编码标准的高质量视频文件格式，其采用可变比特的编码技术，带宽要求不高，回放图像质量高，还具有交互性以及版权保护等功能。

（4）3GP 格式是配合 3G 网络传输速度而制定的流媒体视频格式，扩展名为.3gp。它采用简化的 MPEG-4 编码算法、高级音频编码（Advanced Audio Coding，AAC）以及自适应多速率（Adaptive Muti-Rate，AMR）技术，对存储空间和传输带宽的要求都很低，因此用户手机以及 PSP 等移动设备都可享受相对高质量的视频、音频等多媒体内容。该格式视频可在 3G 及以上移动设备间流畅地传输，但是在 PC 上兼容性差、支持软件少，画面质量及帧率稍差于 AVI 等视频格式。

（5）MOV 格式是 Apple 公司开发的一种视频格式，用于存储常用数字媒体类型，扩展名为.mov。MOV 默认的播放器是 Apple 公司的 QuickTime Player。它具有较高的压缩比率和较完美的视频清晰度等特点，能够跨平台播放，不仅能支持 Mac OS，同样也支持 Windows。

5. 认识数字动画文件格式

（1）SWF（Shock Wave Flash）格式是 Macromedia（已被 Adobe 收购）公司的动画设计 Flash 专用格式，有时也被称为 Flash 文件，扩展名为.swf。它是一种支持矢量和点阵图形的动画文件格式，被广泛应用于网页设计、动画制作等领域。它具有缩放不失真、文件体积小等特点，支持下载同步播放，是一种流式媒体文件。

（2）FLV（Flash Viedo）格式是随着 Flash MX 发展而来的视频格式，是主流的网络流媒体视频文件格式，扩展名为.flv。该文件格式所形成的文件非常小，但加载速度极快，特别适合在网络环境下观看视频。它解决了视频文件导入 Flash 后，因 SWF 文件过大，不能在网络上顺畅播放的问题，所以也是绝大多数在线视频网站的首选文件格式。

（3）FLIC 格式有两种类型：.fli 文件和.flc 文件。FLIC 文件实际上是对一个静止画面序列的描述，连续显示这一序列便可在屏幕上产生动画效果。FLIC 文件结构简洁，弹出速度快，虽然每种基色最多只有 256 级灰度，图像深度只有 8 位，但使用起来方便，利用 Autodesk Animator、3D Studio 等动画制作软件都可以打开。

（4）MAX 格式是 3ds MAX 软件的三维动画文件格式。3ds MAX 是制作建筑效果图和动画的专业工具，三维动画是在二维动画的基础上增加前后（纵深）的运动效果。

6. 讨论、思考并回答以下问题

（1）哪些数字视频格式的文件适合在移动网络上传输，为什么？

（2）PDF 格式与 WORD 格式相比有哪些优势？

（3）计算机配置的音频卡有哪些功能？

说一说：未来数字媒体格式的发展趋势是什么？

任务 3　获取音视频素材

制作数字媒体作品需要多种素材支持，如文本、图片、视频、音频、动画等，只有素材准备充分，才能制作出声情并茂的优秀数字媒体作品。因此，获取和处理素材是制作数字媒体作品的重要基础。文本、图片素材因其获取、制作都比较容易，所以在数字媒体作品中应用广泛。

任务说明

文本、图片、音频、视频及动画获取的方法与途径有很多，可以从网上下载、视频截取、从资源光盘或资源库中获取，还可以自行创作。因为文本和图像的获取方法比较简单，所以本任务主要介绍音视频素材的获取方法，帮助读者掌握获取音视频素材的技能。

任务活动

1. 获取数字音频素材

数字媒体中的音频主要用于背景音乐或效果音乐，获取途径主要有以下几种：

1）从互联网下载

从互联网下载已有的音频文件是最省时省力、最经济有效的音频获取方式。可以利用各大搜索引擎，如百度（http://www.baidu.com）等，在“关键词”文本框中输入要下载的音频文件名称，按回车键进行搜索，然后下载。也可以借助各种音乐软件客户端进行下载（如酷我音乐等），采用这种方式查找、下载文件，需要先在计算机中安装音乐客户端软件，然后在搜索文本框中输入要下载的音频文件名称，搜索下载资源文件。客户端下载界面如图 6-1 所示。

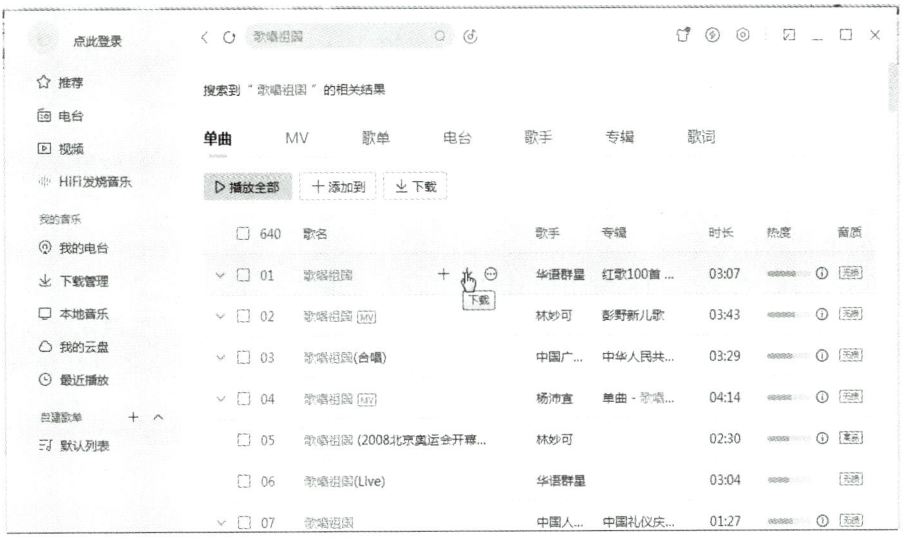

图 6-1　客户端下载界面

2）从视频中提取

若感觉某一个视频配声很优美，但找遍网络音乐库也无法获得时，可以通过软件将视频中的音频提取出来。常见的提取音频的软件有格式工厂、迅捷音频转换器等。

3）利用录音软件录制

对于语音解说的音频文件，通常从网络上下载的可能性很小，需要利用录音软件自己录制。录音软件的种类很多，最方便使用的就是 Windows 操作系统中自带的“录音机”工具。录音机是 Windows 提供的制作和编辑音频文件的工具。打开录音机，单击“开始录制”按钮，通过麦克风可录音生成音频文件，并保存在硬盘中，录音机操作界面如图 6-2 所示。

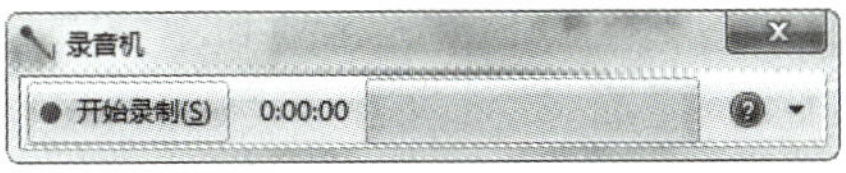

图 6-2　“录音机”操作界面

4）从即时通信软件中获取

即时通信软件允许通过文字、语音、视频、文件等形式实现信息的交流与互动。它不但可以作为用户之间的沟通工具，还可以作为电子商务、工作、学习等交流的平台。其他用户发来的音频资料，还可以导出。

2. 获取数字视频素材

获取数字视频素材的方法有从现有的数字视频库中截取，利用计算机软件制作，用数字摄像机直接摄录和视频数字化等。

1）从互联网下载

与数字音频资源一样，视频获取也可以通过搜索引擎搜索关键字或者直接从优酷、爱奇艺、好看、央视影音等视频客户端搜索下载。

2）利用工具截取

若用户只需要数字视频文件中的一部分，可以通过“截取”软件从视频文件中截取需要的部分，形成所需数字视频素材。

3）利用计算机软件制作视频

目前网络上的视频制作软件比较多，如爱剪辑、快剪辑、会声会影、Flash、3ds Max等。这些软件功能齐全，操作简单。

4）利用摄像设备拍摄素材

通过数字摄像机或者智能手机拍摄，获取视频数字文件。

5）利用“录屏”软件

网络上的某些资源有使用权限设置，有些只能观看不能下载。如果想要使用这些视频资源，可以通过“录屏”软件录制获取。

6）从即时通信软件中获取

与获取音频文件一样，也可以利用导出的方式保存获取的视频文件。

除了以上获取数字视频的方法外，还可以通过专门设备和技术实现从模拟视频到数字视频的转化。这个过程称为视频数字化。对于早期的模拟视频，通过视频采集设备能够转化为数字视频。

3. 讨论、思考并回答以下问题

（1）获取音频的录音软件有哪些？哪一种较好？为什么？

（2）录制音频文件时要注意哪些问题？

（3）使用录屏软件时应该注意哪些问题？

说一说：网络道德观对获取网络资源的影响？

任务4　转换数字媒体格式

目前，仅常见的音视频文件格式就达数十种之多。音视频文件在使用时可能出现不能正常播放、占用空间较大等问题。进行数字媒体格式转换，是解决问题的最有效方法。从一种格式转换为另一种格式时，必须有明确的应用方向，而且还要考虑是否有价值，如有的视频文件转换后播放效果不理想，或文件容量增大，就失去了转换意义。

任务说明

数字媒体文件的格式转换分为同类型间的格式转换和不同类型间的格式转换。同类型格式的转换比较常见，也容易实现，如视频类的相互转换、音频类的相互转换等。但有时为了满足工作需求，也需要把某种类型的文件转换为另一种类型。本任务将帮助读者了解数字媒体格式转换的基本方法，学会文件转换的基本操作。

任务活动

1. 同类型数字媒体文件格式转换

1）文本格式转换

常见的文本格式有TXT、RTF、DOC/DOCX、PDF、WPS等。当需要把Word文档转换成PDF文件时，可以在Word中选择“另存为”命令，然后在“另存为”操作界面的“保存类型”下拉列表中选择PDF格式，就可以将DOC/DOCX格式转换为PDF格式，如图6-3所示。同理，也可以转换成其他文本格式。

2）图片格式转换

图片有位图（点阵图）和矢量图两种类型，位图格式有BMP、JPG、PCX、GIF、TIF、PNG、PSD等，矢量图格式有CDR、AI、SWF、SVG、DWG、WMF等。图片格式转换最为简单的方法是利用Windows系统自带的画图工具，将需要转换的图片用画图工具打开，然后用“另存为”功能实现BMP、JPG、PNG格式的转换，如图6-4所示。但这种方法只适用于常用格式图片。如果要实现更多格式的转换，可以利用专业转换工具ACDSee。对于由专业图形制作软件生成的图片格式，如 CDR（CorelDraw）、AI（Illustrator）、PSD（Photoshop）等，通常只能用相应软件打开，再生成其他图片格式。

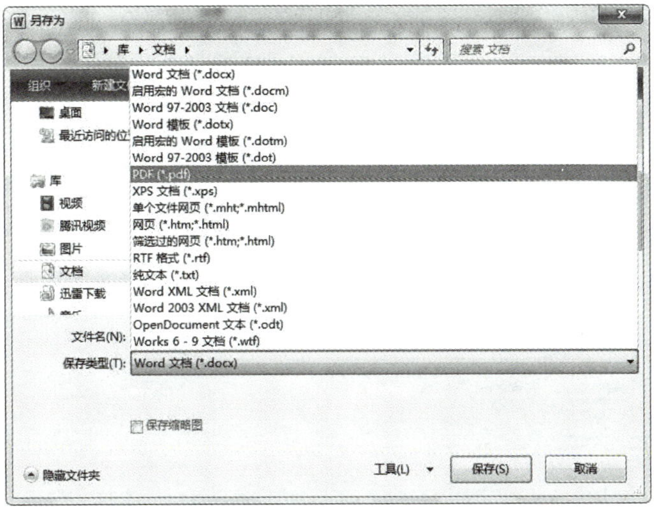

图 6-3 Word“另存为”对话框

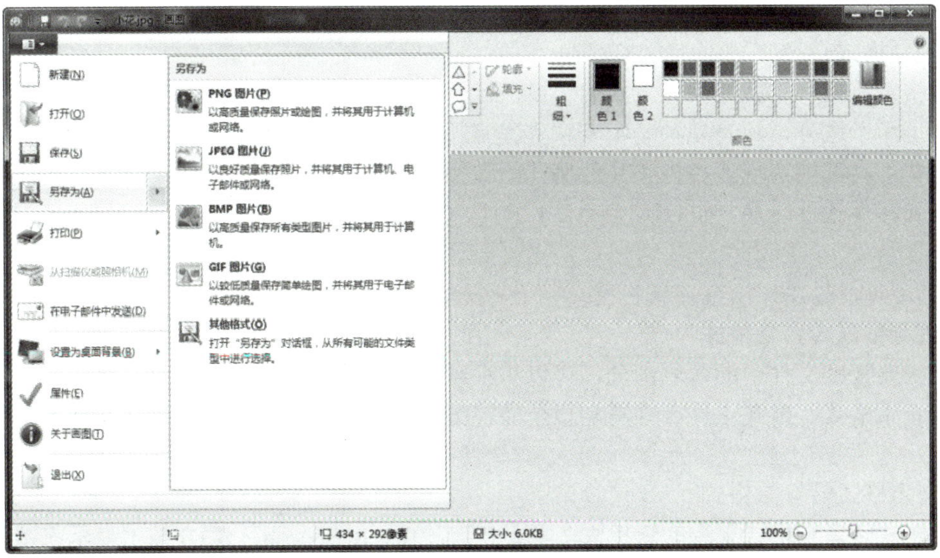

图 6-4 画图的“另存为”对话框

3）音频格式转换

实现音频文件格式互转需要借助专门软件完成，“格式工厂”就是可以实现格式转换的软件。“格式工厂”是面向全球用户的互联网软件，是一款免费转换软件，支持几乎所有类型的多媒体格式之间转换。从网络下载并安装后，可以使用该软件进行音频格式转换。打开“格式工厂”软件，在左边导航栏单击“音频”选项，会看到它所支持转换的目标音频格式。单击想要转换的音频格式，如“MP3”格式，会弹出“MP3”对话框，在对话框中添加要转换的音频文件，设置好输出配置，单击主界面上的“开始”，进行格式转换，操作界面如图 6-5 所示。

光盘中的 CD 格式文件要转换为其他音频格式文件，需要将光盘放到计算机的光驱中。打开“格式工厂”软件，在软件界面左下方有一个“光驱设备 DVD/CD/ISO”选项，选择其中的“音乐 CD 转到音频文件”，就可以将 CD 格式转变为 MP3 格式或其他格式。利用 Windows 系统自带的“Media Player”工具中的“翻录”功能，也可以实现 CD 格式的转换。

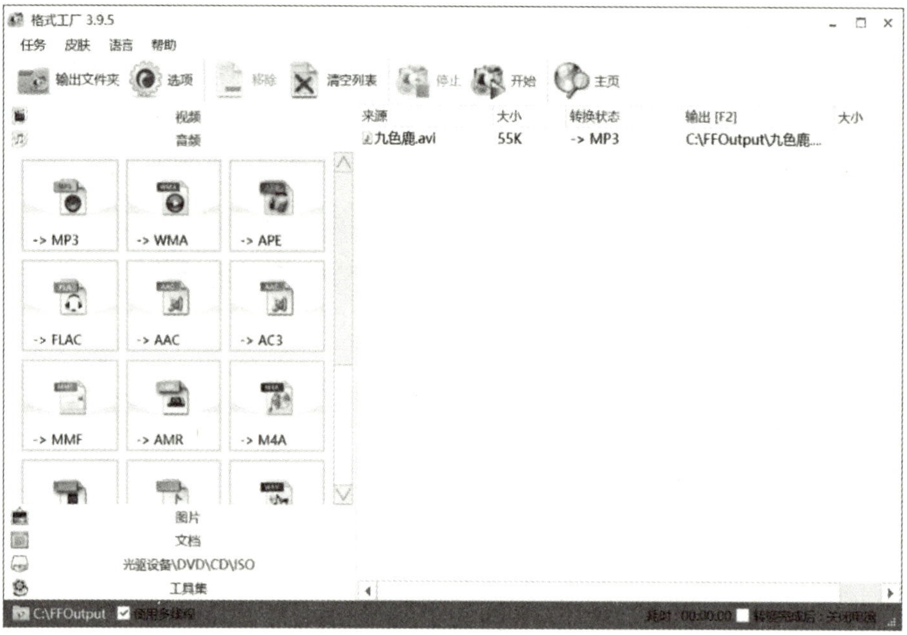

图 6-5 格式工厂

4）视频格式转换

视频格式转换其实就是编码方式的转换，因此也称为“转码”。视频转码软件很多，除了常用的“格式工厂”之外，还有视频编辑专家、狸窝超级全能视频转换器、魔影工厂、迅捷视频转换器等。这些工具都能实现多种视频文件格式的转换。但是，对于腾讯、爱奇艺等这类视频需要使用专用格式转换软件转换，如 QLV 转 MP4 工具、QSV 转 MP4 工具等。找不到转换工具时，还可以“录屏”。

2. 不同类型数字媒体格式的转换

1）视频格式转音频格式

若只需要视频文件中的音乐部分，可以将视频中的音频提取出来，也就是将原来的视频格式转换成了音频格式。格式工厂、狸窝超级全能视频转换器、会声会影都支持从某种类型的视频中提取音频。

2）文字格式转音频格式

文字格式转音频格式采用的软件大多数是 TTS（Text to Speech）。TTS 技术最早起源于英文的文语转换系统。中文文语转换技术较为成熟的有科大讯飞、捷通华声、IBM、Microsoft 的中文 TTS 系统。中文文语转换系统已经广泛应用于交互式语音应答和盲人阅读。其中大部分还能同时进行中文和英文的语音合成，很多转换软件都是商业软件，要收取费用才能使用。免费的转换软件有“朗读女”。“朗读女”软件界面如图 6-6 所示。

3）声音格式转文字格式

声音格式与文字格式转换主要应用语音识别技术，语音识别是人工智能领域最成熟也是应用最广泛的技术之一。国外使用语音识别技术的公司有苹果、谷歌、亚马逊等。国内的知名公司有科大讯飞、百度等。目前声音转文字的正确率高达 98%，大多数声音转文字软件都是收费的。

3. 讨论、思考并回答以下问题

（1）图片文件如何转换？

（2）语音识别技术在现实生活中有哪些应用？

（3）在视频格式转换过程中视频会不会发生失真现象？

说一说： 进行文件格式转换之前需要考虑哪些因素？

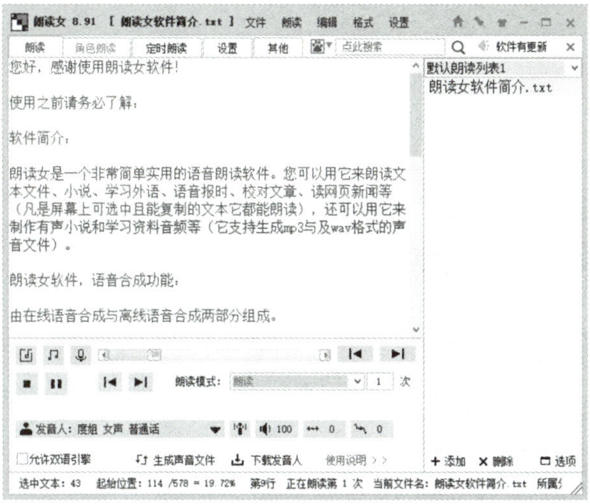

图 6-6　“朗读女”软件界面

项目 2　加工数字媒体

若收集的素材不能直接使用，就需要进行必要的处理，将其加工成可以利用的资源或半成品。对数字媒体素材进行加工，其目的是更好地满足作品的需要，使素材能更好地服务于作品。

项目目标

- 学会使用音频编辑软件。
- 学会使用视频编辑软件。
- 学会使用 Flash 制作简单动画。

任务 1　编辑音视频素材

对数字音视频处理、加工，可以使用专业的数字音视频处理设备，也可以使用普通的多媒体计算机和相应的软件完成技术处理。将专业设备与计算机相结合，即用计算机和软件控制专业设备或两者协同工作，可以更好完成音视频的编辑工作。

任务说明

数字音频编辑软件分为两种，一种是音源软件，主要针对数字音乐创作，是一种可以产生和模拟各种乐器或发声物的应用软件。另一种是编辑软件，可以完成声音录制、编辑、混音合成、特效处理等。数字视频编辑包含两个层面的操作含义，一是传统意义上简单的画面拼接，二是影视特效制作。本任务是帮助读者了解常用音视频编辑软件，学会使用软件编辑音视频素材。

任务活动

1. 编辑音频素材

目前可使用的音频编辑软件有很多，较为典型的有 Adobe Audition、Sonar、Gold Wave、音频编辑专家、迅捷音频转换器等。这些软件分为单轨和多轨两大类。单轨主要用于对单个音频文件的处理。多轨可以把多个音频文件剪辑、合并为一个音频，创作出丰富多彩的音效作品。以下音频素材编辑以“迅捷音频转换器”为例，讲解音频的剪切、合并、提取和转换。

迅捷音频转换器是一款操作简便、功能强大的音频转换器，不仅支持音频的格式转换，还支持音频提取、音频剪切等操作。

1）音频剪切

① 准备好音频素材，启动“迅捷音频转换器”，打开软件界面，单击“音频剪切”按钮，如图 6-7 所示。

图 6-7 “音频剪切”窗口

② 单击“添加文件”或“添加文件夹”按钮，弹出“请选择音频文件”对话框，在对话框内选择需要进行剪切的文件。

③ 添加音频文件后，在右边的编辑框内进行音乐的剪辑分割，如图 6-8 所示。

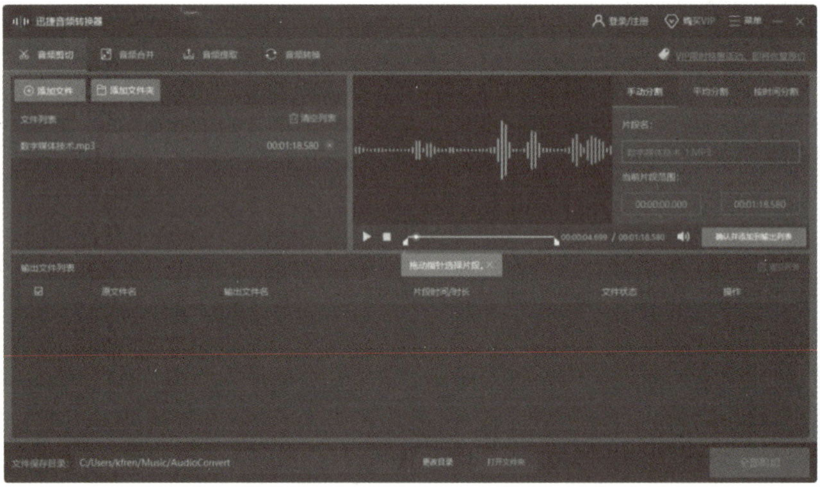

图 6-8 “剪辑分割”窗口

对音频的剪切操作分为“手动分割”“平均分割”和“按时间分割”。“手动分割”是通过修改“当前片段范围”手动设置剪切的时间点。“平均分割”是将音频文件根据长度平均分为若干个。“按时间分割”是按用户给定的时间长度分割音乐。

④ 设置好分割类型后，单击“确认并添加到输出列表”按钮，将分割后的音频文件添加到输出文件列表，选择“文件保存路径”，单击“全部剪切”按钮开始剪切。

2）合并音频

① 单击“音频合并”按钮，通过“添加文件”或“添加文件夹”添加要合并的音乐文件，操作如图 6-9 所示。如果还需要对添加的音频文件进行编辑，可以单击右侧的“编辑”命令，剪出

需要的一段音乐。

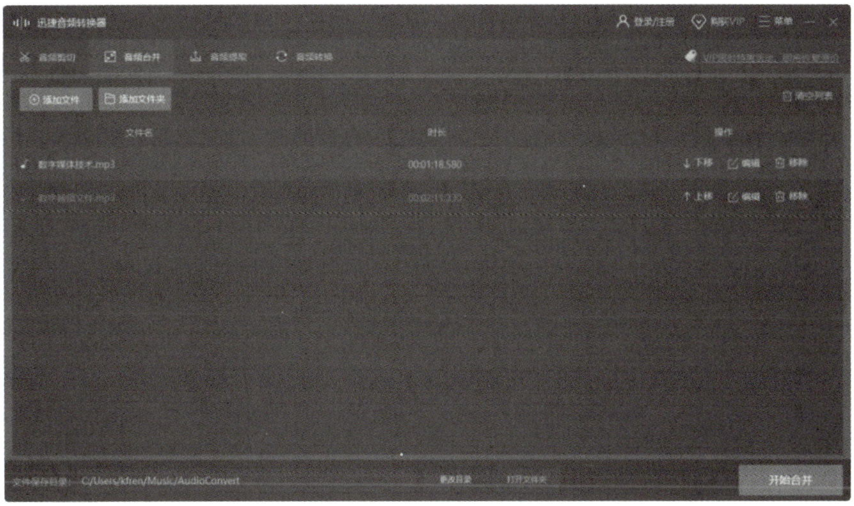

图 6-9 “音频合并”窗口

② 将音乐添加到软件并且完成剪辑以后，可以根据需要调整音乐的前后位置，然后选择“文件保存目录”，单击“开始合并”即可。

3）提取音频

① 单击“音频提取”按钮，选择“添加文件”或“添加文件夹”，将要提取音频的文件添加到软件中，如图 6-10 所示。

图 6-10 “音频提取”窗口

② 如果不想提取整个文件的音频，可以在右边框中设置提取的片段范围，设置完成后单击“确认并添加到输出列表”。

③ 在“文件保存目录”中设置文件的保存路径，单击“全部提取”。

4）转换音频

① 单击“音频转换”按钮，选择“添加文件”或“添加文件夹”，将需要转换的音频文件添加到软件中。

② 在右侧的输出格式编辑栏中，根据需要选择转换后的音乐格式、质量及声道，如图 6-11 所示。

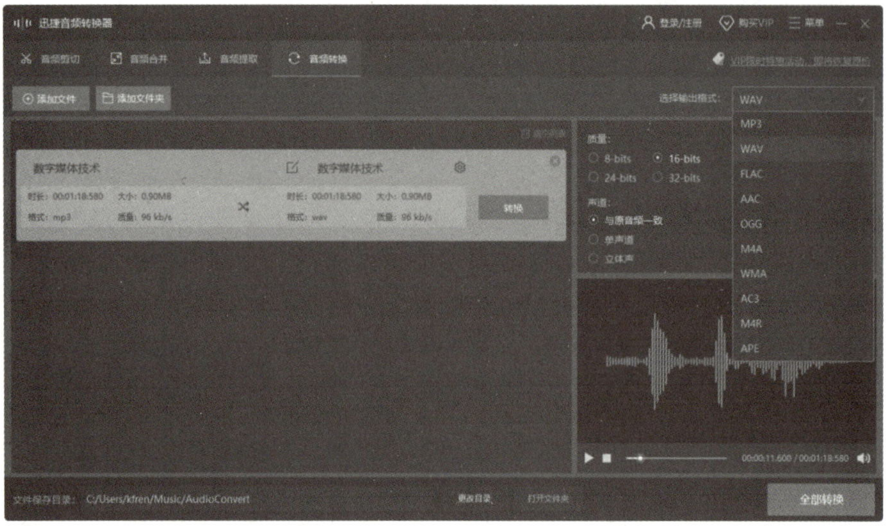

图 6-11 “音频转换”窗口

③ 完成设置后，选择“文件保存目录”，单击“全部转换”即可。

2. 编辑视频素材

常用视频编辑软件有会声会影、Adobe After Effects、Adobe Premiere、狸窝超级全能视频转换器、视频编辑专家等。这些视频编辑软件都具备基本的视频编辑功能，但在复杂特效处理上存在差异。以下视频素材编辑是以“视频编辑专家”为例，讲解视频的分割、截取、配音配乐和字幕制作等操作。

视频编辑专家是一款专业的视频编辑软件，包含视频合并、视频分割、视频截取、视频转换等功能，是视频爱好者处理视频必备的工具。

1）分割视频

① 准备好视频素材，启动“视频编辑专家”，在打开的操作窗口中，单击“视频分割”按钮，打开“视频分割”窗口，如图 6-12 所示。

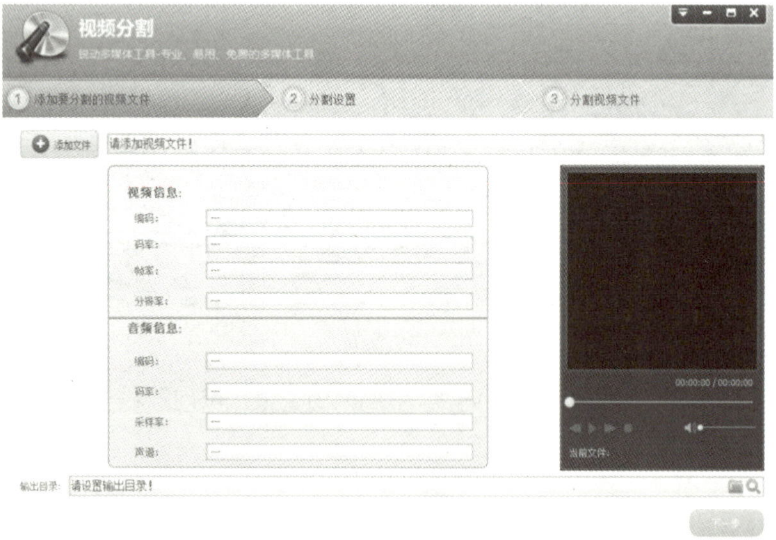

图 6-12 “视频分割”-“添加要分割的视频文件”窗口

② 添加视频文件，设置输出目录后单击“下一步”，进入“分割设置”选项。“分割设置”选项窗口左边是设置视频分割的选项，右边用来显示添加的视频文件。

③ 选中左边栏内的“每段时间长度”单选钮，可以将视频以秒为单位分成若干个。选中“平均分割”单选钮，调整其数字框内的数值，可以将视频文件平均分为几等份。选中“每段文件大小”单选钮，调整其数字框内的数值，可以按设定的 MB 分割视频，选中“手动分割”单选钮，可以手动设置分割的时间点，操作如图 6-13 所示。

图 6-13　“视频分割”-“分割设置”窗口

④ 完成视频文件分割设置后，单击“视频分割”窗口中的“下一步”按钮，进入“分割视频文件”选项，显示分割视频文件的进度。分割完成后，弹出“分割结果”提示框。单击“确定”按钮，关闭该提示框，显示分割文件的详细信息。

⑤ 单击“分割视频文件”选项卡中的“打开输出文件夹”，可以查看分割后的视频文件。

2）视频的配音配乐

① 单击“视频编辑专家”软件窗口中的“配音配乐”按钮，进入“视频配乐”的“添加视频文件”选项操作窗口，单击“添加”按钮，添加视频文件，如图 6-14 所示。

图 6-14　“视频配音”-“添加视频文件”窗口

② 单击“下一步”按钮，进入“给视频添加配乐和配音”选项。单击“新增配乐”按钮，弹

出“打开”对话框，选择一个外部音乐文件，在“新增配乐”按钮上自动增加一个指示条，表示添加音乐成功，如图 6-15 所示。

图 6-15 “视频配音”-“给视频添加配乐和配音”窗口

③ 单击“新增配乐”按钮，还可以在红色指针所在位置增添新音乐。

④ 单击“下一步”按钮，进入“输出设置”选项，设置输出的目录和添加音乐的视频文件名称。在“目标格式”下拉列表中选择“使用其他的视频格式”选项后，“更改目标格式”按钮和“显示详细设置”复选框变为可选。单击“更改目标格式”按钮，弹出“选择需要合并成的格式”对话框，设置所需的视频文件格式。

⑤ 单击“下一步”按钮进入“进行配乐和配音”选项，显示转换进度。转换完成后，弹出提示框。单击“确定”按钮，关闭该提示框，配乐或配音后的视频文件以给定的文件名保存在指定的路径。

⑥ 在“视频配音”窗口的“给视频添加配乐和配音”选项内，单击“配音”进入“配音”选项，如图 6-16 所示。

图 6-16 “视频配音”-“给视频添加配乐和配音”窗口

⑦ 单击“高级设置”按钮，弹出“录音设置”面板，测试话筒录音的效果。单击“立即回放”按钮，可以播放录音效果，如图 6-17 所示。

图 6-17　“录音设置”窗口

⑧ 单击“快捷键设置”链接文字，弹出“录音快捷键”对话框，单击该对话框内“录音快捷键”下拉按钮，打开列表，选择一种快捷键。

⑨ 单击“新配乐”按钮或按刚才设置的快捷键，即可开始播放视频，同时可以通过麦克风给视频配音。

3）制作字幕

① 单击“视频编辑专家”软件窗口中的“字幕制作”按钮，进入“字幕制作”窗口，单击“字幕制作”窗口内的“添加视频”按钮，添加视频文件，选中“自定义位置”和“字体设置应用到所有行”复选框，如图 6-18 所示。

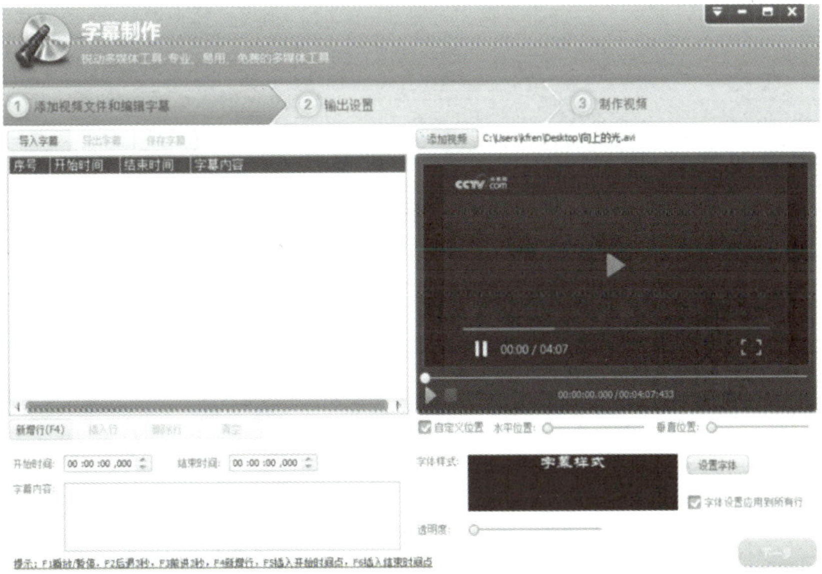

图 6-18　“字幕制作”-“添加视频文件和编辑字幕”窗口

② 单击视频播放器内的“播放”按钮，播放视频，同时记录需要添加字幕文字的时间。单击“停止”按钮，停止播放视频。

③ 单击“字幕制作”窗口内的“新增行”按钮，在“开始时间”和“结束时间”内修改第 1 个字幕将要出现的时间和结束时间。在“字幕内容”文本框内输入文字，如输入“花的世界”。再单击“新增行”按钮，此时，第 1 个字幕的信息自动出现在“字幕”列表框内。按此方法，可添加多个字幕的时间和内容，如图 6-19 所示。

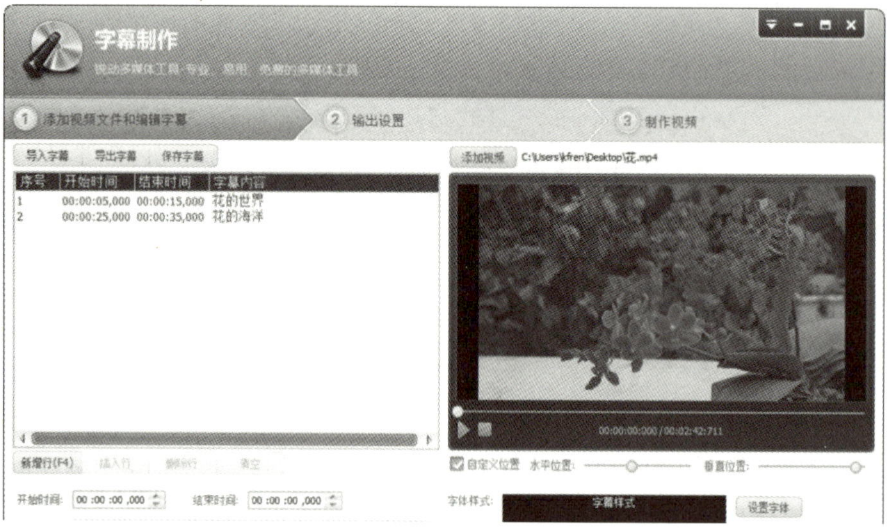

图 6-19　已添加字幕内容的字幕窗口

④ 完成制作字幕后，在“字幕”列表框内选择第一个字幕信息，单击视频播放器下边的“停止”按钮，会在视频播放器视图内显示两条绿色直线，以及字幕文字。拖拽绿色直线可以调整字幕文字的位置，拖拽“水平位置”和“垂直位置”内的滑块，也可以调整字幕文字的位置，拖拽“透明度”滑块，还可以改变字幕文字的透明度。按此方法可以设置其他字幕的位置和效果，如图 6-20 所示。

图 6-20　字幕效果编辑窗口

⑤ 单击“导出字幕”按钮，可以保存字幕。如果修改了字幕，单击“保存字幕”按钮，可以保存修改后的字幕。单击“导入字幕”可以导入字幕文件。

⑥ 单击“下一步”按钮，进入“输出设置”选项，选择保存路径和目标格式。

⑦ 单击“下一步”按钮，进入“制作视频”选项，显示制作进度，完成制作后，弹出提示框，单击“确定”按钮，关闭该提示框，制作字幕的视频文件以给定的文件名保存在指定位置。

3. 讨论、思考并回答以下问题

（1）在音频编辑过程中，采样率和比特率的高低对音频质量有什么影响？

（2）视频在输出过程中，如何保证视频的质量最佳？

（3）在不同的视频编辑软件中，用“帧”表示时间和用“秒”表示时间有什么不同？

做一做：对一首歌曲进行剪辑。

任务 2 制作简单计算机动画

动画（Animation）源于拉丁文 anima，意思是给予生命、兴趣、精神或者行为的动作、过程或结果。计算机动画起步于 20 世纪 50 年代，是在计算机硬件和计算机图形学发展的基础上，传统动画与计算机技术相结合的产物。计算机动画的应用十分广泛，如游戏开发、电视动画制作、广告创作、电影特技制作、生产过程及科研模拟等，都可以借助计算机动画实现。

任务说明

根据制作工艺和制作风格，计算机动画分为计算机二维动画和计算机三维动画。二维动画是对手工传统动画进行改进，通过计算机输入和编辑关键帧，自动生成两幅关键帧的中间画。三维动画是借助计算机生成一系列静态图像，再将这些静态图像高速播放，从而产生动态效果的。国内外许多影视、广告都运用计算机三维动画技术制作出了丰富多彩的效果。本任务利用 Flash 软件制作简单计算机二维动画，帮助读者了解制作动画的基本过程，学会制作简单的计算机二维动画。

任务活动

常用的计算机动画制作软件很多，如 Flash、AE、MAYA、Ulead COOL 3D、3ds Max、万彩动画等。Flash 以流控制技术和矢量技术为核心，制作出的动画具有短小精悍的特点，广泛应用于网页动画设计、交互式软件开发等领域。

1. 用 Flash 制作简单的计算机动画

（1）打开 Flash，新建一个 Flash 文件。

（2）在“属性”栏中设置舞台大小：宽 600 像素，高 800 像素。

（3）选择“文件”菜单栏中的“导入”命令，在舞台中导入一张背景图片，如图 6-21 所示。

图 6-21 导入背景图片

（4）单击时间轴中的“插入图层”按钮，新建一个图层 2，重命名为“遮罩层”。

（5）选中遮罩层的第 1 帧，单击绘图工具箱中的“文字工具”按钮，在“文字”属性面板中进行文字设置，如图 6-22 所示。

图 6-22　文字属性面板

（6）在舞台中输入文字，效果如图 6-23 所示。

图 6-23　输入文字

（7）选中遮罩层的第 40 帧，单击鼠标右键，从弹出的快捷菜单中选择“插入关键帧”命令，时间轴效果如图 6-24 所示。

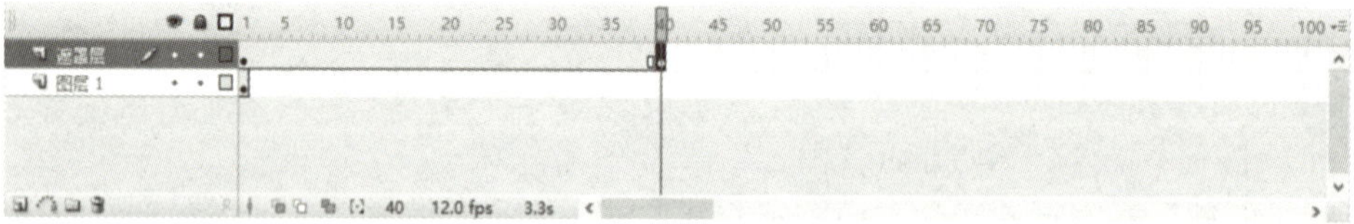

图 6-24　插入关键帧的时间轴

（8）选中遮罩层的第 1 帧，利用移动工具将文字移动到舞台最左边位置，选中第 40 帧，再移动文字至舞台最右边位置，对遮罩位置进行设置。

（9）在遮罩层的第 1 帧至第 40 帧之间的任意位置选中任意帧，单击鼠标右键，从弹出的快捷菜单中选择“创建补间动画”命令，时间轴如图 6-25 所示。

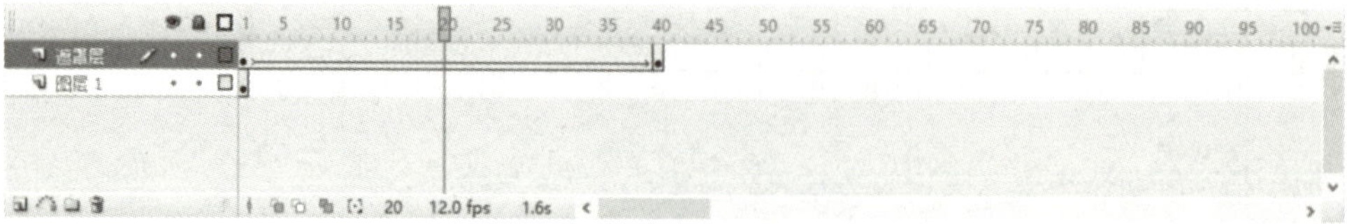

图 6-25　创建补间动画的时间轴

（10）选中遮罩层，单击鼠标右键，从弹出的快捷菜单中选择“遮罩层”命令，创建遮罩层，如图 6-26 所示。

（11）选中图层 1 的第 40 帧，单击鼠标右键，从弹出的快捷菜单中选择“插入帧”命令，插入空白帧。

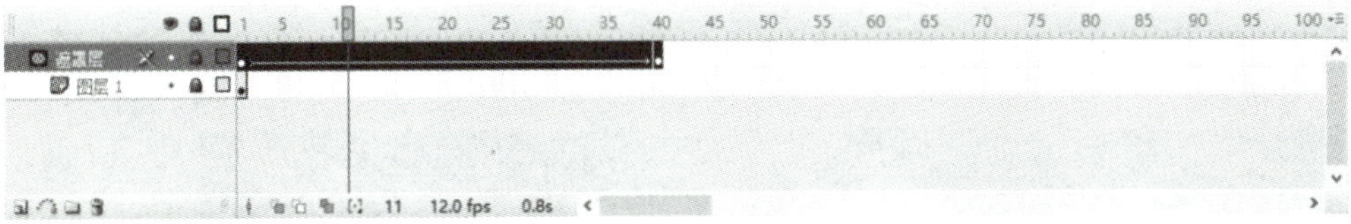

图 6-26 创建遮罩层的时间轴

（12）动画制作完成，播放观看效果。

2. 讨论、思考并回答以下问题

（1）传统动画与计算机动画的区别是什么？

（2）如何理解图层的概念？

（3）计算机动画的制作流程是什么？

做一做：仿照教学样例，制作一个简单动画。

项目 3 制作简单数字媒体作品

近来年，随着数字媒体行业的飞速发展，数字媒体成为了新兴、高效率且不可或缺的媒介形式。数字平面设计类、数字动画类、数字音乐类、数字电影类等数字媒体作品如雨后春笋般层出不穷。它可能是一集《国家宝藏》，可能是博物馆中的一处 VR 场景，也可能是一款游戏，更可能是移动终端中的一个交互新颖的 App。数字媒体丰富的表达手法为作品赋予了非常高的艺术价值与商业价值。

项目目标

- 了解“会声会影”软件工作界面。
- 学会使用“会声会影”制作电子相册。
- 学会使用“会声会影”制作多媒体视频。

任务 1 制作电子相册

传统的媒体作品拘泥于纸媒、视频声像等媒介，缺乏数字媒体所具有的交互性、趣味性等特点。利用数字媒体技术制作的作品是对文字、图像、音视频等信息综合处理，将分散单 的信息组合成相互关联、具备一定观赏性的艺术作品。目前使用较多的制作数字媒体作品的软件有爱剪辑、会声会影、adobe premiere、Vegas、Edius 等。

任务说明

会声会影是一款应用广泛的数字视频编辑软件，该软件界面直观、操作简单、功能强大、实用易用，能轻松快速地制作出媲美专业级作品。本任务是利用会声会影制作电子相册，通过学习制作电子相册，帮助读者了解制作数字媒体作品的基本过程，学会会声会影软件的基本操作。

任务活动

1. 了解“会声会影”软件工作界面

会声会影软件工作界面主要由菜单栏、预览面板、步骤栏、媒体素材面板、素材库、时间轴和故事面板及各种轨道组成，如图 6-27 所示。

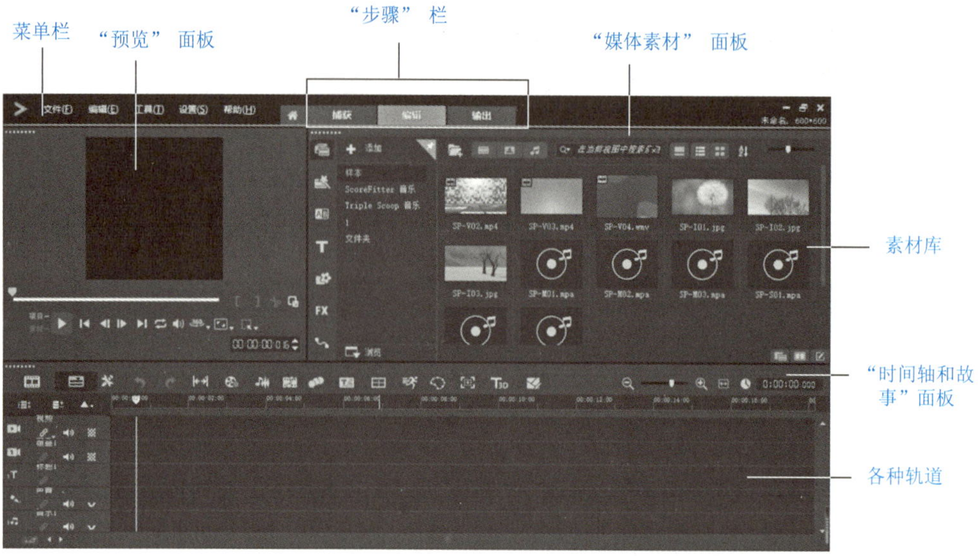

图 6-27 “会声会影”软件工作界面

2. 制作“电子相册”

（1）打开会声会影软件，选择“文件”菜单栏中的“另存为”命令，在“另存为”对话框中输入“电子相册”文件名及保存路径，新建一个项目。

（2）单击“步骤”栏内的“编辑”按钮，切换到“编辑”状态，单击“添加”按钮，在“素材管理”栏内新建一个名为“文件夹”的文件夹。双击该“文件夹”，将“文件夹”名称修改为“电子相册”。

（3）选择“文件”菜单“将媒体插入到素材库”中的“插入照片”命令，弹出“浏览照片”对话框，选择素材，将图片素材导入到素材库内，或者单击“媒体素材”面板中的“导入媒体文件”命令，将图片素材导入到素材库内，如图 6-28 所示。

图 6-28 导入图片素材的素材媒体面板

（4）按 shift 键选中素材库中的全部图像素材，将这些图像全部导入到“故事”面板的“轨道”中，如图 6-29 所示。

（5）选中第 1 幅图像单击鼠标右键，在快捷菜单中选择“更改照片区间”命令，打开“区间”对话框，将分和秒文本框内的数值分别修改为“0”和“5”，此时所有图像的时间都调为 0 分 5 秒，如图 6-30 所示。

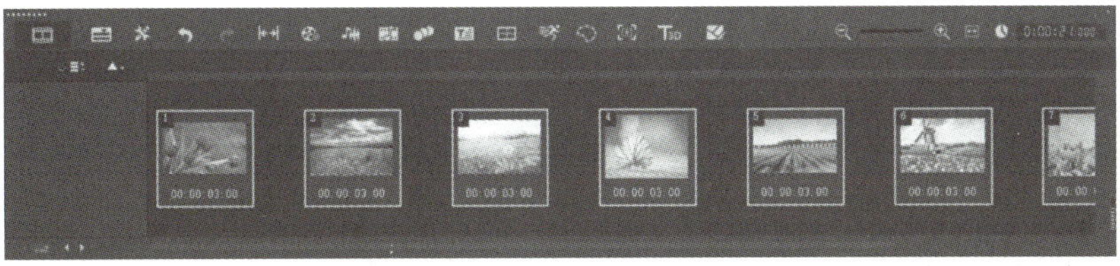

图 6-29 “故事”面板轨道

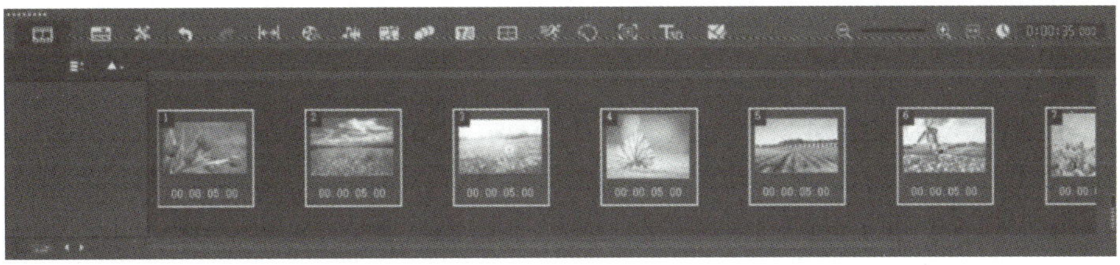

图 6-30 更改照片空间后的“故事”面板轨道

（6）单击素材库左边的“转场”按钮，将素材库切换到转场效果，在“画廊”下拉列表框中选择“全部”选项，素材库内显示全部转场效果的图案。

（7）选择素材库内的任一种转场效果动态图案，拖拽到“故事”面板中的“视频”轨道内第一、第二幅图像之间。依照此方法将素材库中其他类型的转场效果图案拖拽到“故事”面板中“视频”轨道内其他两幅图像之间，如图 6-31 所示。

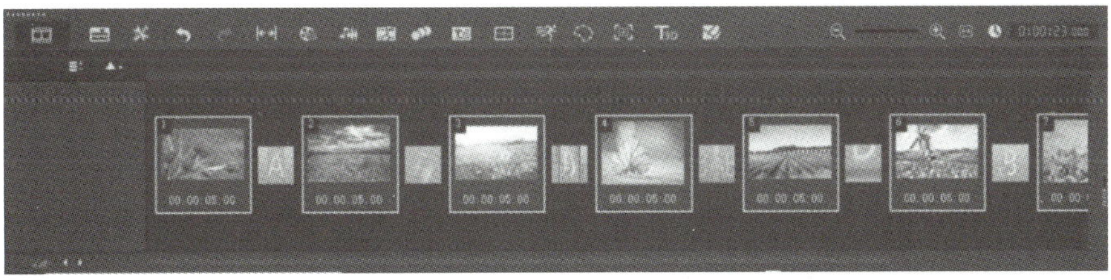

图 6-31 添加转场效果的“故事”面板轨道

（8）双击“故事”面板中“视频”轨道内的转场效果图案，在“步骤”栏内的“编辑”框内出现转场效果的“选项”面板，在该面板时间区间内可以调整场景效果的作用时间，如图 6-32 所示。

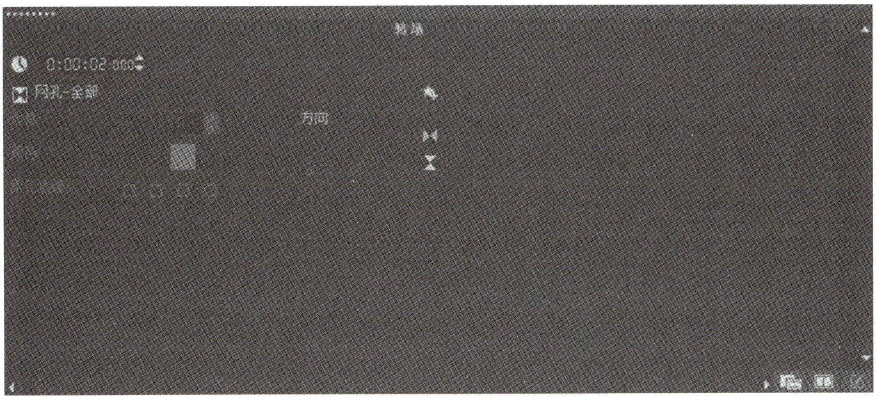

图 6-32 “选项”面板

（9）单击“文件”菜单下的保存命令，保存该项目。

（10）单击“步骤”栏内的“输出”选项，切换到“输出”状态，打开“创建能在计算机上播放的视频”界面，选择文件保存格式、文件名及保存路径，单击“开始”按钮，输出项目，如图 6-33 所示。

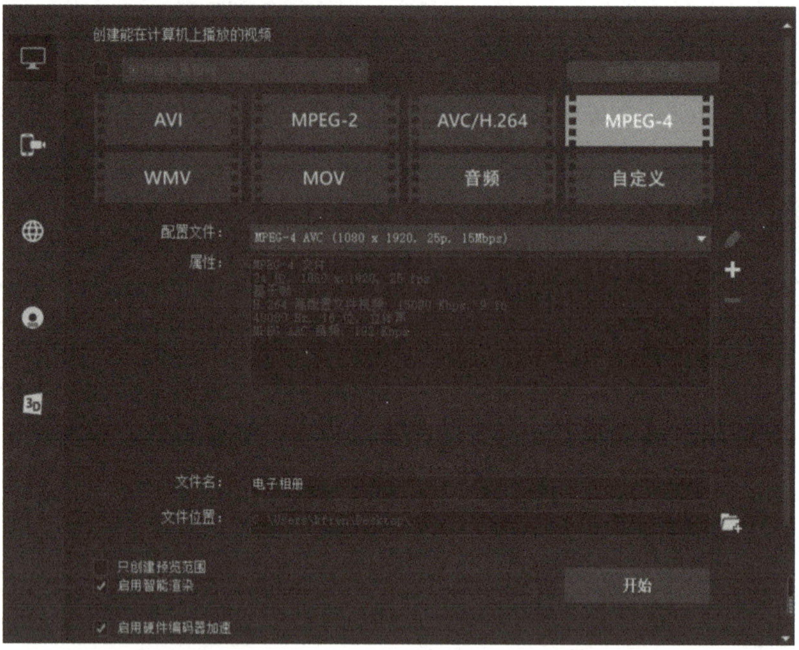

图 6-33 “输出”面板

3. 讨论、思考并回答以下问题

（1）电子相册除了能添加转场功能以外，还能增加什么功能？

（2）在项目输出时选择不同输出格式会对播放有什么影响？

（3）怎样才能高效率地将媒体文件导入到素材库？

做一做：制作自己的电子相册。

任务 2　制作宣传片

一个优秀的数字媒体作品不仅要在艺术表现上创新，更要提供完善的个性化体验，达到视觉冲击改变观看者思想的目的，使人们愉快地接受作品传递的正能量。

任务说明

宣传片以其独特的表现形式和显著的宣传效果在社会生活中发挥着重要作用，视听结合的宣传方式比传统的静态画面更富有表现力及感染力。观看者更容易理解宣传内容。本任务帮助读者了解制作完整视频作品的过程，学会制作简单的视频作品。

任务活动

1. 制作“绿水青山宣传片”

（1）打开会声会影软件，选择“文件”菜单栏中的“另存为”命令，在“另存为”对话框中输入“绿水青山宣传片”文件名及保存路径，新建一个项目。

（2）单击“步骤”栏内的“编辑”按钮，切换到“编辑”状态，单击“添加”按钮，在“素材管理”栏内新建一个名称为“文件夹”的文件夹。双击该“文件夹”，将“文件夹”名称修改为“绿水青山宣传片”。

（3）将视频素材导入到素材库内，并将素材拖拽到“时间轴”面板的“视频”轨道中。

（4）单击“媒体素材”面板素材库内的“标题”按钮，素材库内显示系统自带的动画标题文字内容，如图 6-34 所示。

图 6-34　“标题”素材面板

（5）将素材库中的任一标题文字拖拽到“时间轴”面板“标题”轨道的第 3s 处，如图 6-35 所示。

图 6-35　插入视频和标题的“时间轴”面板

（6）双击“标题”轨道内标题文字动画，使标题文字在“预览”窗口内显示出来。选中“预览”窗口内的标题文字，此时“预览”面板和标题文字“选项”面板中的“编辑”选项如图 6-36 所示。

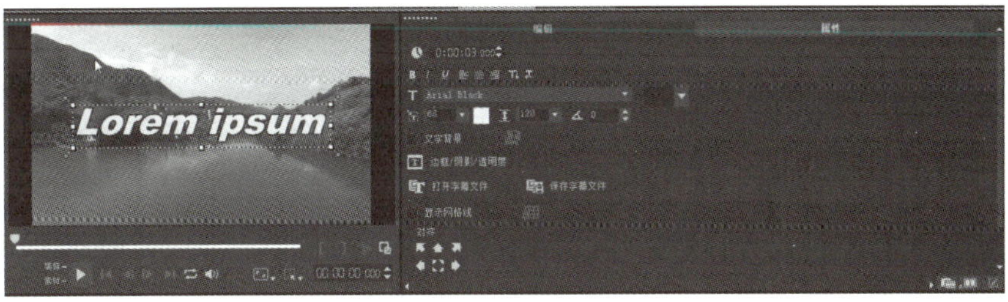

图 6-36　“编辑”选项

（7）在标题文字的“选项”窗口内，设置字体为“隶书”，字号为“66”，颜色为“红色”，行间距为“100”。在“预览”窗口的矩形文本框内双击，进入文字的编辑模式，将原文字删除，输入“绿水青山”，如图 6-37 所示。

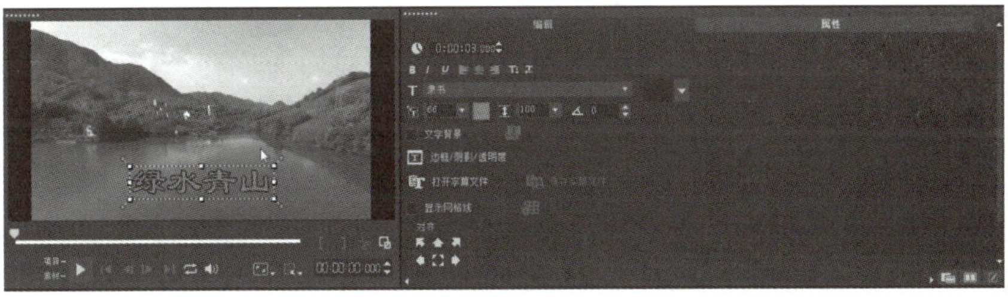

图 6-37　输入标题内容的“编辑”及“预览”面板

（8）将鼠标移动到“标题”轨道标题图案右边，当出现一个黑色大箭头时，可以拖拽鼠标延长或减少标题出现的时间区间。

（9）将音乐素材添加到素材库内，并将素材拖拽到“时间轴”面板的“音乐”轨道中。

（10）在“时间轴”面板的“音乐”轨道中导入音频文件，在“预览”面板单击“播放”按钮进行播放。

（11）在“时间轴”面板内，用鼠标选中音频图案，当出现一个白色十字箭头时，拖拽鼠标，可以将该音频图案调整到合适的位置。

（12）在“时间轴”面板内的“标题”轨道上，将光标定位在52s的位置双击鼠标，进入标题文字的输入状态，“预览”面板上出现输入文字的提示，输入“天然氧吧”，字号为“66”，字体为“楷体”“加粗”，字体颜色为“绿色”，时间区间为3s，并将文字位置移至视频的下方，如图6-38所示。

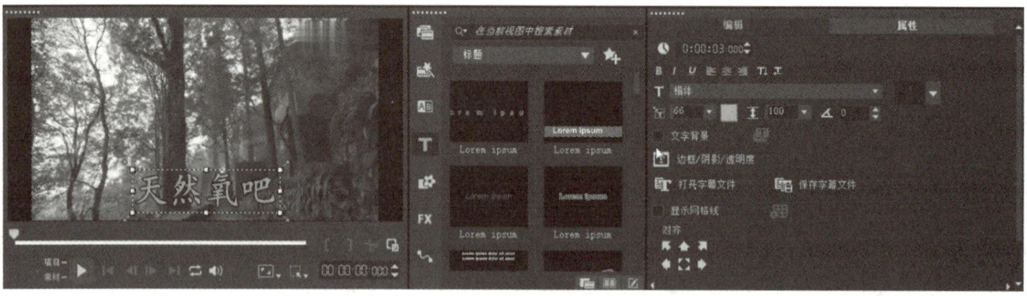

图6-38　输入第2个内容的“编辑”及“预览”面板

（13）按照上述方法，在标题轨道的1min位置输入“层林尽染”文字信息，“时间轴”面板如图6-39所示。

图6-39　“时间轴”面板

（14）双击“时间轴”面板“标题”轨道内的第1个标题图案，在“预览”面板内选中标题文字。单击“选项”面板内的“属性”标签，切换到“属性”选项卡，选中“动画”按钮和“应用”复选框，在下拉列表框内选择“弹出”选项，选中列表框中的第2个文字动画效果图案，如图6-40所示。

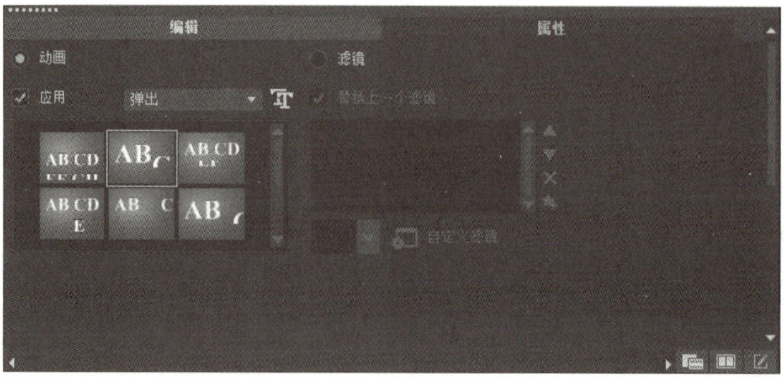

图6-40　设置文字动画效果选项卡

（15）按照上述方法，分别设置第 2、第 3 个标题文字的动画效果，可以在下拉列表框内选择其他动画类型。

（16）单击“文件”菜单中的保存命令，保存该项目。

（17）单击“步骤”栏内的“输出”按钮，切换到“输出”状态，输出项目。

2. 讨论、思考并回答以下问题

（1）如何实现视频的转场效果？

（2）在制作数字媒体作品时，需要重点关注的内容是什么？

（3）制作数字媒体作品前期的准备工作有哪些？

做一做：利用会声会影录制一段 Word 软件的操作过程，生成一个视频，并保存在素材库的“视频”文件夹内。

项目 4 初识虚拟现实与增强现实技术

数字技术的开发和应用，是社会技术发展和时代进步的需要，而虚拟现实技术和增强现实技术则是当代数字技术的典型代表。虚拟现实技术是利用计算机模拟产生的三维虚拟世界。而增强现实技术克服了虚拟现实技术将用户与现实环境隔离等弊端，通过将计算机生成的真实物体信息叠加到真实世界的场景之上，将虚拟信息应用到真实世界。

项目目标

- 了解虚拟现实技术的基本概念和应用。
- 了解增强现实技术的基本概念和应用。

任务 1 了解虚拟现实技术

虚拟现实技术是当今数字媒体技术的热点技术之一。该技术融合图形、传感器、网络、人工智能等技术，属多技术交叉的研究领域。它不仅能为用户带来良好的情景化体验，还可以使用户有身临其境的感觉。虚拟现实技术已经在多个行业和领域得到广泛应用，也深入到人们生活的各个方面，并成为数字媒体技术的重要支撑手段。

任务说明

虚拟现实技术与实际应用的有机融合，不仅提升了应用对象的表现力，还提供了交互的环境，使人们在沉浸式体验中达到应用的目的。本任务可帮助读者了解虚拟现实技术的基本概念，认识虚拟现实技术的基本应用。

任务活动

1. 了解虚拟现实技术的概念

虚拟现实技术（Virtual Reality）简称 VR，是一种可以使人以沉浸方式进入和体验人为创造的虚拟世界的计算机仿真技术。它利用计算机生成一种模拟环境，使用户沉浸在该环境中。与传统的虚拟仿真技术相比，虚拟现实技术的主要特征是：用户能够进入一个由计算机系统模拟的交互式三维虚拟环境中，用现实方式与虚拟环境进行交互操作，从而有效扩展认知手段和应用领域。

2. 了解虚拟现实系统的组成

一般的虚拟现实系统主要由计算机系统、虚拟现实交互设备、虚拟现实工具软件及数据库等组成。

1）计算机系统

在虚拟现实系统中，计算机系统负责虚拟世界的生成和人机交互的实现，是虚拟交换系统的心脏，处于核心地位。由于虚拟世界是一个复杂的场景，系统很难预测所有用户的动作，也就很难实现在内存中存储所有相应状态。因此，在应用中虚拟环境需要实时绘制和立即删除，相应的计算量大大增加。这就对计算机系统的配置提出了极高的要求。

2）虚拟现实交互设备

在虚拟现实系统中，为了实现人与虚拟世界的自然交互，必须要求用户采用自然的方式与虚拟世界进行互动。传统的鼠标和键盘无法实现。需要采用特殊的交互设备，以识别用户各种形式的输入，并实时生成相应的反馈信息。目前，常用的交互设备有用于手势输入的数据手套、用于语音交互的三维声音系统、用于立体视觉输出的头盔显示等。

3）虚拟现实工具软件及数据库

虚拟现实工具软件可完成的功能包括：虚拟世界中物体的几何模型、物理模型、运动建模，三维虚拟立体声的生成，模型管理技术及显示技术，虚拟世界数据库的建立与管理等部分。虚拟世界数据库的主要作用是存储系统需要的各种数据。例如，地形数据、场景模型、制作的建筑模型等各方面信息。对于所有在虚拟现实系统中出现的物体，在数据库中都需要有相应的模型。

3. 了解虚拟现实技术的特点

从本质上说，虚拟现实技术就是一种先进的计算机用户接口。它通过给用户提供听、视、触等直观而又自然的实时感知交互，最大限度地方便用户的操作，减轻用户的负担。虚拟现实技术的 3 个特征分别是沉浸性、交互性、想象性。

1）沉浸性

沉浸性是指用户可以沉浸于计算机生成的虚拟环境中或投入到计算机生成的虚拟场景中的能力。理想的虚拟环境是用户借助 VR 设备，能够摆脱时间空间的限制，完全沉浸在虚拟世界中并与之对话，达到用户难以分辨真假的程度。沉浸感来源于对虚拟世界的多感知性，除了常见的视觉感知外，还有听觉感知、力觉感知、触觉感知、运动感知、味觉感知、嗅觉感知等。

2）交互性

交互性是指用户可以通过佩戴 VR 眼镜，借助压力传感器和位置信息追踪，能够与虚拟创设的环境实时互动，拉近与目标对象之间的距离，获取更逼真的感知效果。虚拟现实系统中的交互系统强调人与虚拟世界之间的自然交互。与传统的多媒体技术不同，人机之间交互不再使用键盘、鼠标，人们甚至感觉不到计算机的存在。

3）想象性

想象性是指以再现场景方式被动接受信息的同时，引导用户主动探索新的知识，产生新的感受和构想。用户在交互过程中，完全有不受外界限制的自由，虚拟环境为不同个体提供了个性化的想象空间。

4. 了解虚拟现实技术的应用

虚拟现实技术在各个领域都有着很好的发展前景，许多发达国家都在大力研究、开发和应用这一技术，积极探索其在各个领域中的应用。

1）军事与航空航天

虚拟现实技术在军事与航空航天上的应用，是快速发展带来的。在军事领域借助虚拟现实技术的立体感和真实感，可以搭建近似于真实战场的虚拟环境，士兵或受训人员通过佩戴虚拟现实设备进入虚拟战场，真正体验沉浸在实时战场中的情形。这种训练方式不仅能提高作战能力，还能降低军费开支，保证训练安全。

在航空航天方面，航空飞行是一项耗资巨大、变量参数很多、非常复杂的系统工程，其安全性、可靠性是航天器设计时必须考虑的重要问题。因此，利用虚拟现实技术与仿真理论相结合的方法进行飞行任务或操作模拟，可代替某些费时、费力、费钱的真实实验和真实实验无法进行的训练。

2）教育和培训

虚拟现实技术是促进教育变革的一项关键技术。它能解决教学内容和知识之间的可视化问题，使教学对象更形象生动，也便于直观呈现教学内容，增加学生学习的积极性和主动性。目前，在很多学校都设有虚拟现实技术研究和实验中心，实现情境化学习，为读者提供了更加全面的学习资源，同时也提升了教学效率和质量。此外，将虚拟现实技术应用于技能培训，可以强化动手能力，也更加安全有效，且可大大节约教学成本。

3）电子商务

传统网站的表现形式十分有限，在固定的屏幕上所展示出来的信息也不全面，用户缺少直观的体验。若利用虚拟现实技术建立一个虚拟商城，用于全方位展览商品，展示商品的功能，使用户进入虚拟商城就像现实生活中的逛商场，既强化了购物体验，也方便选择需要的商品，节约购物时间。

4）医学

在医学领域，虚拟现实技术的应用大致有两个方面：一个是虚拟人体模型的虚拟现实交互系统，即构建虚拟的三维人体模型，让学生通过手势、语音等命令对模型进行操作。虚拟人体模型能够让学生进行模拟解剖操作，使学生在操作时获得真实信息反馈，相比传统的尸体解剖，不但成本低，也没有时间、场地等限制。另一个是虚拟手术的虚拟现实交互系统，用于远程指导手术。在远程医疗过程中，医生可以借助虚拟现实技术和网络技术远程操控手术机器人或是指导另一端的医生完成手术。虚拟现实技术还可以通过构建虚拟环境，辅助进行心理治疗。

5）工业

虚拟现实技术改变了传统工业设计费时、费力、单一的方法，将产品造型通过计算机仿真技术还原出来，在三维空间应用虚拟现实技术展示产品功能、品质和外观，让人们直观了解和感受设计成果。在设计的过程中通过技术模拟产品功能、质量和造型等，也能发现产品的不足，及时进行修正，降低了直接投产的风险。

6）娱乐

娱乐是虚拟现实技术应用较为广阔的领域，从早期的立体电影到现在高级沉浸式游戏，都或多或少的涉及相关技术。运用虚拟现实技术可以摆脱时间和空间的束缚，任何一个无法在实地取景的场景，都可以通过虚拟现实技术实现。丰富的感知能力与三维显示世界，使得虚拟现实技术成为理想的视频游戏工具。

5. 讨论、思考并回答以下问题

（1）实际应用中有哪些虚拟现实交互设备？

（2）虚拟现实技术还可以应用在哪些领域？

（3）虚拟现实的交互技术有哪些优缺点？

说一说：VR 技术带来的社会价值是什么？

任务 2　了解增强现实技术

由于虚拟现实技术存在设备价格昂贵、数据量巨大、三维建模烦琐、用户在虚拟环境中的反应与人类感知外部世界的方式有冲突等问题，衍生出了增强现实技术。增强现实技术是虚拟现实技术的一个重要分支，也是近年来研究的热点技术，受到高度关注，很多公司陆续推出了增强现实技术的相关产品。增强现实技术能够提高用户对现实世界的感知能力，进一步优化了人机交互的感知体验。

任务说明

里约奥运会上腾讯公司提供的“实时传递火炬”功能，就是增强现实技术的具体应用。手机拍照软件 Faceu 通过对人脸实时追踪，可随意改变脸部表情或者添加不同图案，同样是利用了增强现实技术。本任务是帮助读者了解增强现实技术的基本概念，了解增强现实技术的发展和应用，为更好地学习和生活奠定基础。

任务活动

1. 了解增强现实技术的概念

增强现实（Augmented Reality）简称 AR，是通过计算机系统提供的信息增加用户对现实世界感知的技术。它是将计算机生成的虚拟物体、场景或系统提示信息叠加到真实场景中，实现“增强”的。增强现实技术是强化真实世界信息和虚拟世界信息内容之间融合能力的新技术。

2. 了解增强现实技术与虚拟现实技术的差别

增强现实技术是随着虚拟现实技术的发展而产生的，其基本软硬件构成与虚拟现实技术十分相似。因此两者之间存在着不可分割的联系，同时也有着显著的区别。

① 增强现实技术与虚拟现实技术的沉浸感要求不同。虚拟现实技术侧重用户在虚拟环境中的视觉、听觉、触觉等感官的完全浸入，强调将用户的感官与现实世界绝缘而沉浸在一个完全由计算机控制的信息空间之中。而增强现实技术致力于计算机产生的虚拟环境与真实环境融为一体，强调用户在现实世界的存在性，并且努力维持其感官效果的不变性，增强用户对真实环境的理解。

② 虚拟现实需要通过对虚拟空间的设置实现虚拟图像的呈现，而增强现实技术则是用现实空间与图像信息重叠，使视网膜成像出现一定的视距差，并以此形成图像处理循环，为呈现三维图像提供有效空间。

③ 增强现实技术可缓解虚拟现实技术建立逼真虚拟环境时，对系统计算能力的苛刻要求，在一定程度上降低人与环境自然交互的要求。

④ 增强现实技术与虚拟现实技术的应用领域侧重点不同。虚拟现实主要用在军事仿真、工程设计等方面。而增强现实系统应用侧重于辅助教学与培训、军事侦察及作战指挥等领域。

3. 了解增强现实技术的应用现状

随着计算机及移动设备性能不断提升，增强现实系统的各项核心技术也在不断优化，增强现实技术逐渐成功应用于多个领域。

在医疗领域，增强现实技术应用于手术与培训，在患者进行手术时，医生可以看到病人身上实时 MRI 和 CT 图像，降低手术风险，提升手术成功率；在医疗教育中，增强现实技术可应用于手术模拟、人体器官学习等，极大提升了教学效果。

在教育领域，增强现实技术能够真正实现“情景式学习”，加深读者对学习内容的理解，给读者提供动手操作的机会，提升实践动手能力，提高读者的参与度。

在军事领域，军队可以利用增强现实技术，进行方位识别，获得实时所在地点的地理数据等重要军事数据，提升军事活动的成功率。

在电视转播领域，通过增强现实技术可以在转播体育比赛时，实时将辅助信息叠加到画面中，让观众得到更多的信息。

在游戏领域，谷歌公司发布的 Ingress、任天堂公司开发的 Pokemon Go，将增强现实技术应用于游戏领域，使全球不同地点的玩家，进入一个共同的场景，极大提升了游戏的趣味性与真实性。

虚拟现实技术和增强现实技术都是科技发展的产物。随着设备性能的提升与核心技术的优化，它们终将会影响人们生活的方方面面，为人们的生活带来无限可能。

4. 讨论、思考并回答以下问题

（1）增强现实技术常见的表现方式有哪些？

（2）增强现实与虚拟现实技术各自的优势是什么？

（3）增强现实技术未来的发展趋势有哪些？

说一说：AR 技术在智能手机上都有哪些应用？

考核评价

本章可根据教师教学的组织情况，进行合作学习和知识、技能考核，任务活动评价包括自评、互评和教师点评，最终形成个人和学习小组任务完成情况总体评价。合作学习考核内容可参见第一章的要求，知识技能考核点的具体内容和要求如下。

（1）对数字媒体技术的了解。能清楚描述数字媒体技术的概念，了解数字媒体技术的应用。

（2）对数字媒体文件格式的了解。能清楚描述常用文件格式的特点，会正确区分文件格式。

（3）对获取音视频素材操作的熟练程度。掌握获取音视频素材的常用方法，会收集到需要的媒体素材。

（4）对数字媒体格式转换操作的熟练程度。能正确使用软件进行数字媒体文件格式转换。

（5）对音视频素材编辑操作的熟练程度。掌握编辑音视频素材的基本方法，会利用工具软件，编辑和截取需要的音视频素材。

（6）对计算机动画制作的了解。了解计算机动画制作的基本方法，会制作包含文字、声音、图片元素的动画。

（7）对简单数字媒体作品制作方法的熟练程度。能制作简单的数字媒体作品，会制作包含图片、视频、音乐、字幕等元素的数字媒体作品。

（8）对虚拟现实技术的了解。能准确描述虚拟现实技术的概念，能举例说明虚拟现实技术的应用。

（9）对增强现实技术的了解。能准确描述增强现实技术的概念，能举例说明增强现实技术与虚拟现实技术的区别。

习题

1. 选择题

（1）数字媒体技术与传统媒体技术相比最大的特点是______。

A. 数字化　　B. 多样性　　C. 集成性　　D. 交互性

（2）Photoshop 文件的扩展名是______。

A. .psd　　B. .pds　　C. .pdt　　D. .pcd

（3）BMP 是______的数字媒体。

A. 图形图像格式　　B. 文本格式　　C. 音频格式　　D. 视频格式

（4）______属于连续媒体。

A. 文本　　B. 报纸　　C. 图片　　D. 音频

（5）信息的单位是______。

A．比特　B．信息熵　C．db　D．无单位

（6）下列属于网络影像视频格式的是______。

A．AVI　B．MPEG　C．ASF　D．MOV

（7）______是数字图像的输入设备。

A．数字相机　B．光笔　C．数字化仪　D．CCD

（8）下列软件中不是音频专业处理软件的是______。

A．Cool Edit　B．Adobe Audition　C．Auto CAD　D．Vegas Audio

（9）利用 PC 播放音频文件必须安装的设备是______。

A．网络适配器　B．视频卡　C．声卡　D．光驱

（10）模拟音频处理设备不包括______。

A．音箱　B．话筒　C．模拟调音台　D．声卡

（11）下列图像格式全部是位图格式的是______。

A．PSD　BMP　JPEG　B．JPEG　GIF　CDR

C．GIF　CDR　DWG　D．DWG　EPS　DXF

（12）下列属于网络影像视频格式的是______。

A．AVI　B．MPEG　C．ASF　D．MOV

（13）显示分辨率越高，矢量图形的外观效果就会越______。

A．清晰　B．光滑　C．模糊　D．锐化

（14）______软件不是数字视频常用的编辑软件。

A．Vegas　B．Fireworks　C．Adobe Premiere　D．Canopus Edius

（15）下列叙述错误的是______。

A．数字视频技术只应用在电视节目制作、电影数字特效和网络视频这几个领域

B．数字视频编辑素材文件可以是无伴音的动画 FLC 和 FLI 格式文件

C．时间线是视频剪辑的主要场所，用来按照时间顺序放置各种素材

D．捕捉视频是将设备输出的数字信号直接保存到计算机硬盘中

2．判断题

（1）媒体的含义，可以从传递信息的载体、存储信息的实体两个方面理解。（ ）

（2）计算机可以直接对声音信号进行处理。（ ）

（3）视频采集卡就是显卡。（ ）

（4）CorelDraw 是一个以设计排版印刷品、制作剪贴画为主的矢量绘图软件。（ ）

（5）语音识别技术包括语音识别、语言语义理解、语音合成、声纹识别技术。（ ）

（6）数字视频的优越性体现在可以不失真地进行无限次拷贝。（ ）

（7）MAC 声音格式是 Apple 公司开发的声音文件格式，其扩展名为.snd。（ ）

（8）当图像分辨率大于显示分辨率，则图像只占显示屏幕的一部分。（ ）

（9）Flash 的动画绘图方式采用位图方式处理。（ ）

（10）著名影片《侏罗纪公园》中运用了三维数字动画。（ ）

（11）“亚运会片头”是我国第一个由 PC 制作的动画片头。（ ）

（12）虚拟现实技术包括建模、显示、三维场景交互三大技术。（ ）

3．操作题

（1）选择一种获取音视频的方法，分别获取一个音频文件和视频文件，并保存在计算机硬盘中。

（2）使用 Windows 录音软件录制一首唐诗，要求有背景音乐。

（3）使用“格式工厂”将获取的音频文件格式改为其他文件格式。

（4）使用“迅捷音频转换器”软件将一个音频文件分割为三个文件，然后将分割的三个文件合并为一个文件。将另一个音频文件中的一部分截取并生成一个新声音文件。

（5）使用“视频编辑专家”给一个视频文件配乐和添加字幕。

（6）使用“视频编辑专家”截取一个视频文件中的 4 幅画面，生成 4 幅图像。

（7）新建一个“会声会影”的项目文件，在素材库内添加 3 个名称分别为“图像”“音频”“视频”的文件夹，在这三个文件夹内分别导入 3 张图像、2 个音频和 2 个视频素材。

（8）在“会声会影”软件中，将素材库中的 3 幅图像和 2 个视频文件添加到“时间轴”面板内的“视频”轨道中。将素材库中的 2 个音频分别添加到“时间轴”面板内的“声音”和“音乐”轨道中，在 3 幅图像和 2 个视频素材之间添加不同的转场，并在视频素材中选择任意三处时间点添加字幕。

（9）使用“会声会影”软件，制作一个“四季变换”的视频，该视频播放后，会依次以不同的转场展示几幅四季风景，在每个季节的第一张照片上添加季节标题，并配上音乐。

（10）使用“会声会影”软件，制作一个“视频和图像混合播放”的视频。该视频播放时，先播放一个视频，再以马赛克形式切换到另一个视频，然后又以缩小左移的方式切换到一张图像。

第七章　信息安全基础

信息资源有别于其他资源，是可以同时被很多人共享使用的特殊资源，如果在信息存储、传输和使用的过程中，没有安全保护措施，就可能出现信息被截收、删除、篡改等危害信息安全事件。危害信息安全的因素很多，造成的安全问题也不尽相同，有信息系统自身的不可靠、工作环境存在异常干扰等原因，也有工作人员操作不当的因素，更有人为恶意的破坏。由于危害信息安全事件急剧增多，信息安全也因此成为世界各国关注的焦点。

项目 1　了解信息安全常识

从社会学的角度看，信息安全是关系国家安全、社会稳定、民族文化传承的重要问题。从技术的角度看，它又是一门涉及计算机科学、网络技术、通信技术、密码技术、信息安全技术、应用数学等多种学科的综合性学科，内容广泛且技术繁杂，因此也造成了信息安全保障的复杂性。

项目目标

- 了解信息安全基本常识。
- 了解信息安全现状，对信息安全面临的各种威胁有清醒认识。
- 了解信息安全的有关法律、法规。

任务 1　研讨信息安全案例

了解危害信息安全事件既是揭示信息安全重要性的基础，也是提高计算机网络用户对信息安全防护重要性认识的基础。通过案例研讨可以帮助读者理解信息安全概念，提高对信息安全防护重要性的认识。

任务说明

或许人们都听说或知道“信息安全”这一词汇，但是“信息安全”究竟涵盖哪些内容？是哪些因素导致了信息应用的不安全？这一系列问题未必人人清楚，可以考虑从已经发生的危害信息安全案例入手寻找答案。本任务将从危害信息安全案例研讨入手，帮助读者厘清信息安全涉及的基本术语，提升信息安全防护意识。

任务活动

1. 危害信息安全案例收集、展示

案例 1：李某倒卖股票案。

李某是我国著名大学主攻证券管理专业的硕士研究生，当看到昔日的同学一个个走入“大款”行列，内心极度失衡，于是利用在证券公司实习的机会，了解了股票全国联网的计算机程序，开始盘算破解程序。经过几十天的苦心钻研，李某成功进入股民信息系统，众多股民的股票密码、投资金额、交易情况等核心机密在他面前一览无余。从此开始低价抛售别人的股票，自己抢购的罪恶勾当，造成了股民钟某损失 17 万元、郭某损失 38 万元、林某损失 100 多万元的直接后果。后迫于警方压力，自己投案自首。

案例 2：网络谣言——“引力波”引发宇宙射线，靠近手机可能造成伤亡。

2016 年 2 月 16 日，一则“宇宙射线将贴近地球通过，可能对身体有害”的传言在微信朋友圈疯传。传言称：“今天晚上 12 时 30 分到凌晨 3 时 30 分，请务必关手机，危险的、高辐射的宇宙射线将贴近地球通过。所以，不要让你的手机靠近你的身体，可能造成伤亡或者损坏。”此时适逢 11 日美国科研人员宣布“探测到引力波的存在”，许多人将二者混为一谈，一时人心惶惶。

真相：北京师范大学“引力波天文学”教授介绍，该传言“完全是无稽之谈”。宇宙射线指的是来自于宇宙中一种具有相当大能量的带电粒子流，这与“引力波”是两码事。而“监测到引力波”是指两个黑洞约 13 亿年前碰撞，所传送出的扰动，于 2015 年 9 月 14 日抵达地球并被侦测到。中国电信客服人员表示，这类耸人听闻的传言有诈骗嫌疑，此前曾发生多起被骗关机，导致亲友被人诈骗钱财的案例。

2. 了解信息安全领域的几个基本术语

1）信息安全

信息安全是指信息不会被故意或偶然地非法泄露、更改、破坏，不会被非法辨识、控制，人们能有益、有序地使用信息。

2）网络安全

网络安全是指通过采取必要措施，防范对网络的攻击、侵入、干扰、破坏、非法使用及意外事故，使网络处于稳定可靠运行的状态，以及保障网络数据的完整性、保密性、可用性的能力。

3）计算机病毒

计算机病毒指编制或者在计算机程序中插入的破坏计算机功能或者破坏数据，影响计算机使用并且能够自我复制的一组计算机指令或者程序代码。

4）权利和义务

权利是依据法律规范规定，法律规范关系的参与者所具有的权能和利益。权能是指权利能够得以实现的可能性，它并不要求权利的绝对实现，只是表明权利具有实现的现实可能；利益则是权利的另一主要表现形式，是权能实现后的结果。

义务是依据法律规范规定，法律规范关系的参与者应当承担的责任。在网络活动中，参与者享有一定的权利，同时也要承担相应的责任。

3. 讨论、思考并回答以下问题

（1）为什么会出现危害信息安全的问题？

（2）信息应用中的不法行为可能带来什么危害？

（3）案例中的施害者为什么会从事危害活动？从案例得到什么启示？

说一说：发现危害信息安全事件该怎么做？

任务 2 了解网络信息安全现状

全面了解信息应用中出现的安全问题是实施安全防护工作的前奏，也是预测信息安全防护技术发展、找出应对策略的前提，更是有针对性地解决信息安全危害问题的重要基础。

任务说明

只有了解网络信息安全的基本现状，明白信息安全存在的根本问题，才能有针对性地提出解决策略。因此，本任务将帮助读者了解互联网信息存在的主要安全问题，进一步提升信息安全防护意识。

任务活动

1. 了解互联网信息的主要安全问题

从已发生的互联网安全事件看，近两年中国没有大规模的病毒威胁，没有影响恶劣、损失严重的网络攻击事件，但安全威胁形势依然严峻，危害变化的趋势仍令人担忧。

1）网页仿冒依然活跃

2020 年 3 月 30 日—4 月 5 日针对境内的仿冒网页高达 236 个，仿冒者充分利用更有效的技巧和自动操作技术，借助热点、敏感问题强化仿冒的可信度，使网页仿冒问题依然棘手。

2）垃圾邮件猖獗

随着反垃圾邮件过滤技术提高，全球垃圾邮件的比例显著下降，但问题没有根绝，电子邮箱的使用者依然会收到干扰用户的垃圾邮件。

3）数据泄露十分严重

数据泄露事件持续增长是由经济大环境中种种因素造成的，由此凸显数据防丢失对于数据拥有者的重要性和强化技术防护、管理防护的必要性。

4）系统漏洞不容忽视

新发现的漏洞数量不断增加，能够产生危害的严重程度也相当高，由此对网络应用安全构成了重大威胁。2020 年 3 月 30 日—4 月 5 日，国家信息安全漏洞共享平台（CNVD）新收录网络安全漏洞 431 个，其中高危漏洞 207 个，信息安全漏洞威胁整体评价级别为中等。

5）网站被篡改事件屡禁不止

2020 年 3 月 30 日—4 月 5 日境内被篡改网站数量为 8287 个，其中.gov.cn 网站 37 个，占总量的 0.4%。

2. 了解网络恶意代码的整体形势

病毒制造者、传播者在巨大利益的驱使下，利用病毒、木马技术进行各种网络盗窃、诈骗、勒索活动，严重干扰计算机网络的正常应用，应予以高度关注。

1）恶意代码的主流是木马

木马在恶意代码数量中占有绝对多数，在流行病毒中主要以木马、后门为主，木马制造者的牟利目的十分明确，为的是盗取互联网上有价值信息资料转卖后获利。

2）“挂马”成为恶意代码传播的主要手段

网站“挂马”成为恶意代码传播的主要手段，无论是主动或被动的“挂马”都为恶意代码滋生和传播提供了优越的环境，当前相当数量的恶意代码变种出自这类网站。被“挂马”的网站覆盖政府、新闻、软件下载、娱乐等各种网站，当用户使用有安全漏洞的浏览器访问这些网站时，恶意代码利用脚本下载木马程序并激活。

3）恶意代码的自我保护能力增强

一些新技术如主动防御技术、软盘过滤驱动技术、影像劫持技术、穿透还原卡或还原软件技术被应用到恶意代码的编写中，使恶意代码从修改样本特征值躲避查杀，逐渐过渡到直接与安全软件对抗。

4）下载者病毒加剧了恶意代码传播

下载者病毒具备从指定地址下载大量恶意代码的功能，使其成为恶意代码的快速输送者。网络用户的计算机一旦受到下载者病毒入侵，系统将会陆续下载安装几种甚至几十种病毒、木马，种类几乎涉及所有流行的在线游戏盗号木马，危害十分严重。

5）应用软件漏洞扩大了恶意代码传播途径

随着操作系统安全性的逐渐提高，恶意代码利用系统漏洞施法的空间越来越小，恶意代码制造者开始关注应用软件的漏洞。近年，恶意代码除了利用 Windows 等系统漏洞传播外，开始综合利用各类应用软件的漏洞以扩大恶意代码传播，多数恶意代码利用两个及两个以上的漏洞传播。

6）恶意代码黑色产业链逐步形成

制造木马、传播木马、盗窃账户信息、第三方平台销赃、洗钱一整套完整恶意代码黑色产业链已经形成，且正朝着技术分工明细、销赃洗钱方式多元化的方向发展。

7）利用社会工程学传播恶意代码

恶意代码制造者利用人们关注热点事件的心理或好友信任的关系设套，加速恶意代码传播，可以说近年出现的热点事件已经成为恶意代码的“帮凶”。将恶意代码伪装成热门电影、网络视频、照片等，借助高点击率可以诱骗用户点击下载，进而扩大传播范围。

3. 讨论、思考并回答以下问题

（1）目前的信息安全的演变趋势如何？

（2）对信息安全产生危害的形式有哪些？

（3）在我们的日常生活中最常见的安全问题有哪些？

说一说：怎样正确看待目前的信息安全形势？

任务 3　掌握信息安全的基本要求

信息安全不仅涉及技术问题、管理问题，还涉及法学、犯罪学、心理学等问题，是一门由多学科综合形成的新学科。只有了解信息安全的基本要求，才能为构建安全、可靠的应用环境做好基础准备。

任务说明

信息系统重要性不同，对安全的要求有差别，对重要信息和信息系统的防护要求更高。本任务是从信息安全基本知识开始，帮助读者了解信息安全涉及的内容，理解信息安全保护的基本要求，奠定信息安全保护工作的基础。

任务活动

1. 了解信息安全涉及的内容

信息系统是由设备实体、信息、人组成的人机系统，安全问题也应包括实体安全、信息安全、运行安全和安全管理等几个方面。内容涉及安全技术、安全管理、安全评价、安全产品、安全法律、安全监察等。

信息安全主要涉及信息存储安全、信息传输安全、信息应用安全三个方面，包括操作系统安全、数据库安全、访问控制、病毒防护、加密、鉴别等多类技术问题，可以通过保密性、完整性、真实性、可用性、可控性五种特性进行表述。

保密性，是信息不会泄露给非授权对象的特性。

完整性，是信息本身完整，且不会在未授权时发生变化的特性。

真实性，是保证处理过程真实可靠的特性。

可用性，是合法对象能有效使用信息资源的特性。

可控性，是对信息资源能进行有效控制的特性。

2. 了解信息安全控制层次

信息安全控制是复杂的系统工程，需要安全技术、科学管理和法律规范等多方面协调，并构成层次合理的保护体系，只有这样最终才能达到保证信息安全的目的。安全防护技术是保证实体、软件、数据安全的基础，有效管理是保障安全技术发挥作用的前提，法律规范是制约和打击危害信息安全的武器，所以，信息安全控制应有以下 4 个层次。

实体安全防护：对信息设备实体进行安全防护是保证信息安全的重要环节，如果信息设备硬件和工作环境出现安全问题，存储其中的信息和正常的应用很难幸免，所以，设置必要的实体安全防护设施是保证信息安全的基础。

软件安全防护：在实体安全的基础上增加软件安全防护措施是保证信息安全的进一步要求，软件系统故障同样会导致信息安全问题，所以，软件和软件运行安全也是保证信息安全的基础。

安全管理：设置硬件、软件安全防护设施固然重要，让安全设施充分发挥作用更重要，而它主要依赖于对安全设施的科学管理。统计结果表明，70%以上的安全问题是管理不善造成的，真正由于技术原因出现的安全问题很少，由此可见，安全管理在保证信息安全中的作用极其重要。

法律规范：安全法律是安全防护技术以外的信息安全保障因素。在发生安全问题以前，安全法律起规范信息应用行为、威慑破坏行为的作用，是信息安全的法律保障。在发生安全问题以后，安全法律是处理安全问题的法律依据。

3. 讨论、思考并回答以下问题

（1）信息安全问题为什么会涉及众多学科或领域？

（2）分层控制信息安全有什么好处？

（3）我们日常生活中对信息安全保护有哪些要求？

说一说：对手机的安全使用有哪些要求？

任务 4　了解信息安全相关法律、法规

随着信息、信息系统在国家安全、社会稳定、经济建设中的作用和地位不断提高，调整、规范信息关系随之成为社会迫切需要的内容，为此保护信息安全的法律、规范应运而生，并逐渐形成完整的法律、规范体系，以适应信息化社会有序发展的要求。

任务说明

保护信息安全的重要基础，是相应的各种法律规范。在日常生活中人们要依法开展各种信息活动，当信息活动受到安全威胁或遭到破坏时，更要拿起法律武器捍卫自身权利。本任务将帮助读者了解中国信息安全保护的相关法律、法规，理解法律规定的责任，提升信息安全防护的法律意识。

任务活动

1. 了解信息安全保护的法律责任

法律规范对主体行为实施制约的强制性，具体表现为当主体行为违反了法律规范的规定后，一定要追究法律规范主体应当承担的相关责任。根据所触犯的法律规范类型和情节轻重，应当承担的责任大体分为刑事责任、行政责任和民事责任。

1）网络应用中的刑事法律责任

利用信息系统或信息知识作为手段，或者针对信息系统，对国家、团体或个人造成危害，依据法律规定，应当予以刑罚处罚的行为。

《中华人民共和国刑法》和《全国人大常务委员会关于维护互联网安全的决定》中关于计算机网络犯罪的直接或间接条款警示我们，在计算机网络活动中实施危害行为可能承担刑事责任，必须引起高度重视。

2）网络应用中的行政法律责任

违反计算机网络系统安全保护行政法律规定，主要是指违反有关计算机网络系统安全保护的法律、行政法规，以及地方性行政法规所规定的应负法律责任的内容。在相关的法规中有许多法律责任的条目，计算机网络用户应遵守相关规定，否则，将要承担相应的法律责任。

3）网络应用中的民事法律责任

“应当依法承担民事责任”是相关民事法律责任的原则性规定，也是对各种违反民事义务行为

的概括性规定，满足民事法律责任构成要件的民事行为的行为人都要承担民事责任。一些具体的限制行为，在相关的法律法规中也有明确规定。

2. 了解信息安全保护的法律法规

自 1994 年我国开始计算机信息系统立法活动到目前为止，已基本形成了较为完整的法律体系。关于信息安全保护的刑事立法可以归纳为以刑法典为中心，辅之以单行刑法、行政法规、司法解释、行政规章及其他规范性文件的框架体系。目前我国惩治危害信息安全犯罪的现行规范性文件主要如下。

1）法律类

《中华人民共和国刑法》（1997 年）；

《全国人大常务委员会关于维护互联网安全的决定》（2000 年）；

《中华人民共和国网络安全法》（2017 年）。

2）行政法规类

《中华人民共和国计算机信息系统安全保护条例》（1994 年）；

《中华人民共和国计算机信息网络国际联网管理暂行规定》（1996 年）；

《中华人民共和国电信条例》（2000 年）；

《互联网信息服务管理办法》（2000 年）。

3）司法解释类

《关于审理扰乱电信市场秩序案件具体应用法律若干问题的解释》（2000 年）；

《关于办理侵犯公民个人信息刑事案件适用法律若干问题的解释》（2017 年）；

《关于办理非法利用信息网络、帮助信息网络犯罪活动等刑事案件适用法律若干问题的解释》（2019 年）。

4）行政规章类

《计算机信息网络国际联网出入口信道管理办法》（1996 年）；

《计算机信息网络国际联网安全保护管理办法》（1997 年）；

《中华人民共和国计算机信息网络国际联网管理暂行规定实施办法》（1998 年）；

《计算机信息系统国际联网保密管理规定》（2000 年）；

《计算机病毒防治管理办法》（2000 年）；

《互联网电子公告服务管理规定》（2000 年）；

《互联网站从事登载新闻业务管理暂行规定》（2000 年）；

《信息安全等级保护管理办法》（2007 年）。

3. 讨论、思考并回答以下问题

（1）网上不负责任的言论会承担法律责任吗？会有什么责任？

（2）现有的信息安全法律、法规能否遏制信息危害问题？

（3）如何运用法律武器保护自己的隐私权？

说一说：散布网络谣言可能承担什么法律后果？

项目 2 防范信息系统恶意攻击

近年来，攻击信息系统事件的报道接连不断，无论是发达国家，还是发展中国家，黑客入侵的触角几乎无处不在，其社会危害性十分严重。由于黑客网站不断增加，学习黑客技术、获得黑客攻击工具变得轻而易举。据报道，黑客每年给全世界计算机网络带来的经济损失估计高达 100 亿美元，而攻击一个国家的政治、军事系统所造成的损失更是难以用金钱来衡量。

项目目标

- 了解恶意攻击的危害性。
- 了解信息系统恶意攻击的形式和特点。
- 掌握信息系统安全防护的常用技术方法。
- 了解网络安全等级保护。

任务 1　了解黑客行为的危害性、违法性

“黑客”一词来自英文 Hacker 的音译，在不同的人群和环境中，也出现了不同的解释。现在，媒体上经常提及的黑客，是指专门入侵他人系统进行不法行为的计算机高手。

任务说明

“黑客”一词大家并不陌生，但是，许多人对黑客并不真正了解，有人甚至崇拜黑客，认为他们是网络中的独行侠，是计算机技术高手。本任务将从了解最基本的黑客行为开始，帮助读者认清黑客的危害性和违法实质，做网络安全的忠实维护者。

任务活动

1. 了解黑客行为的危害性

黑客行为的表现形式多样，结果多呈严重危害性，有商业机密、国家和军事情报窃取，有巨额资金盗窃，也有严重破坏经济秩序、干扰经济建设、危及国家安全的入侵破坏行为。黑客危害的主要表现形式有：

（1）非法入侵机密信息系统或金融、商业系统，盗取机密信息或商业信息，由此可能危害国家安全或造成重大经济损失。

（2）充当政治工具。攻击政府网络，在网上进行反政府、反社会活动，例如在论坛上散布攻击共产党、社会主义制度、党和国家领导人的反动言论等。

（3）利用黑客手段在网络中肆意传播有害信息。如宣扬封建迷信、传播邪教言论、传播色情信息、教唆犯罪，以及传播其他一些危害国家安全、破坏社会安定的有害信息。

（4）获取别人隐私、“炸毁”他人电子邮箱、攻击信息系统等。

（5）充当战争工具。在战争中利用黑客手段侵入对方信息系统，获取军事信息、发布假信息、扩散计算机病毒、扰乱对方系统等。

2. 认识黑客行为的违法性

尽管许多黑客声称，侵入网络系统并不是要进行破坏活动，只是想探测网络系统中的漏洞，帮助完善系统。也有人称黑客行为多是恶作剧，甚至还有人把黑客行为分为“善意”探测和恶意入侵两种。然而现实情况绝非如此，许多黑客及黑客行为，已经不再是个人编程能力的“炫耀”，或小小的“恶作剧”，许多黑客行为也无善意可言，而是一种极不道德的、违法犯罪的行为。在网络这个虚拟世界中，非法入侵就如同现实世界的私闯民宅，对此行为各国的法律都予以惩治。

中国的计算机信息系统安全保护法律、法规对黑客行为有严格明确限制：

（1）公安部颁布的《计算机信息网络用户国际互联网安全管理办法》第六条规定“任何单位和个人不得从事下列危害计算机安全的活动”，其中第一款所列就是“未经允许，进入计算机信息网络和使用计算机信息网络资源的”显然，触犯此条就是违法。

（2）《中华人民共和国刑法》第二百八十五条、第二百八十六条规定，对违反国家规定，侵入国家事务、国防建设、尖端科学技术领域计算机信息系统的，要受到刑罚；即使侵入的是一般信息系统，如果造成严重后果，同样也要受到刑罚，显然，黑客行为达到一定程度就是犯罪。

（3）《中华人民共和国网络安全法》第七十五条规定，境外的机构、组织、个人从事攻击、侵

入、干扰、破坏等危害中华人民共和国的关键信息基础设施的活动，造成严重后果的，依法追究法律责任。显然，针对中国网络的侵入行为违法。

3. 讨论、思考并回答以下问题

（1）未来战争中黑客扮演什么角色？

（2）在我们的日常生活中最可能遭受到的黑客攻击对象有哪些？

（3）为什么说黑客行为违法？

说一说：在网络环境中，哪些操作可能涉嫌违法？

任务 2　了解网络攻击

网络攻击者采用的技术和手段可能不同，攻击的目标也可能不同，但攻击过程大致一样，一般都包括收集信息、服务分析、系统分析、漏洞分析、实施攻击、预留后门和擦除痕迹几个阶段。

任务说明

不同攻击方法所要达到的最终目的、所带来的后果不尽相同，需要采取的防护手段也不可能相同，只有全面认识网络攻击，才能有目的地采取防范措施。本任务将全面介绍网络攻击过程，帮助读者了解网络攻击涉及的技术，奠定防范恶意攻击的基础。

任务活动

1. 了解网络攻击涉及的几个术语

1）安全漏洞

安全漏洞是指信息系统中存在的不足或缺陷，有硬件、软件、协议实现疏漏导致的缺陷，也有安全管理策略不当造成的问题。

2）网络攻击

网络攻击就是利用信息系统自身存在的安全漏洞，非法进入网络系统或破坏系统，扰乱信息系统的正常运行，致使计算机网络系统崩溃、失效或错误工作。

3）渗透测试

渗透测试是测试人员通过模拟恶意攻击者的技术和方法，来评估计算机网络系统安全的一种评估方法。整个过程包括对系统任何弱点、技术缺陷或漏洞的主动分析及利用。

2. 了解攻击前的各种准备活动

收集欲攻击对象的所有相关信息，包括软件和硬件信息，如操作系统、用户信息、驻留在网络系统中的各个主机系统的相关信息等。从中寻找系统的安全漏洞，目的是为进一步攻击做准备。

因为网络中的漏洞太多，从操作系统、网络服务到网络协议，甚至缓冲区都存在漏洞，所以获取系统漏洞并非难事。在收集到攻击目标的相关网络信息之后，黑客会探测网络上的每台主机，寻找该系统的安全漏洞和安全弱点，黑客常使用探测工具自动扫描驻留在网络上的主机。

扫描系统漏洞使用的工具主要是扫描器、网络监听器和操作系统本身提供的一些操作命令。具体使用的工具来源主要有两种。

1）自编程序

对于已经发现了有安全漏洞的产品或系统，该产品或系统的厂商会提供一些补丁程序予以弥补，但用户并不一定都能及时使用这些补丁程序。若黑客发现这些补丁程序的接口，会自己编写程序，通过这些接口进入目标系统。

2）利用公开工具

为了帮助系统管理员发现网络系统内部隐藏的安全漏洞，完善系统堵塞漏洞，网络应用领域有专门公司或个人编制专门用于网络扫描、分析、检测的程序。当然黑客也可以利用这些工具得到目标系统的信息，获取目标系统的非法访问权。

3. 了解网络攻击方式

黑客分析扫描得到的信息，找出攻击对象的安全漏洞和弱点，然后有目的地选择合适的攻击方法，如：破解口令、缓冲区溢出攻击、拒绝服务攻击等。目的不同，采用的攻击方式有差异，以破坏为目的的攻击不一定需要侵入系统，侵入系统必须先获得部分权限。

4. 实施网络攻击

黑客根据收集或探测到的信息发现了系统安全漏洞，且有合适的攻击方法，就可以对目标系统实施攻击。

黑客利用安全漏洞侵入到系统中，这只是攻击成功的前奏。为了在攻击点被发现、实施加固之后，能够继续侵入这个系统，入侵者通常要清除入侵行为记录，毁掉攻击入侵的痕迹，并在受到侵害的系统上建立另外的新“漏洞”或留下“后门”，并安装探测软件，窥测所在系统的活动，进一步收集感兴趣的信息，如 Telnet（远程终端协议）和 FTP（文件传输协议）的账号和口令等。

如果能发现受害系统在网络中的信任等级，黑客就可以通过该系统信任关系对整个系统实施攻击。如果黑客在受害系统上获得了特许访问权，就可以读取邮件、搜索和盗窃私人文件、毁坏重要数据，破坏整个系统的信息，直至造成不堪设想的危害后果。

5. 讨论、思考并回答以下问题

（1）收集攻击对象信息的活动在攻击过程中还要不要持续进行？

（2）实施网络攻击需要很高的技术吗？为什么？

（3）攻击者在系统预留的“后门”是什么？

说一说：为什么不能尝试攻击别人的计算机？

任务3 防范恶意攻击

了解网络攻击方法、攻击原理、攻击过程的目的，是为了有针对性地采取应对措施，更有效地防止发生各种攻击事件。黑客入侵的对象不同，入侵方式会有差异，相应的应对方法当然存在差别，但就入侵行为来看依然存在许多共性之处，防范恶意攻击也应有章可循。

任务说明

防范黑客攻击既是网络日常安全防护的基本要求，也是保证信息安全的重要措施。本任务将从尽早发现攻击行为开始逐步深入，帮助读者掌握全流程处理攻击事件的基本方法，提升维护网络安全的基本能力。

任务活动

1. 发现入侵事件

发现入侵是响应入侵的前奏，越早发现，响应越及时，损失越小。非法侵入的特性决定了侵入的隐秘性，所以发现侵入较为困难。一般情况，可以考虑从以下几个方面工作，争取尽早发现侵入的迹象：安装入侵检测设备；对 Web 站点的出入情况进行监视控制；经常查看系统进程和日志；使用专用工具检查文件修改情况。

2. 响应入侵事件

应急响应是针对不同的入侵事件做出的不同应对措施，若以减少损失为目的，不同入侵事件的响应策略大同小异，一般包括以下内容。

1）快速估计入侵、破坏程度

尽快估计入侵造成破坏的程度是减少损失的前提，也是采取正确应急方法的基础，不同的入侵、破坏程度，可以使用不同阻止方式遏制势态发展。为了便于快速得出正确结论，应事先根据网络应用情况和具体管理策略，制作出问答形式的入侵情况判断表，其中包括必须采取的应急策略。

2）决定是否需要关闭电源、切断系统连接

如果明显存在有侵入证据被删除或丢失的危险，可以考虑切断电源供给，但是，严禁随意干预电力供应，避免出现因电源改变系统运行环境的现象。

迅速判断系统保持连接或断开系统连接可能造成的后果，如果断开系统连接不会对正常工作和侵入证据产生影响，应立即断开系统连接，以保持系统的独立性。

3）实施应急补救措施

在系统投入运行之前，应针对各种可能出现的危害，制定出快速、可行的应急预案。危害事件发生后，尽快实施应急补救措施，以减少危害损失。

3. 追踪入侵行为

追踪入侵者不但是将危害行为制造者绳之以法的前提，也是深入分析入侵行为造成危害的基础，由于黑客会想尽办法隐匿行踪，所以黑客追踪较为困难。

1）获取可疑 IP 地址

基于 TCP/IP 协议的网络设备在网络连接时，必须有独一无二的 IP 地址，这样才能保证数据的准确传输。IP 地址与计算机的物理地址可以无关，但它能反映连接到网络的计算机的某些信息，所以获取可疑的 IP 地址是追踪黑客的重要一步。

若能截获黑客侵入系统的通信信息，可从中解析 IP 地址，追踪使用该 IP 地址的用户。现在有许多 IP 地址查询工具可以从信息发送方发送的信息中，提取发送方的 IP 地址和端口号，有效使用防火墙的 UDP 数据包监测功能，也可以显示接收信息的 IP 地址和端口号。IP 地址和联网机器有唯一的对应关系，且 IP 地址分配遵循一定的规律和规则，所以根据 IP 地址可以定位联网机器。

2）验证 IP 地址的真实性

使用各种方法获取的 IP 地址的真实性必须经过认真验证，真实的 IP 地址才具有追查价值。造成 IP 地址不准确的原因很多，有从安全角度考虑隐藏 IP 造成的虚假，有网络应用环境造成的 IP 虚假，也有人为伪造 IP 的虚假，不同情况应区别对待。

伪造的 IP 地址没有追查价值，若想从中发掘有用信息，需要详细解剖信息头。利用编程技术进行 IP 欺骗并非难事，但是，以简单的方法伪造 IP 地址，虽然能够发送信息，受信息传递基本规则约束，它不能正常接收别人的信息。想要伪造的 IP 地址能正常收发信息，需要相当复杂的信息包装变换，一般人很难实现，所以可以采用发送试探性信息等待回复或使用 Ping 命令等方法来验证 IP 真假。

4. 讨论、思考并回答以下问题

（1）入侵检测设备的基本工作原理是什么？

（2）发现入侵后是否都要尽快断网？为什么？

（3）如何追踪一个 IP 地址？

说一说： 还有哪些方法可以防范恶意攻击？

任务 4　了解网络安全管理的基本方法

对计算机网络实施安全管理，必须有一套切实可行的网络安全管理办法。实现计算机网络安全管理的重要前提是建立安全管理制度、进行明细的责任分工，且认真、严格执行并不断完善安全管理制度。只有这样，才可能达到网络安全管理的最终目的。

任务说明

有人说保证信息安全“三分靠技术，七分靠管理”，这从一个侧面说明了管理在信息安全防护中的作用。本任务将从建立安全管理制度开始，帮助读者了解信息安全管理工作方法，掌握信息安全管理的基本工作技能。

任务活动

1. 了解基本的网络安全管理制度

建立网络安全机制，必须深刻理解网络涉及的全部内容，并根据网络环境和工作内容提出解决方案，因此，可行的安全管理策略是使用专门的安全防护技术、建立健全安全管理制度并严格执行。

建立网络安全管理制度是网络安全管理中的重要组成部分，网络使用机构、企业和单位都应建立相应的网络安全管理制度。制定网络安全管理制度的基本依据是《互联网信息服务管理办法》《互联网站从事登载新闻业务管理暂行规定》和《中国互联网络域名注册暂行管理办法》等法律法规。一般认为对计算机网络实施安全管理应制定以下安全管理制度：

计算机网络系统信息发布、审核、登记制度；

计算机网络系统信息监视、保存、清除、备份制度；

计算机网络病毒及漏洞检测管理制度；

计算机网络违法案件报告和协助查处制度；

计算机网络账号使用登记及操作权限管理制度；

计算机网络系统升级、维护制度；

计算机网络系统工作人员人事管理制度；

计算机网络应急制度。

2. 了解网络安全管理工作原则

实现计算机网络安全管理所依据的基本原则是：多人负责原则、任期有限原则、职责分离原则。

所谓多人负责原则，指从事每项与计算机网络有关的活动，都必须有两人或多人在场。所有参与工作的人员都必须是主管领导指派，并经高层管理组织认可，确保参与工作的人员能胜任工作且安全可靠。

任期有限原则，指担任与计算机网络安全工作有关的职务，应有严格的时限。涉及计算机网络安全的任何工作职务，都不应成为某人永久性或专有性职务。

在计算机网络使用、管理机构内，把各项可能危及计算机网络安全的工作拆分，并划归不同工作人员的职责范围，称为职责分离。

3. 了解网络安全审计

安全审计是指对安全活动进行识别、记录、存储和分析，以查证是否发生安全事件的一种安全技术，它能够为管理人员提供追踪安全事件和入侵行为的有效证据，进而提高网络系统的安全管控能力。

从实现技术上看，安全审计分为审计数据收集和审计分析两部分。审计数据收集有不同的方式，包括从网络上截取数据，获取与系统、网络和中间件等有关的日志统计数据，以及利用应用系统和安全系统的审计接口获取数据等，目的是为审计分析提供基础数据。审计分析首先对收集的数据进行过滤，然后按照审计策略和规则进行数据分析处理，从而判断系统是否存在安全风险。

审计分析的基本方法有基于规则库的方法、基于数理统计的方法和基于模式匹配的方法等。基于规则库的方法是将已知的攻击行为特征与收集到的数据进行比较和匹配操作，从而发现可能的攻击行为，基于数理统计的方法是为审计对象创建一个统计量的描述，将正常情况下的特征量数值同实际数据相比较，通过偏差发现异常；基于模式匹配的方法是通过数据挖掘或自动学习的途径提取行为模式，利用模式匹配发掘数据中的异常信息。

4. 讨论、思考并回答以下问题

（1）网络安全管理制度还应该增加哪些？

（2）安全审计的作用是什么？谁负责此项工作？

（3）网络安全管理工作原则分别限制了可能出现的哪些问题？

说一说：如何保证各项网络安全制度的有效落实？

任务5　了解网络安全等级保护

为了维护国家网络安全，有效控制网络安全风险，中国实行计算机信息系统安全等级保护制度。在《计算机信息系统安全保护等级划分准则》中，将计算机系统安全保护能力分成五个等级，随着安全保护等级的增高，计算机信息系统安全保护能力逐渐增强。

任务说明

《中华人民共和国网络安全法》让信息安全等级保护制度在立法层面确立为网络安全等级保护制度，规定了等级保护制度安全措施的基本要求并赋予强制力。本任务将帮助读者了解等级保护的基本内容，能够根据安全等级要求制定信息系统的安全保护措施。

任务活动

1. 了解计算机信息系统安全保护等级划分

《计算机信息系统安全保护等级划分准则》规定了安全保护的五个等级，可解决不同系统的安全保护问题。

1）第一级：用户自主保护级

通过隔离用户与数据，使用户具备自主安全保护的能力。它具有多种形式的控制能力，对用户实施访问控制，即为用户提供可行的手段，保护用户和用户组信息，避免其他用户对数据的非法读写与破坏。

2）第二级：系统审计保护级

与用户自主保护级相比，本级实施了粒度更细的自主访问控制，它通过登录规程、审计安全性相关事件和隔离资源，使用户对自己的行为负责。

3）第三级：安全标记保护级

具有系统审计保护的所有功能，还提供有关策略模型、数据标记及主体对客体强制访问控制的非形式化描述。具有准确标记输出信息的能力，消除通过测试发现的任何错误。

4）第四级：结构化保护级

建立在一个明确定义的形式化安全策略模型之上，要求将第三级中的自主和强制访问控制扩展到所有主体和客体，并考虑隐蔽通道。接口必须明确定义，使其设计与实现能够经受更充分的测试和更完整的复审。提供可信设施管理，增强配置管理控制，整个系统具有一定的抗渗透能力。

5）第五级：访问验证保护级

访问监控器仲裁主体对客体的全部访问，访问控制器具有抗篡改性，且能分析测试。为了满足访问控制器的需求，在构造时排除对实施安全策略非必要的代码，在设计实现时将复杂性降到最低。提供系统恢复机制，系统具有很高的抗渗透能力。

2. 了解信息安全等级保护的管理要求

信息安全等级保护，是指对国家秘密信息及公民、法人和其他组织的专有信息及公开信息和存储、传输、处理这些信息的信息系统分等级实行安全保护，对信息系统中使用的信息安全产品实行按等级管理，对信息系统中发生的信息安全事件分等级响应、处置。

从安全管理的角度，信息系统的安全保护等级也分为五级。

第一级为自主保护级，适用于一般的信息系统。它受到破坏后，会对公民、法人和其他组织的合法权益产生损害，但不损害国家安全、社会秩序和公共利益。该类系统由运营、使用单位或者个人依据国家管理规范和技术标准进行保护。

第二级为指导保护级，适用于一般的信息系统。它受到破坏后，会对社会秩序和公共利益造成轻微损害，但不损害国家安全。该类系统由运营、使用单位依据国家管理规范和技术标准进行保护。

第三级为监督保护级，适用于涉及国家安全、社会秩序和公共利益的重要信息系统。它受到破坏后，会对国家安全、社会秩序和公共利益造成损害。该类系统由运营、使用单位依据国家管理规范和技术标准进行保护，国家有关信息安全职能部门对其信息安全等级保护工作进行监督、检查。

第四级为强制保护级，适用于涉及国家安全、社会秩序和公共利益的重要信息系统。它受到破坏后，会对国家安全、社会秩序和公共利益造成严重损害。该类系统由运营、使用单位依据国家管理规范和技术标准进行保护，国家有关信息安全职能部门对其信息安全等级保护工作进行强制监督、检查。

第五级为专控保护级，适用于涉及国家安全、社会秩序和公共利益的重要信息系统的核心子系统。它受到破坏后，会对国家安全、社会秩序和公共利益造成特别严重的损害。该类系统由运营、使用单位依据国家管理规范和技术标准进行保护，国家指定的专门部门或者专门机构对其信息安全等级保护工作进行专门监督、检查。

公安机关负责信息安全等级保护工作的监督、检查、指导。国家保密工作部门负责等级保护工作中有关保密工作的监督、检查、指导。国家密码管理部门负责等级保护工作中有关密码工作的监督、检查、指导。涉及其他职能部门管辖范围的事项，由有关职能部门依照国家法律规范的规定进行管理。国务院信息化工作领导小组办公室及地方信息化领导小组办事机构负责等级保护工作的部门间协调。

3. 了解网络安全等级保护制度和信息安全等级保护制度的关系

信息安全等级保护是国家网络安全保障的重要制度，其核心是分清系统边界，明确系统责任，确保重点目标的安全。信息安全等级保护制度在国家网络安全保障中发挥了重要作用，但是随着云计算、大数据、物联网、移动互联网等技术的发展，系统边界日益模糊。根据网络安全形势、特点的转变，《中华人民共和国网络安全法》提出“实行网络安全等级保护制度”，明确了网络安全等级保护制度的基本要求，这标志着信息安全保护制度进入了一个新的阶段。

4. 了解国家标准的强制性要求

强制性标准是在一定范围内通过法律、行政法规等强制性手段加以实施的标准，具有法律属性，强制性标准可分为全文强制和条文强制两种形式。国家网络安全标准，为指导性标准，全国信息安全标准化技术委员会按照《中华人民共和国网络安全法》的要求和网络安全工作需要，从维护国家安全、用户利益出发，对网络产品、服务制定强制性国家网络安全标准。

5. 讨论、思考并回答以下问题

（1）校园网属于安全等级保护的哪一级？

（2）怎么理解等级保护的强制性要求？

（3）在信息系统等级保护工作中，我们应该做什么？

说一说：如何理解从信息安全等级保护到网络安全等级保护的转变？

考核评价

本章可根据教学的组织情况，进行合作学习和知识、技能考核，任务活动评价包括自评、互评和教师点评，最终形成个人和学习小组任务完成情况总体评价。合作学习考核内容参见第一章，知识、技能考核的具体内容和要求如下。

（1）对网络安全现状的了解。能清楚描述网络信息存在的安全问题，理解恶意代码的危害和发展趋势。

（2）对信息安全内容的了解。能清楚描述信息安全的五种特性，了解信息安全涉及的内容和控制层次。

（3）对信息安全法律、法规的理解。能清楚描述信息安全保护的法律、法规和法律责任，了解中国信息安全保护法律规范体系，对应用法律保障信息安全有全面认识。

（4）对黑客行为的认识。能清楚描述黑客行为的危害性和违法性，了解法律对黑客行为的限制。

（5）对网络攻击的认识。能清楚描述网络攻击的一般过程，了解网络攻击常用的工具和方法。

（6）防范恶意攻击的能力。了解防范恶意攻击的基本方法，能发现攻击行为，具备阻断网络攻击的基本能力。

（7）对信息系统安全等级保护的理解。能清楚描述安全等级保护的划分标准，了解不同系统安全问题的危害后果，明白自己面对的信息系统对应的保护等级和所要采取的保护方法。

习题

1．选择题

（1）计算机网络系统的管理日趋______。

A．简单化　　B．复杂化　　C．程序化　　D．规范化

（2）危害网络安全的表现形式有______。

A．自然灾害　　B．人为破坏　　C．病毒侵袭　　D．以上都是

（3）网络安全主要涉及______。

A．信息存储安全　　B．信息传输安全　　C．信息应用安全　　D．以上都是

（4）网络安全涉及技术问题，也涉及______问题。

A．管理　　B．程序　　C．应用　　D．灾害

（5）我国颁布的第一个计算机安全法规是______。

A．《中华人民共和国刑法》

B．《中华人民共和国电信条例》

C．《中华人民共和国计算机信息网络国际联网管理暂行规定》

D．《中华人民共和国计算机信息系统安全保护条例》

（6）黑客行为是______。

A．恶作剧行为　　B．“善意”探测行为

C．违法犯罪行为　　D．以上都不对

（7）口令长度很重要是因为______。

A．长口令不可能破解　　B．长口令难于破解

C．Windows 需要长口令　　D．长口令能够防止口令破解程序工作

（8）实施网络监听______。

A．没有条件限制　B．有条件限制　C．信源监听容易　D．信宿监听容易

（9）从严格意义上讲扫描器是______。

A．网络攻击工具　B．网络管理工具　C．黑客工具　D．远程管理工具

（10）安全删除信息只能采取______。

A．替代法　B．工具法　C．覆盖法　D．物理删除法

2．判断题

（1）信息安全是一项长期且复杂的社会系统工程。（ ）

（2）信息安全是一门涉及多种学科的综合性学科。（ ）

（3）社会规范是调整人与人之间社会关系的行为规则。（ ）

（4）犯罪必定违法，违法不一定犯罪。（ ）

（5）社会危害性是犯罪最本质、最具有决定意义的特征。（ ）

（6）黑客行为具有严重的危害性。（ ）

（7）个人用户也要防范黑客入侵。（ ）

（8）黑客是对计算机信息系统进行非授权访问的人员。（ ）

（9）对非法入侵行为各国的法律都予以惩治。（ ）

（10）网络监听是一种主动的网络攻击方式。（ ）

（11）扫描器可以直接攻击网络。（ ）

（12）IP 地址与计算机的物理地址可以无关。（ ）

（13）监听的目的是获取通信的信息，所以只能在信源实施监听。（ ）

3．操作题

（1）利用已掌握的网络安全知识，简单分析自己使用的网络可能出现的安全问题，提出需要防护的基本内容、必须采取的措施和使用的防护产品。

（2）根据房屋防盗经验，分析网络安全防护的特殊性。

（3）对于给定系统提出等级安全保护策略。

第八章　人工智能初步

随着近年来计算机硬件水平的提升，互联网、大数据、云计算等新一代信息技术正在加速迭代演进，互联网的信息量呈现爆炸性增长，人工智能迎来第三次高速发展。在技术突破和应用需求的双重驱动下，人工智能与众多领域的融合不断深入，涌现出一系列的新技术、新业态、新模式。

项目 1　初识人工智能

人工智能从诞生以来，理论和技术日益成熟，应用领域也不断扩大。可以设想，未来人工智能带来的科技产品，将会高度集中人类的智慧。人工智能就是对人的意识、思维的信息过程的模拟。

项目目标

- 了解人工智能的发展和应用。
- 了解人工智能的基本技术原理。

任务 1　了解人工智能的发展和应用

了解人工智能的发展和应用不但有助于了解智能的实质，同时也能加深对机器人、语言识别、图像识别等领域研究的认知。

任务说明

现代社会人工智能应用无处不在，人们或多或少都在直接或间接受益于人工智能技术，然而，到底什么是人工智能？人工智能将会怎样改变人们的工作和生活状态？这一系列问题恐怕大多数人都说不清楚。本任务将从人工智能的基本概念开始，逐步讲解人工智能的发展和应用，帮助读者全面、深入认识人工智能。

任务活动

1. 了解人工智能概念

人工智能（Artificial Intelligence）的英文缩写为 AI，它是研究、开发用于模拟、延伸和扩展人的智能的理论、方法、技术及应用系统的一门新的技术科学。

1）狭义人工智能

狭义人工智能是指 AI 专注于某项特定任务。狭义人工智能应用早已出现在人们身边，并取得了令人瞩目的成就，如会下围棋的阿尔法狗（AlahaGo）。在生活中也有很多人工智能应用的例子，如自动驾驶汽车、机器翻译、扫地机器人等。

早期定义的人工智能就是与人类思考方式相似的计算机程序，让程序遵循逻辑学的基本规律进行推理、运算和归纳，进而推导出未知事实。随着计算机技术的不断发展，人工智能逐渐演变为和人类行为相似的计算机程序。从实用的角度看，只要能完成与人类相似的工作，这个机器设备就具有了人工智能。有人认为，人工智能就是机器可以完成人们不认为机器能胜任的事。

2）广义人工智能

广义人工智能是指是对人类思维的信息过程的模拟。因此，人工智能带有自学习功能，能够通过学习新知识、新技能，提升完成任务的能力。所以就有了“无学习，不AI”的说法。

随着人工智能技术的进步，出现了多功能的AI智能体，可以兼顾多种角色为人类服务，既能充当棋手与人对弈，也有良好的驾驶经验提供代驾服务。

利用人工智能体完成多种任务是AI研究的热点和发展方向，最近谷歌研究人员尝试训练了一个深度规划网络（PlaNet）智能体，以便完成没有提前规划的任务。

2. 了解人工智能发展历程

1950年，艾伦·图灵出版了《机器人与智能》一书，图灵大胆预言了真正具备智能机器的可能性。6年之后，美国科学家约翰·麦肯锡提出“人工智能”一词。后来，这被人们看作是人工智能正式诞生的标志。

经过半个多世纪的迂回曲折，近年来，人工智能发展进入“快车道”，正由弱人工智能向强人工智能迈进。美国科学家雷·库兹尔预言：2045年将是人工智能超越人类智慧的“奇点”。人工智能发展阶段与标志性事件如表8-1所示，人工智能的发展历史充满反复，不是一个简单的起伏过程。

表8-1 人工智能的发展历程

时期	事件
孕育期	1956年夏天，美国达特茅斯学院举行了历史上第一次人工智能研讨会，这被认为是人工智能诞生的标志。这次会议首次提出了“人工智能”的概念
发展期	20世纪50年代后期到60年代，人工智能研究在机器定理证明、机器翻译等方向取得了重要进展，计算机跳棋程序也战胜了人类选手
低谷期	在1987～1993年，人工智能被认为并非是重要技术发展方向，因此人工智能的拨款受到了限制。失去资金支持后，人工智能进入低谷期。主要原因是计算机证明数学定理的能力十分有限，计算机翻译的文字颠三倒四
复苏期	从20世纪90年代开始，互联网推动人工智能不断地创新和发展。机器学习、人工神经网络等技术开始兴起
爆发期	2006年，加拿大多伦多大学Hinton教授提出深度学习方法。2012年，Hinton团队在图片分享竞赛ImageNet上，依靠深度学习技术以巨大优势取得第一名 从此，深度学习技术被广泛应用到计算机视觉、自然语言处理等领域，人工智能进入爆发期

3. 了解人工智能应用

时至今日，人工智能的发展和应用日新月异，AI已走出实验室，离开棋盘，已通过智能客服、智能医生、智能家电等服务场景在诸多行业进行深入而广泛的应用。可以说，AI正在全面进入人们日常工作生活的各个领域。

1）在线搜索

当用户使用搜索引擎搜索时，搜索引擎都会关注用户的搜索关键字和对搜索呈现结果的响应方式，然后“猜测”用户的喜好和需求。在用户每一次键入关键字，单击搜索按钮查看结果的过程中，带有用户搜索行为模式的信息碎片，不断重复和聚集，流向超大规模的服务器，经计算、拼接形成用户搜索行为的完整画像，越来越多的数据意味着拼图越来越完整，搜索引擎的服务越来越接近用户的需要。对于普通用户来说，仅仅感觉到搜索引擎越来越好用，搜索结果越来越准确了。

2）消息推送

AI利用自然语言处理和机器视觉分析用户在社交媒体浏览、活动轨迹，如用户行为和产生的内容，包括发帖、评论、转发、点赞等所有一切，感知用户有兴趣的内容，有选择推送相关信息。同时，不断改进推送内容，以更好地迎合用户喜好。目前，手机的很多 App 都在利用机器学习功能给用户推送相关消息。

3）实时翻译

有了实时翻译工具，对有些人来说就不用花很多时间去学习一门外语。使用语言翻译机器，商务沟通和出国旅游也能解决语言问题。现在语言翻译机器的使用范围和精准度越来越高。

4）AI 虚拟世界

基于 AI 的 VR 和 AR 技术，在提供沉浸式体验的基础上，强化了体验的真实性和趣味性。在增加了 AI 的虚拟游戏中，游戏玩家可以自己设置场景，AI 按照需求调整互动，使游戏开放各种可能进程，而不是提供唯一的进程目标，这样玩家就可以选择与真实相近的交互，得到更接近真实的体验。

5）AI 教育

人工智能用于教育的最佳结果，是收集教学互动过程的信息制定最佳的教学方案，为受教者提供个性化教育服务。AI 辅助学习和定制教学方案，能真正达到因材施教，由于 AI 反馈的个人学习进度不一样，学习方案、进度等必将是个性化的。

6）AI 医疗

AI 医疗系统配备的机器学习算法，可以根据人体的各种参数，了解复杂的人体健康状况，提出可行的医疗建议。未来用于医疗的 AI 系统，完全可以成为人们的私人医生，它会根据人们的生理指标制定健康生活计划，如果指示生病，AI 会根据病史、使用药物和治疗效果情况，制定出就医、诊治计划。在越来越多的专项诊断案例中，AI 的诊断准确率已经超过了人类医生专家团队。

7）AI 交通

现在，自动驾驶的智能汽车已经开始上路测试，智能交通的大格局也在慢慢形成。智能汽车不仅融入物联网，还会感知汽车主人的状况和周围环境，然后自动调整内部设置、把控行驶状态。融入 AI 环境的汽车，会测算最佳行驶路线，选择通行道路。

基于 AI 的交通控制，可以根据交通状况控制几百辆车的启动、行驶和加速，在没有交通控制灯的情况下，保证最佳的道路通行状态。

8）AI 家居

利用自动感知和生物识别技术，感知、确认身份，然后提供自动开门、开灯、调节环境温度等服务，让人们生活在舒适、温馨、自动化的环境中。

家居智能设备不仅仅包含 Wi-Fi 和传感器，还需要有人工智能深度学习模型支持的感知和交互。一般的扫地机器人，使用随机算法控制行进路线，理论上时间足够长就可以走完整个房间，由于家具切割原因，清扫区域很难达到全面覆盖，既浪费时间清洁效果也不好。如果增加路线规划算法，扫地机器人会规划打扫路线，保证至少把房间全面清扫一遍。

4. 讨论、思考并回答以下问题

（1）你见到的人工智能应用有哪些？

（2）你如何理解人工智能？

（3）从人工智能的应用现状能够有哪些启示？

说一说：人工智能应用对生活和学习的改变。

任务 2 了解人工智能的基本技术原理

人工智能与计算机科学技术密切相关，还涉及信息论、控制论、自动化、仿生学、生物学、心理学、数理逻辑、语言学、医学和哲学等多门学科。由于人工智能是对人的思维、行为进行模拟，所以研究内容包括知识表示、自动推理和搜索方法、机器学习和知识获取、知识处理系统、自然语言理解、计算机视觉、智能机器人、自动程序设计等多个方面。

任务说明

由于人工智能涉及学科多，研究范围广，所以要想理解人工智能的基本原理有一定难度。这里仅从人工智能的研究方法和目标入手，帮助读者了解人工智能技术，了解基于人工智能的各种机器的基本工作原理。

任务活动

1. 了解人工智能研究方法

人工智能的目标就是利用计算机模仿和执行人脑的功能，并开发出相关技术产品，建立有关理论。目前，人工智能研究方法主要分为3类。

1）结构模拟，神经计算

根据人脑的生理结构和工作机理，实现人工智能。结构模拟法是基于人脑模型，采用数值计算的方法，从微观上模拟人脑，实现机器智能。运用神经网络和神经计算方法研究人工智能属于生理学派、连接主义。

2）功能模拟，符号推演

对人脑从功能上模拟，实现人工智能。功能模拟法就是以人脑为模型，将问题或知识表示成某种逻辑网络，采用符号推演的方法，实现搜索、推理、学习等功能，从宏观上模拟人脑，实现机器智能。以功能模拟和符号推演研究人工智能属于心理学派、逻辑学派、符号主义。

3）行为模拟，控制进化

模拟人在控制过程中的智能活动和行为特性，实现人工智能。以行为模拟方法研究人工智能属于控制论学派、行为主义、进化主义。

2. 了解人工智能研究的目标

关于人工智能研究的终极目标，目前没有统一说法，但就研究方向和成果看，可以归结为以下几个目标。

1）理解人类的认识

尽量深入了解人的记忆、问题求解能力和学习、决策能力，进而探究人类思维过程，该类研究不以机器转化为目标。

2）有效的自动化

研究目标是用机器代替人类完成各项工作，成果是自动化工作机器。使用机器完成工作的结果，要优于或等价于人类从事该项工作的效果。

3）有效的智能拓展

研究目标是用机器对人类的工作思维进行补充，是有助于人类思维更有成效、更深刻、更清晰的方法或策略。

4）超人的智力

研究目标是构建超过人类的功能性程序，形成创新、突破，达到人类目前难以达到的新高度。

5）通用问题求解

研究目标是让机器解决或尝试解决一定范围的一系列问题，甚至是未知的问题。

6）机器学习

研究目标是让机器不断收集、整理数据，形成观念、方法、启发性知识，并以此为基础进行推理。

3. 了解人工智能的类型

1）强弱人工智能

根据对人工智能的理解和发展判断，出现了强、弱人工智能两种观点。

强人工智能观点认为有可能制造出真正能推理和解决问题的智能机器，这样的机器被认为有知觉、有自我意识。强人工智有两类：类人的人工智能，即机器的思考和推理就像人的思维一样；非类人的人工智能，即机器产生了和人完全不一样的知觉和意识，使用和人完全不一样的推理方式。

弱人工智能观点认为不可能制造出能真正地推理和解决问题的智能机器，机器只不过看起来像是智能的，但并不真正拥有智能，也不会有自主意识。

目前的人工智能研究，主要集中在弱人工智能方向，并认为已经取得可观的成就。强人工智能的研究处于停滞状态。

2）人工智能的 3 个层面

人工智能的发展和应用，主要集中在基础资源、技术和应用 3 个层面。

基础资源：主要是指计算平台和数据中心，属于计算智能。

人工智能技术：是通过机器学习建模，开发面向不同领域的算法和技术，包含感知智能和认知智能。

人工智能应用：是利用技术实现人工智能在不同场景下的应用。

4. 了解常见的人工智能技术

1）机器学习自动化分析建模

使用神经网络、统计、数学和物理学方法，发现数据中隐藏的模型。使用自动化方式建模，可以减少创建海量机器学习模型、使用大量算法、配置不同参数的麻烦。

2）深度学习

使用多层处理单元的巨大神经网络，借助于强大计算能力和改进的训练技术，学习大量数据中的复杂模式，然后构建对具体问题的认知，并逐渐提高认知能力。

3）认知计算

借助人工智能的认知、计算功能，让机器获得理解图像和语音的能力，模拟人类交流过程，从而实现与人类的自然对话。当然，这也是在神经网络和深度学习的基础上，应用自然语言处理、视觉和人机交互等多种技术构建的模拟人类思维过程的系统。

5. 讨论、思考并回答以下问题

（1）人工智能技术的基本原理是什么？

（2）为什么会有人工智能强弱的观点？

（3）深度学习和神经网络之间有什么关系？

说一说：深度学习对自动化系统的影响。

项目 2　了解机器人

机器人先后经历了从“遥控操作器”到“程序执行器”，再到“智能机器人”三代演进，目前使用的机器人是综合了多学科发展成果形成的典型产品。应用于各领域的机器人，在人类生产、生活中发挥着越来越重要的作用。

项目目标

- 了解机器人的基本技术。

➢ 了解机器人的应用。

任务 1　了解机器人的基本技术

机器人是一种能够半自主或全自主工作的智能机器，具有感知、决策、执行等基本特征，可以辅助甚至替代人类完成危险、繁重、复杂的工作，提高工作效率与工作质量，服务人类生活，扩大或延伸人的活动及能力范围。

任务说明

随着人们对机器人技术和智能化本质认识的加深，机器人技术开始源源不断地向人类活动的各个领域渗透。本任务仅介绍机器人技术的基础知识，帮助读者认识机器人技术。

任务活动

1. 了解机器人技术

国际标准化组织认为机器人是一种能够通过编程和自动控制来执行诸如作业或移动等任务的机器。

中国科学家把机器人定义为：是一种具备一些与人或生物相似的智能能力，如感知能力、规划能力、动作能力和协同能力的具有高度灵活性的自动化机器。

以技术视角看，机器人系统包括信息感知、机械机构、智能控制等，如图 8-1 所示。

1）信息感知

机器人具体的动作行为与外部运行环境密切相关，机器人对外部环境感知是通过传感器接收外部信息，并进行分析处理。机器人感知系统包括内部传感器、外部传感器两类，如图 8-2 所示。内部传感器主要负责对自身状态进行检测，作为控制正常运动、动作的基本参数；外部传感器负责感知外部环境，形成环境参数，两种数据最终确定机器人行为动作。

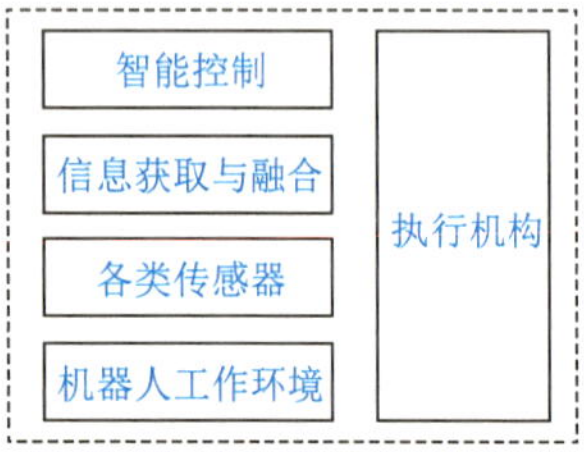

图 8-1　机器人系统

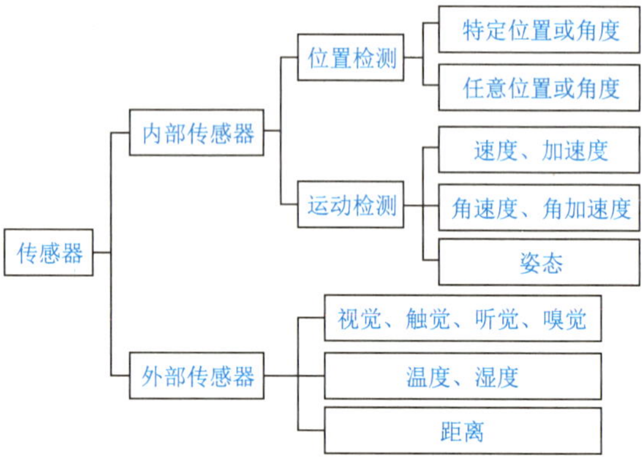

图 8-2　机器人传感器种类

2）机械结构

机械结构主要包括运动机构、执行机构两部分，用于完成机器人的运动、行为具体动作。

用于不同环境的机器人，有不同的运动机构，陆地机器人主要包括轮式、履带、足式 3 类，如图 8-3 所示。轮式机器人主要基于驱动轮技术，电机带动滚轮实现机器人移动，具有大承载、轻自重、简单结构、简化驱动控制、较快工作效率与行走速度等特点。履带式机器人则具备较大的移动地面接触面积，较小的接地面压强，较大的附着力，较强的避障能力等特点，被广泛应用于侦查作战等领域。足式机器人可以模仿人类行走，对于复杂地形也比较适用，缺点是行进速度较低，结构重心不稳易发生侧翻。

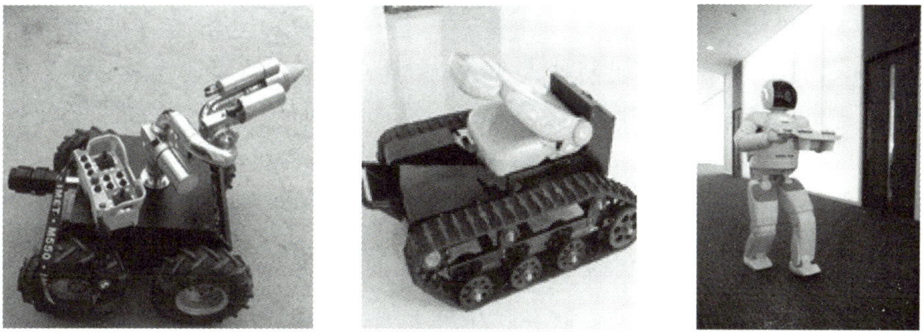

（a） （b） （c）

图 8-3 轮式、履带、足式机器人

机器人完成的任务不同，需要的执行机构不同。仿人手机械臂，要实现人手的功能，控制指令较为复杂，且需要设定多个自由度。所以，多自由度机械臂通常包括垂直臂、水平臂、底座、抓手等，可以实现特定空间内的复杂动作。机器人通过轴运动，实现旋转关节，多方向联动实现两个及以上转动。

3）智能控制

智能控制是根据感知信息发出的具体作业指令，协调驱动和执行机构完成相应任务。控制方式有全自动、半自动两种，半自动机器人可通过人机接口，人为设置控制参数。全自动是由机器人感知具体环境、根据预置程序完成工作任务。高智能机器人的控制系统，包括任务、动作、伺服、轨迹等多种控制层次，经分解控制指令实现机器人控制。伺服控制各关节运动，包括动力学、柔顺、姿位、运动学等内容。机器人想要实现作业运动，一般需要多部件共同协调，因此算法控制优劣会对机器人性能产生直接影响。

2. 讨论、思考并回答以下问题

（1）智能机器人与工业机器人的区别是什么？

（2）为什么把某些机械设备称为机器人？

（3）机器人应该具备哪些人类感官？

说一说：扫地机器人是如何工作的。

任务 2 了解机器人的应用

21 世纪被信息技术专家誉为智能机器人的时代，机器人在各行各业将得到更加广泛的应用，服务领域会涉及农业、工业、服务业、医疗和军事等，机器人技术也将代表一个国家的高科技发展水平。

任务说明

机器人并不需要具有人类或近似人类的外形，只需要能够像人一样完成各项工作。本任务仅介绍现在应用中的各种机器人，帮助读者了解机器人为人类服务的内容，全面认识机器人。

任务活动

1. 了解机器人

机器人技术随着人工智能等专项技术的发展而不断进步，机器人应用正深度融入人们的日常工作和生活，目前主要有用于工业生产的工业机器人，用于危险和未知环境的探索机器人，服务于人类的服务机器人。

1）工业机器人

最初出现在生产环境的工业机器人仅仅是机械手，后来逐渐发展成为可完成复杂交互的智能型工业机器人。尽管目前仍然常见机械手机器人应用于生产线、展台中，但是其智能化程度已经可以成功解决过去的技术弊端。工业机器人在汽车制造业、食品工业、电子行业等技术领域广泛运用，在很大程度上提升了技术生产质量，同时也提高了生产效率，进而获得更好的经济、社会效益。

搬运机器人：此类机器人是为了提升生产自动化程度和生产效率，保证生产线高效运作的机器设备。一般运用在工业搬运中的机器人是四轴、六轴机器人，六轴机器人通常用于转动作业环境，四轴机器人运动轨迹接近直线，但速度优势更加明显。

移动式工业机器人：制造大尺寸工件传统机器人无法胜任，主要是因为尺寸大的工件重量也较大，移动工件较为困难，只有移动机器人才能完成加工工作。移动式工业机器人一般有龙门式、地轨式两类。由于轨道结构会占用较大工作空间，厂房的投入及维护成本相应增加，但作为一类可行技术解决方法，仍然在大尺寸产品加工环境广泛应用。

2）探索机器人

机器人除了广泛应用于工业、农业等领域，也在恶劣、危险工作环境中执行探索任务，目前常见的有自主、半自主、遥控 3 种机器人。

水下机器人：替代人在水下执行探索任务，该类机器人主要包括传感、控制、导航、推进、通信等系统。水下机器人根据水中运动情况，可以分为浮游式、步行式、移动式 3 类。使用最多的是浮游式水下机器人，该类机器人机动性较大。

空间机器人：应用于太空试验、探测等工作环境，如清除空间碎片、舱外维护等。随着我国空间技术不断发展，会有越来越多的空间机器人面世。

3）服务机器人

作为能够全自动、半自动完成服务指令的机器人，为人类的生活提供多方面的高效服务。用于家庭服务的机器人，能够为人们提供教育、娱乐、管家、安全、定制等多项服务。具有不同服务功能的机器人，适用于相应服务环境。医疗机器人主要包括手术、辅助、康复 3 类，用于医疗的机器人定位精准、操作灵巧，不但能够帮助临床手术操作，辅助患者生活、游戏等日常活动，还可以根据患者生理状态，预先设定个性化康复参数，科学引导患者进行运动，从而加速康复。

2. 讨论、思考并回答以下问题

（1）常见的工业机器人有哪些？

（2）在危险环境应用机器人的优点有哪些？

（3）服务机器人主要从事的工作有哪些？

说一说：在家庭中使用了哪些机器人？有什么感受？

考核评价

本章可根据教学的组织情况，进行合作学习和知识、技能考核，任务活动评价包括自评、互评和教师点评，最终形成个人和学习小组任务完成情况总体评价。合作学习考核内容参见第一章，知识、技能考核的具体内容和要求如下。

（1）对人工智能的了解。能清楚描述人工智能的概念、发展历程，理解人工智能技术对人类社会的帮助作用。

（2）对人工智能基本内容的了解。能清楚描述人工智能的机器感知、思维、学习及行为。

（3）对人工智能应用领域的理解。能清楚描述人工智能的应用领域和未来发展方向。

（4）对机器人的理解。了解机器人的基本特征、使用原则。

习题

1. 选择题

（1）AI 的英文缩写是______。

A．Automatic Intelligence　　B．Artifical Intelligence

C．Automatic Information　　D．Artifical Information

（2）人工智能最早由______于 1950 年提出，并且同时提出一个机器智能的测试模型。

A．明斯基　　B．扎德　　C．图灵　　D．冯·诺依曼

（3）人工智能的目的是让机器能够______，以实现某些脑力劳动的机械化。

A．具有智能　　B．与人一样工作

C．完全代替人的大脑　　D．模拟、延伸与扩展人的智能

（4）关于人工智能叙述不正确的是______。

A．人工智能技术与其他学科相结合极大地提高了应用技术的智能化

B．人工智能是科学技术发展的趋势

C．因为人工智能的系统研究是从 20 世纪五十年代开始的，非常新，所以十分重要

D．人工智能有力地促进了社会的发展

（5）当代机器人主要源于以下两个分支______。

A．计算机与数控机床　　B．遥操作机与数控机床

C．遥操作机与计算机　　D．计算机与人工智能

（6）Robot 一词的来源是______。

A．美国　　B．日本

C．捷克　　D．英国

（7）当代机器人大军中最主要的机器人为______。

A．工业机器人　　B．军用机器人

C．服务机器人　　D．特种机器人

（8）下列哪种机器人不是军用机器人______。

A．“红隼”无人机　　B．美国的“大狗”机器人

C．索尼公司的 AIBO 机器狗　　D．“土拨鼠”

（9）工业机器人运动自由度数，一般______。

A．小于 2 个　　B．小于 3 个

C．小于 6 个　　D．大于 6 个

2. 判断题

（1）人工智能的近期目标是实现机器智能。（ ）

（2）人工智能语言只有 Prolog 语言。（ ）

（3）人工智能研究的对象是数据库。（ ）

（4）只有人型的机器人才能被称为“机器人”。（ ）

（5）机器人一定会有“脑”。（ ）

（6）机器人之间不能通信。（ ）

（7）U 盘具有容量大、读写速度快、体积小、携带方便等特点。（ ）

（8）机器人一般采用锂电池作为能源。（ ）

（9）工业机器人末端操作器是手部。（ ）

（10）机器人的自由度数目就是机器人本体上所具有的转轴数目。（ ）

（11）工业机器人最早出现在日本。（ ）

（12）和人长得很像的机器才能称为机器人。（ ）

3. 分析题

为什么机器人会踢足球？试分析机器人要会踢足球必须具备哪些能力。

附录A　计算机与移动终端维护

计算机与移动终端维护是信息社会要求人们必须掌握的基本技能之一，熟练掌握计算机与移动终端的维护方法，既可以满足计算机和移动终端使用过程中的维护需要，也能为提高计算机和移动终端的应用技能、强化职业本领打下坚实的基础。

1. 训练目的

熟悉计算机和移动终端的硬件、软件系统，能够自己动手连接、维护计算机和移动终端。

2. 技能要求

掌握计算机、移动终端组件选配的基本原则，能配置计算机、移动终端和常用外围设备。

熟练掌握操作系统、实用软件的安装方法，能使用备份工具备份系统。

熟练连接计算机、移动终端和常用外围设备。

能够处理计算机、移动终端等设备的常见故障。

3. 训练内容

（1）考察市场，撰写调查报告。

（2）连接计算机、移动终端及外设。

（3）安装操作系统——Windows 7、安装实用软件。

（4）安装、使用系统工具对系统进行维护。

（5）使用系统备份工具备份系统。

4. 训练时间

利用1～2天的时间，到科技市场等IT行业聚集地实地考察市场、了解设备价格、了解产品型号、观摩设备维护过程。

教师演示维护计算机、移动终端的操作过程，并详细讲解操作过程中的注意事项。　2学时

学生在教师的指导下动手连接和维护计算机、移动终端硬件。　4学时

安装系统系统软件、查杀毒软件和各种实用软件。　2学时

设备故障诊断与排除。　2学时

5. 评价标准

（1）市场调查情况报告。　20分

（2）计算机、移动终端与外设连接。　15分

（3）安装操作系统、实用软件。　20分

（4）使用工具测评系统性能。　10分

（5）备份系统和数据。　15分

（6）设备故障检查与排除。　20分

附录 B　组建家庭局域网

在很多家庭中，同时拥有计算机、笔记本、平板电脑、智能手机等多种设备，组建家庭局域网共享家庭宽带上网，成了很常见的上网方式。组建家庭局域网，包括规划家庭局域网建设目标、网络设备选购、安装与调试等任务。

1. 训练目的

掌握小型网络设计、搭建的方法。

了解家庭局域网网络设备选择的策略和方法。

掌握正确连接家庭局域网网络设备的方法。

学会调试家庭局域网网络设备。

2. 训练内容

（1）规划网络建设目标。

（2）选购网络所需设备。

（3）连接网络硬件设备。

（4）进行网络系统调试。

3. 技能要求

（1）会根据需求绘制网络结构图，制定网络搭建规划。

（2）能够参照图 B-1 安装调试网络设备。

（3）会配置网络功能服务，设置实现资料共享环境。

（4）会测试网络性能，检查、发现、排除故障。

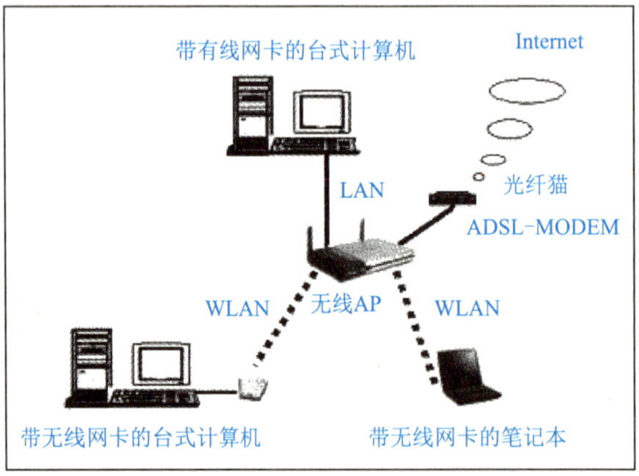

图 B-1　网络连接示意

4. 训练时间

（1）教师讲解网络设备的作用、网络建设目标、网络规划、可用性、可扩充性等基本知识。　2 学时

（2）学生分组讨论，确定家庭网络的任务需求，制定家庭网络建设目标，选购设备，绘制网络结构图策略。　2 学时

（3）网络设备的安装与调试。 1 学时

（4）设置资源共享。 1 学时

5. 评价标准

（1）网络需求描述。 10 分

（2）网络建设规划，网络结构图。 20 分

（3）网络建设可用性、可扩充性方面的考虑。 10 分

（4）网络设备选购的策略及设备清单。 10 分

（5）网络连接。 15 分

（6）网络设备调试。 25 分

（7）验收报告。 10 分

附录 C　制作宣传手册

宣传手册包括封面、封底及相关宣传内容。封面是宣传手册的首页，是设计者运用视觉元素强化宣传效果的第一环境，可以是按照一定规则组合的文字、图案。因此，封面设计不仅涉及多种元素的运用，还涉及图形对象不同的表现手法和技巧的运用。

1. 实训目的

（1）掌握页面的整体规划和设计方法。

（2）掌握绘制和排列图形的基本技巧。

（3）熟练应用图形对象、艺术文字强化效果。

2. 实训内容

（1）规划宣传手册的版面。

（2）获取、处理相关素材。

（3）制作宣传手册的封面、封底及相关内容。

3. 技能要求

（1）会根据宣传手册的主题，构思封面和封底的版面结构，并能根据需要搜集有关的文字和图片素材。

（2）掌握利用绘图工具给图片着色、添加必要的效果的方法。

（3）能够参照样例制作出相应的产品宣传手册。

宣传手册的封面、封底及相关内容样例如图 C-1 所示。

（a）封面　　　　（b）正文 1

图 C-1　宣传手册的封面、封底及相关内容样例

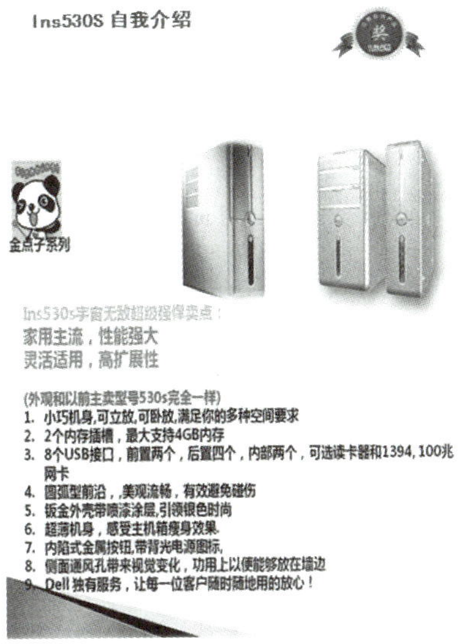

（b）正文 2

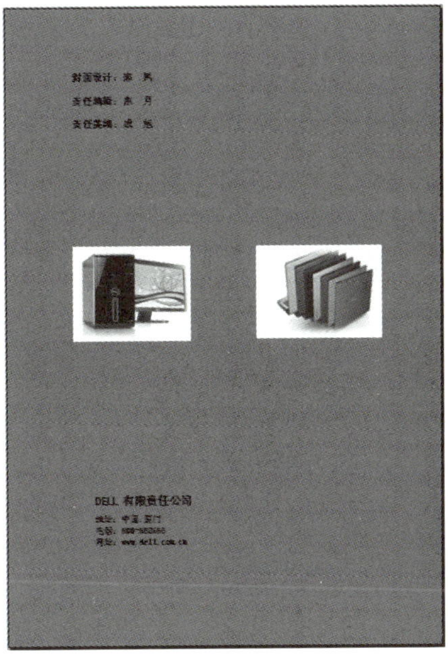

（c）封底

图 C-1　宣传手册的封面、封底及相关内容样例（续）

4. 训练时间

（1）教师讲解版面设计、色彩应用等基本知识。	2 学时
（2）学生分组讨论确定宣传主题，收集素材。	2 学时
（3）构思宣传手册版面结构。	1 学时
（4）上机制作宣传手册。	3 学时

5. 评价标准

（1）封面的版面设计合理，图文比例、位置恰当。	20 分
（2）文字和图片素材与主题的关联密切，内容丰富。	15 分
（3）图片处理恰当，视觉效果突出。	15 分
（4）宣传手册的内涵丰富。	20 分
（5）操作熟练，能按时完成任务。	15 分
（6）有团队精神、协作意识。	15 分

附录 D 制作演示文稿

演示文稿是办公环境中常用的重要工具，它能将文字、图形、图像、声音及视频剪辑等多媒体元素集于一体，形成形象、直观的展示内容。因此，熟练制作演示文稿是职业学校学生必须掌握的基本技能。

1. 实训目的

（1）掌握制作多媒体演示文稿的正确方法。

（2）熟练制作满足工作需要的演示文稿。

2. 训练内容

（1）素材收集、加工。

（2）制作演示文稿。

（3）讨论并评价演示文稿。

3. 技能要求

（1）会根据业务需求编写演示文稿制作纲要。

（2）能依据制作纲要组织演示文稿文字内容，采选、加工数字媒体素材，选择合适的制作工具和模板，制作如图 D-1 所示的演示文稿。

（3）会运用相应的插件工具进行演示文稿的美化和特效处理。

（4）会进行演示文稿的路演排练，并生成可独立播放的文件。

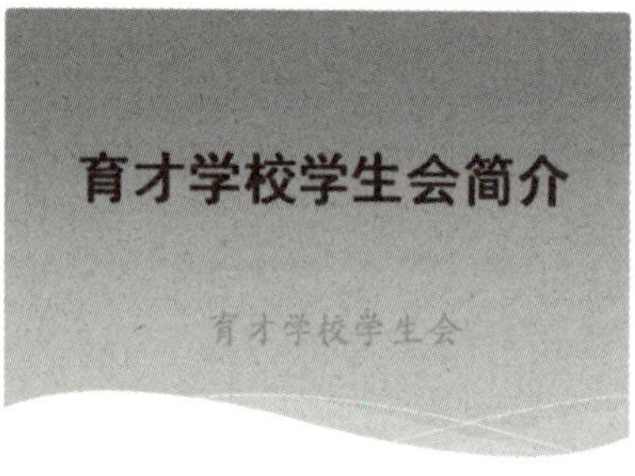

（a）第 1 张幻灯片

（b）第 2 张幻灯片

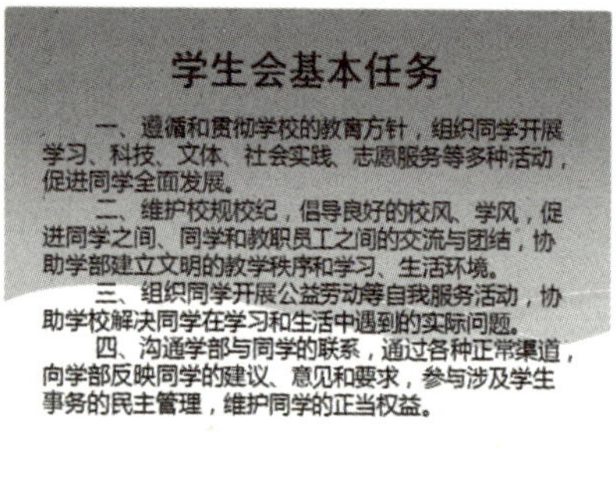

（c）第 3 张幻灯片

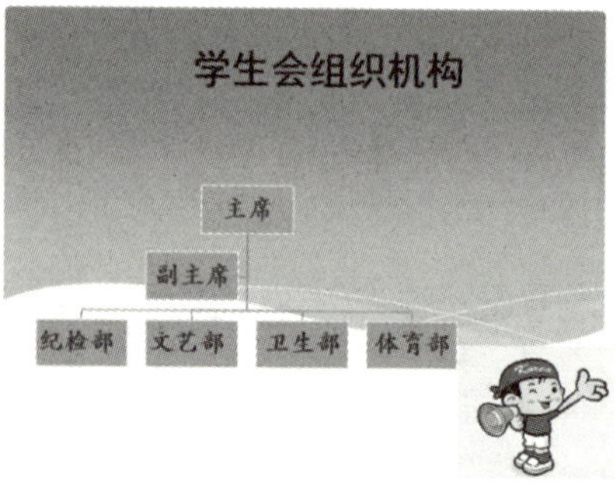

（d）第 4 张幻灯片

图 D-1 演示文稿样例

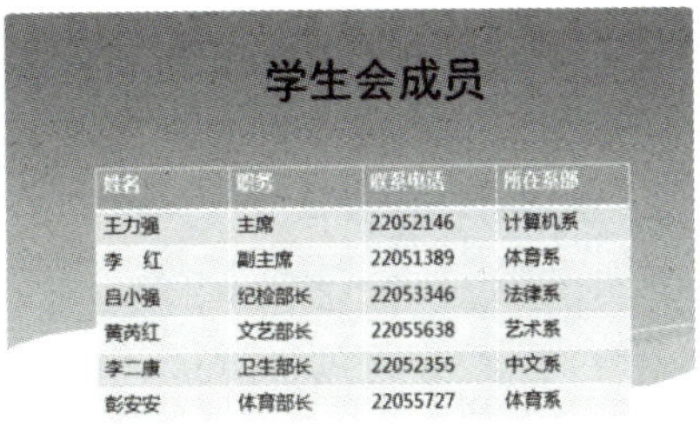

（e）第 5 张幻灯片

（f）第 6 张幻灯片

图 D-1　演示文稿样例（续）

制作要求：

演示文稿命名为“育才学校学生会简介”，包含 6 张幻灯片。

演示文稿的主题为“波形”。每张幻灯片中按先标题、后标题下的文本、再图片的顺序显示。

在第 1 张幻灯片中，标题“育才学校学生会简介”使用“形状”的动画效果出现在屏幕上，“育才学校学生会”使用自左侧“飞入”的动画效果自动出现在屏幕上。

第 2 张幻灯片中，标题“目录”使用“菱形”的动画效果自动出现在屏幕上，图片使用“缩放”的动画效果自动出现在屏幕上。对“一、学生会基本任务”设置超级链接，指向本文档中的第 3 页。对“二、学生会组织机构”设置超级链接，指向本文档中的第 4 页。对“三、学生会成员”设置超级链接，指向本文档中的第 5 页。

第 3 张至第 5 张幻灯片中，标题使用“棋盘”的动画效果；文本框内的内容使用“向内溶解”的动画效果；图片使用“百叶窗”的动画效果。

第 6 张幻灯片文本“欢迎新同学加入学生会！”使用“弹跳”的动画效果，并且给它添加“闪烁”的动画效果。

第 1 张幻灯片和第 6 张幻灯片采用“闪光”切换方式，第 2 张至第 5 张幻灯片使用“圆形”的切换方式，速度设为“中速”。

为演示文稿添加背景音乐。

根据自己的需要更改演示文稿的图片、版式及主题。

4. 训练时间

（1）选主题，收集素材。　2 学时

（2）制作并编辑演示文稿。　4 学时

（3）分组讨论并评价演示文稿。　2 学时

5. 评价标准

（1）素材符合要求。　20 分

（2）制作的演示文稿设计合理、顺序符合逻辑。　20 分

（3）背景、图片、文字与标题吻合，表现效果好。　20 分

（4）颜色、风格搭配恰当，动画效果表现力强。　20 分

（5）演示文稿能给人留下较深印象。　10 分

附录 E　数字媒体创意

随着时代的进步、电子技术的不断提升，通过计算机存储、处理和传播的数字媒体具有无与伦比的优越性，利用数字媒体技术创造的数字媒体作品也越来越受到人们的关注和喜爱。

1. 实训目的

（1）能够根据业务需求创作主题并采集、加工素材。

（2）能够编写数字媒体作品制作脚本，并依据脚本选择合适的工具和模板制作数字媒体作品。

（3）学会发布数字媒体作品或搭建虚拟现实（或增强现实）应用环境。

2. 训练内容

（1）素材的收集与制作。

（2）编写制作脚本。

（3）制作数字媒体作品。

（4）讨论并评价数字媒体作品。

3. 技能要求

掌握制作数字媒体作品的正确方法，要求达到：会编写制作脚本，会收集和处理素材，会在作品中插入标题及字幕文字，会制作各种特效。

4. 训练时间

（1）选主题、素材收集与制作。　2 学时

（2）编写制作脚本。　2 学时

（3）制作并编辑数字媒体作品。　4 学时

（4）分组讨论并评价数字媒体作品。　2 学时

5. 训练步骤

1）素材的收集与制作

在作品制作过程中，素材准备是作品目标确定后的一项基础工作。素材的种类很多，根据不同性质，一般把媒体素材分成文字、声音、图形、图像、动画、视频等类型。采集和制作素材的过程中需要使用不同的硬件、软件对素材进行收集和简单处理。

2）编写制作脚本

制作要求：

第 1 步：制作基本信息表格（见表 E-1），填写作品题目、创作平台、创作思路和内容简介等信息。

表 E-1　视频简介说明表

题　目	《垃圾分类手册》	时　长	3 分钟
创作平台	会声会影		
创作思路	充分利用数字媒体作品宣传优势，对垃圾分类知识进行科普		
内容简介	展示垃圾分类的方法		

第 2 步：脚本卡片编写（见表 E-2～表 E-7）

表 E-2　视频片头说明表

页面序号	1	页面内容简要	题目
屏幕显示	垃圾分类手册		
说明	作品封面图片		
播放顺序	1. 音乐响起，持续到视频结束 2. 在片头中添加波纹滤镜，第 3 秒处出现标题“垃圾分类手册” 3. 标题文字播放时间为 3 秒，文字效果设置为滚动字幕		

表 E-3　视频内容 1 说明表

页面序号	2	页面内容简要说明	作品内容
屏幕显示	蓝色 可回收垃圾：主基调蓝色。指有回收利用价值的废旧物品，如塑料、金属、纸类、玻璃、织物等。通俗地讲，包含所有可以“卖钱”的废品，以及废品回收站不收的玻璃、旧衣物织物等低价值品 塑料、金属、纸类 3 幅图片		
说明	视频播放。		
播放顺序	1. 以对开门的转场效果进入 2. 视频播放第 1 分钟处出现文字，文字在视频界面上半部分显示，同时从界面的左上方飞入 3 幅图片 3. 文字和图片播放时间为 5 秒		

表 E-4　视频内容 2 说明表

页面序号	3	页面内容简要说明	作品内容
屏幕显示	红色 有毒有害垃圾：主基调红色。指对人体或环境有危害的物质，如废电池，废荧光灯管，废温度计，废血压计，废药品及其包装物，废油漆、溶剂及其包装物，废杀虫剂，消毒剂及其包装物，废胶片及废相纸等		
说明	视频播放		
播放顺序	1. 视频播放第 1 分 20 秒处出现文字，文字以淡出的特效在视频界面居中显示 2. 文字播放时间为 5 秒		

表 E-5　视频内容 3 说明表

页面序号	4	页面内容简要说明	作品内容
屏幕显示	绿色 餐厨垃圾：主基调绿色。指日常居民厨房、食堂、餐饮和食品加工单位的有机物下脚料和餐桌上的食物残渣		
说明	视频播放		
播放顺序	1. 视频播放第 1 分 40 秒处出现文字，文字以弹出的特效在视频界面居中显示 2. 文字播放时间为 5 秒		

表 E-6　视频内容 4 说明表

页面序号	5	页面内容简要说明	作品内容
屏幕显示	灰色 不可回收垃圾：主基调灰色，指可回收、有毒有害、餐厨垃圾以外的其他生活垃圾		
说明	视频播放		
播放顺序	1. 视频播放第 2 分钟处出现文字 2. 文字播放时间为 5 秒		

表 E-7 视频片尾说明表

页面序号	6	页面内容简要说明	作品内容
屏幕显示	让垃圾分类成为新时尚 随手分一分，家园绿一分		
说明	作品结尾图片		
播放顺序	1. 以星型转场效果进入 2. 在图片中以翻转的特效显示文字 3. 图片和文字播放时间为 5 秒		

3）用会声会影制作《垃圾分类手册》，生成 MP4 视频文件

4）在网络中发布《垃圾分类手册》视频

5）讨论并评价演示文稿

制作的数字媒体作品是否达到设计的目的？

制作的视频和插入的图片、音乐、文字与自己确定的标题（宣传主题）是否吻合、相得益彰？

视频、图片、音乐、文字的颜色、大小和风格是否搭配恰当？

制作的数字媒体作品是否能给人留下较深的印象？

在哪些网站中发布视频能获得更高的点击率？

参 考 文 献

[1] 中华人民共和国教育部．中等职业学校信息技术课程标准[S]．2020．

[2] 河南省职业技术教育教学研究室．计算机应用基础[M]．北京：电子工业出版社，2009．

[3] 河南省职业技术教育教学研究室．计算机应用基础[M]．北京：电子工业出版社，2014．

[4] 谭建伟，等．数字与网络生活导论[M]．北京：电子工业出版社，2017．

[5] 谢希仁．计算机网络[M]．4 版．北京：电子工业出版社，2004．

[6] 江红，余青松．Python 程序设计与算法基础教程[M]．2 版．北京：清华大学出版社，2017．